DIE MITGLIEDER DER DEUTSCHEN AKADEMIE DER WISSENSCHAFTEN ZU BERLIN

1700 - 1950

Im Auftrage
der Deutschen Akademie
der Wissenschaften zu Berlin
bearbeitet von

ERIK AMBURGER

1950

AKADEMIE-VERLAG / BERLIN

Erschienen im Akademie-Verlag GmbH., Berlin NW 7, Schiffbauerdamm 19
Lizenz-Nr. 156 • 7271/49 – 8712/49
Satz und Druck: Pierersche Buchdruckerei Stephan Geibel & Co., Altenburg, Thür.
Bestell- und Verlagsnummer: 5045

INHALTSÜBERSICHT

VORWORT

Die Zahl der Mitglieder aller Kategorien ist in den 250 Jahren des Bestehens der Berliner Akademie der Wissenschaften so angewachsen, daß sich das Fehlen eines Gesamtverzeichnisses allmählich als empfindlicher Mangel bemerkbar gemacht hat. Eine Mitgliederkartei ist in den sechziger Jahren des vorigen Jahrhunderts angelegt worden, aber diese Arbeit blieb unvollständig und ist nicht fortgesetzt worden. Die Mitgliederverzeichnisse in Adolf v. Harnacks Jubiläumswerk 1900 konnten auch nach dem damaligen Stand nicht genügen. Das Personal der Societät bis 1744 ist dort nur ganz summarisch behandelt; für die spätere Zeit mußte bereits der dritte Band, die von Otto Köhnke bearbeitete Bibliographie, berichtigte Daten bringen. Weitere Lücken und Irrtümer haben sich während der Entstehung des vorliegenden Verzeichnisses herausgestellt. Die seit 1824 geführte handschriftliche Mitgliedermatrikel kann nur für den Dienstgebrauch und die letzten Jahrzehnte ein gedrucktes Gesamtverzeichnis ersetzen.

Solche Gesamtverzeichnisse von Mitgliedern lagen für andere Akademien bereits vor. Sie haben bis zu einem gewissen Grade als Vorbilder gedient. Ein chronologisches Verzeichnis ohne Daten bringt schon Thomsons Geschichte der Royal Society[1]). Im Aufbau der vorliegenden Arbeit am ähnlichsten sind die Mitgliederliste in Neigebaurs Geschichte der Leopoldin.-Carolin. Akademie der Naturforscher[2]) und das von Modzalevskij bearbeitete Mitgliederverzeichnis der Petersburger Akademie[3]), während das Leningrader Jubiläumsverzeichnis 1925 nur die aktiven Mitglieder enthält. Das Personalverzeichnis der Schwedischen Akademie der Wissenschaften gibt nur gekürzte Lebensdaten[4]), im Mitgliederverzeichnis der Göttinger Gesellschaft fehlen die Ortsangaben und Tagesdaten der Wahl[5]), erstere auch in der Geschichte der Dänischen Akademie der Wissenschaften[6]). Der biographische Index der Pariser Académie des sciences[7]) endlich hat die durchgehende alphabetische Form gewählt, verzeichnet außerdem bei jeder Person, ob sie in den Veröffentlichungen, der Handschriften- und Bildnissammlung oder im Archiv vertreten ist. Der Almanach der Wiener Akademie hat jährlich ein Verzeichnis aller lebenden und verstorbenen Mitglieder mit Lebensdaten ohne Ortsangaben gebracht; die zum Jubiläum erschienene Geschichte der Akademie führt es weiter[8]). Das Jahrbuch der Münchner Akademie enthält die Liste der lebenden Mitglieder aller Kategorien mit Geburtsdaten und -orten.

Die Schwierigkeiten einer Bearbeitung in vorliegender Form, nämlich bei Beschaffung vollständiger Lebensdaten, sind jedem mit solchen Aufgaben vertrauten Forscher bekannt; sie wären

---

[1]) Th. Thomson, History of the Royal Society. London 1812.

[2]) J. D. F. Neigebaur, Geschichte der Kaiserl. Leopoldin.-Carolin. deutschen Akademie der Naturforscher während des zweiten Jahrhunderts ihres Bestehens (Jena 1860), S. 188—313.

[3]) B. L. Modzalevskij, Spisok členov Imp. akademii nauk 1725—1907. St. Petersburg 1908.

[4]) E. W. Dahlgren, K. Svenska Vetenskaps Akademiens Personförteckning 1739—1915. Stockholm 1915.

[5]) M. Arnim, Mitglieder-Verzeichnisse der Gesellschaft der Wissenschaften zu Göttingen (1751—1927). Göttingen 1928.

[6]) Det Kongelige Danske Videnskabernes Selskab 1742—1942. Samlinger til Selskabets Historie I (Kopenhagen 1942), S. 351—431.

[7]) Index biographique des membres et correspondants de l'Académie des sciences de 1666 à 1939. Paris 1939.

[8]) R. Meister, Geschichte der Akademie der Wissenschaften in Wien 1847—1947 (Denkschriften d. Gesamtakademie 1). Wien 1947.

vor dem Kriege geringer gewesen. Hierzu traten aber weitere Hindernisse schon bei der Feststellung des Personenbestandes. Für die Zeit der Societät 1700—1744 lagen keine Vorarbeiten vor. Es stellte sich heraus, daß weder die offiziellen Listen in dem von der Societät selbst herausgegebenen „Adreßkalender der Residenzstädte Berlin" noch die Protokolle der Sitzungen zuverlässige Quellen sind: sie ergänzen vielmehr einander. Für die Zeit 1744—1786 ließ sich die Personalakte nicht mehr auffinden; hier mußte Harnacks Werk an Hand der Kalender und Sitzungsprotokolle ergänzt werden. Durch das Entgegenkommen des Berliner Hauptarchivs in Dahlem war es möglich, eine nur geringe Lücken aufweisende Reihe von Kalendern ab 1726 zu benutzen. Von 1786 an sind Personalakten vorhanden, die aber zunächst ebenfalls lückenhaft sind und aus den Protokollen ergänzt werden mußten. Die für 1812 und ab 1823 vorliegenden jährlich gedruckten Mitgliederlisten (seit 1841 mit Eintrittsdaten) sind bereits von O. Köhnke überprüft und an einigen Stellen ergänzt worden.

Ein Anhang bringt die bei Harnack nur kurz gestreiften Astronomen, Bibliothekare, Archivare, Geographen und Justitiare der Akademie sowie die mit der akademischen Arbeit eng verbundenen wissenschaftlichen Beamten (Professoren) von 1900 bis 1945.

Nach Erschöpfung der zur Zeit erreichbaren Literatur mußten zur Schließung der zahllosen Lücken und zur Überprüfung zweifelhafter Fälle ungedruckte Quellen zu Rate gezogen werden. Hierbei hat der Bearbeiter die Unterstützung von Pfarrämtern, Archiven, Bibliotheken und Einzelforschern des In- und Auslandes in einem Maße gefunden, das in manchen Fällen das übliche weit überschritten hat. Die Bestandsverluste der ehemaligen Preußischen Staatsarchive und die Veränderungen im Osten haben leider die Ausfüllung mancher Lücke unmöglich gemacht. Im Verlaufe der Arbeit konnten zahlreiche Irrtümer in der biographischen Literatur aus den Quellen berichtigt, Widersprüche geklärt werden. Alle aus urkundlichen Quellen stammenden Daten sind durch ein in Klammern folgendes (u) gekennzeichnet.

Es ist nicht möglich, alle Helfer aufzuführen, denen der Dank für das Zustandekommen dieses Verzeichnisses gebührt. Nur die Kirchenbuchstelle des Berliner Stadtsynodalverbandes sei besonders genannt: sie hat dem Bearbeiter unermüdlich zur Seite gestanden und über hundert Daten ermittelt oder nachgeprüft. Die Akademien der ganzen Welt haben verständnisvolle Hilfe geleistet. Besonders den französischen Institutionen und der Accademia dei Lincei mußten umfangreiche Fragelisten zugemutet werden.

Weitere Ergänzungen und Berichtigungen werden stets dankbar entgegengenommen.

Der Bearbeiter

EINLEITUNG

Aus der Geschichte der Berliner Akademie der Wissenschaften seien dem Mitgliederverzeichnis nur die Tatsachen und Daten vorausgeschickt, die die Entwicklung des Personalbestandes unmittelbar beleuchten.

Am 11. Juli 1700 als Kurfürstlich Brandenburgische Societät der Wissenschaften gestiftet, hat die Schöpfung Leibnizens schon infolge der am 18. Januar 1701 erfolgten Königskrönung ihren Namen in Königlich Preußische Societät geändert. An der Spitze der Societät stand, unter dem König als Protektor, Leibniz als Präsident. Ein beständiger Sekretar erledigte die laufenden Geschäfte und Korrespondenzen. Das junge Unternehmen hat zunächst, geleitet vom Hofprediger Jablonski und von Leibniz meist aus der Ferne betreut, über zehn Jahre nur dahinvegetiert. Erst am 19. Januar 1711 konnte es mit einer feierlichen Eröffnungssitzung seine Arbeit voll aufnehmen. Kurz zuvor, am 4. Dezember 1710, waren die Direktoren der vier Klassen gewählt worden: der deutschen, der kirchlich-orientalischen, der physikalischen und der mathematischen. Am 21. Dezember dieses Jahres wurde ein Justitiar ernannt. Die vier Direktoren lösten einander jährlich im Amt des Vizepräsidenten ab; zuletzt verwaltete Frisch dieses Amt 1734/35, nachdem schon am 19. Januar 1732 Graben z. Stein zum ständigen Vizepräsidenten bestellt worden war. Direktoren, Justitiar und Sekretar bildeten das Concilium, das alle Beschlüsse faßte. Das Plenum trat nur bei festlichen Gelegenheiten zusammen. Die Societät kannte nur eine Kategorie von Mitgliedern, die je nach ihrem Aufenthaltsort als anwesende und abwesende unterschieden wurden.

Die 1740 beginnenden Bemühungen um eine Umbildung der Societät, bei denen besonders die Wünsche des Königs maßgebend waren, führten am 23. Januar 1744 zur feierlichen Eröffnung der Königlichen Akademie der Wissenschaften, die aus der Verschmelzung der alten Societät mit der Société Littéraire des Grafen Schmettau hervorging. Am Tage darauf erhielt sie ihre Statuten. Da das Personal sowohl der anwesenden als auch der auswärtigen Mitglieder mit wenigen Ausnahmen von der Akademie übernommen wurde, muß diese als die unmittelbare Fortsetzung der alten Societät betrachtet werden. Die Wandlungen in der Benennung der Klassen gehen aus dem Verzeichnis der Direktoren hervor. Die Akademie unterschied zwischen Membra ordinaria, die in Berlin wohnen mußten, und Membra honoraria, zu denen auch Auswärtige gehören konnten. Vier Kuratoren wechselten einander in der Leitung ab.

Bereits am 10. Mai 1746 wurden die ersten Statuten ersetzt durch ein in französischer Sprache erlassenes Reglement, nachdem die Akademie in Maupertuis einen Präsidenten erhalten hatte, der sie bald autokratisch regieren sollte. Neben den ordentlichen Mitgliedern wurden Ehrenmitglieder in Berlin (Membre honoraire) und auswärtige Mitglieder (Membre externe, Associé externe) geführt. In den nächsten vierzig Jahren sind die Klassen mit ihren Direktoren nur wenig in Erscheinung getreten, ohne jedoch formell aufgehoben zu sein. Nach Maupertuis' Tod gelang es dem König nicht, d'Alembert für die Präsidentschaft zu gewinnen. Doch nahm dieser 1763 bis 1783 in Paris die Stellung eines heimlichen Präsidenten ein, über den der größte Teil des Verkehrs der Akademie mit ihrem Protektor ging. An seine Stelle trat 1783 Condorcet. Die Geschäfte führte bis 1765 L. Euler, dann das Direktorium. Nach dem Tode Friedrichs II. übernahm der Kurator Graf Hertzberg die Leitung der Akademie. Nach seinem Tode 1795 regierte der Einfluß des Ministers v. Woellner und des Direktors Merian.

Durch Kabinettsorder Friedrich Wilhelms III. vom 9. April 1798 wurde die Zahl der ordentlichen Mitglieder auf 28 festgesetzt, so daß jede Klasse aus dem Direktor und sechs Mitgliedern bestehen sollte. Für alle übrigen Mitglieder wurde nur noch die Bezeichnung Membre honoraire gebraucht. Im Verzeichnis ist jedoch die Unterscheidung von Ehrenmitgliedern und auswärtigen Mitgliedern sinngemäß bis 1812 beibehalten worden. Infolge der Beschränkung der Mitgliederzahl begann man im Januar 1799 mit der Wahl von außerordentlichen Mitgliedern, die nach kurzer Zeit, beim Freiwerden von Stellen, zu ordentlichen aufgerückt sind.

Grundlegende Änderungen in der Organisation der Akademie brachten erst die aus jahrelangen Beratungen und Entwürfen hervorgegangenen Reformstatuten vom 24. Januar 1812. Die Ämter der Direktoren und des einen beständigen Sekretars wurden abgeschafft. Die Geschäftsführung übernahmen die bereits am 22. Februar 1810 bestätigten vier Klassen-Sekretare. Neben die ordentlichen Mitglieder traten als neue Gruppe die auswärtigen Mitglieder, die beim Zuzug nach Berlin automatisch in die Rechte eines ordentlichen Mitglieds eintreten sollten. Zu Ehrenmitgliedern ernannt wurden um die Wissenschaft verdiente Persönlichkeiten des In- und Auslandes, die sich jedoch für den Eintritt in die Reihe der ordentlichen Mitglieder oder für die Stellung als korrespondierende nicht eigneten. Schließlich hatte jede Klasse ihre korrespondierenden Mitglieder. Allerdings wurde den bisherigen auswärtigen Ehrenmitgliedern der Name eines Ehrenmitglieds belassen, ob sie nun in die Gruppe der neuen Ehrenmitglieder paßten oder eher in die der korrespondierenden Mitglieder gepaßt hätten. In der Zahl beschränkt wurde nur die Kategorie der auswärtigen Mitglieder, deren es höchstens 24 geben durfte: je 8 für die mathematische und physikalische Klasse, je 4 für die philosophische und die historisch-philologische.

Am 29. April 1828 wurde die Verschmelzung der vier Klassen zu zwei vom Minister v. Altenstein genehmigt, 1830 wurde sie durchgeführt. Die Vierzahl der Sekretare blieb, jede Klasse hatte zwei. Die Statuten vom 31. März 1838 setzten die Teilung in die physikalisch-mathematische und die philosophisch-historische Klasse endgültig fest. Die Neuregelung von 1838 brachte aber noch weitere hier wichtige Bestimmungen. Jetzt wurde auch die Zahl der ordentlichen Mitglieder wieder beschränkt, auf je 25 in den beiden Klassen. Beim Verlassen Berlins sollte ein ordentliches Mitglied Ehrenmitglied werden. Die Zahl der auswärtigen Mitglieder wurde auf 32 (je 16) erhöht. Beim Zuzug nach Berlin traten sie in die Rechte der ordentlichen Mitglieder ein; lehnten sie diese Stellung ab, wurden sie Ehrenmitglieder. Jede Klasse durfte bis 100 korrespondierende Mitglieder wählen, die der königlichen Bestätigung nicht bedurften. Die Zahl der Ehrenmitglieder wurde nicht beschränkt.

Im weiteren Ausbau der Geschäftsordnung wurden die Planstellen für die ordentlichen Mitglieder auf die Fächer verteilt. Es erhielten in der physikalisch-mathematischen Klasse: Chemie, Physik, Botanik, Zoologie, Mineralogie und Geognosie, Anatomie je 2 Stellen, die Wissenschaften, die früher zur mathematischen Klasse gerechnet wurden, 6; es blieben 7 freie Stellen zur beliebigen Besetzung. In der philosophisch-historischen Klasse erhielten Philosophie und Geschichte der Philosophie 3, alte klassische Literatur 4, Geschichte 3, deutsche Philologie 1, Kunst und Archäologie 2, orientalische Literatur 2, Politik und Statistik 1 Stelle; es blieben 9 freie Stellen. Wer sich zum Veteranen erklärte, was schon vor 1812 möglich war, zählte in diesem Plan nicht mit. Auch die Stellen der korrespondierenden Mitglieder wurden eingeteilt: Chemie, Physik, Botanik, Zoologie, Anatomie, Mineralogie je 12, mathematische Wissenschaften 28 Stellen; Philosophie 8, klassische Philologie und Epigraphik 25, Geschichte und Geographie 20, deutsche und andere europäische Philologie 12, Kunstwissenschaft und Münzkunde 10, orientalische Philologie und vergleichende Sprachwissenschaft 20, Rechts- und Staatswissenschaften 5 Stellen.

An diesem Aufbau der Akademie ist bis 1925 nichts Grundsätzliches geändert worden. Nur die Zahl der Fachstellen ist nach und nach erhöht worden. Die erste Vermehrung brachten die neuen Statuten vom 28. März 1881, die die Zahl der ordentlichen Mitglieder für die beiden

Klassen auf je 27 erhöhten. Dagegen wurde die Zahl der auswärtigen Mitglieder von 32 auf 20 (10 + 10) herabgesetzt. Der Begriff des Veteranen verschwand aus den Statuten.

Die Geschäftsordnung (Reglement vom 17. Januar 1884) legte auch eine neue Verteilung der Fachstellen der ordentlichen Mitglieder fest. In der physikalisch-mathematischen Klasse wurden die zwei neuen Stellen den freien Stellen zugeschlagen, so daß es deren fortan auch hier 9 gab. Zur Anatomie wurde Physiologie hinzugesetzt. Stärker waren die Veränderungen in der philosophisch-historischen Klasse, wo auch fast alle Fächer neue Bezeichnungen erhielten. Es hatten fortan (in Klammern die bisherige Stellenzahl): Philosophie 2 (3), klassische Philologie 4 (4), Geschichte 3 (3), deutsche und andere neuere Philologie 3 (1), Kunstwissenschaft 2 (2), orientalische Philologie 3 (2), Staats- und Rechtswissenschaft 1 (1). Die 9 freien Stellen blieben.

Die Fachstellen der korrespondierenden Mitglieder erfuhren erst am 19. März 1900 (phil.-hist. Klasse) und am 1. März 1901 (phys.-math. Klasse) Veränderungen: dort war die neue Verteilung 8, 24, 19, 11, 9, 19, 10 Stellen, hier je 10 Stellen, wobei die mathematischen Wissenschaften aufgelöst wurden in Mathematik, Astronomie, Geographie und Geophysik, Technik (ebenfalls mit 10 Stellen.)

Weiterhin wurden geschaffen (für ordentliche Mitglieder):

durch Erlaß vom 14. März 1900 in der physikalisch-mathematischen Klasse 3 neue Stellen, vorzugsweise für Vertreter der Technik; in der philosophisch-historischen Klasse 3 neue Stellen, vorzugsweise für Vertreter der deutschen Sprachforschung. Das Fach „Mineralogie und Geognosie" hieß fortan „Mineralogie und Geologie";

durch Erlaß vom 5. Juni 1906 je 2 neue Stellen „zum Ersatz von Mitgliedern, die an der Teilnahme an den akademischen Geschäften dauernd behindert sind, und zur Anfügung noch nicht vertretener Fächer";

durch Erlaß vom 6. Juni 1911 in der physikalisch-mathematischen Klasse 3 neue Stellen für die Leiter der Kaiser-Wilhelm-Institute;

durch Erlaß vom 5. Juni 1913 in der philosophisch-historischen Klasse 3 neue Stellen, vorzugsweise für Vertreter der historischen und staatswissenschaftlichen Fächer.

Am 1. Januar 1914 erfolgten geringe Veränderungen im Stellenplan der korrespondierenden Mitglieder der philosophisch-historischen Klasse: allen Fächern wurden Stellen gestrichen, die fortan als 10 „freie Stellen" geführt wurden. Es behielten Philosophie 7, klassische Philologie 12, Geschichte 17, deutsche Philologie 10, Kunstwissenschaft 8, orientalische Philologie 17, Rechts- und Staatswissenschaften 9 Stellen. Am 1. Januar 1923 wurde die Stellenzahl der physikalisch-mathematischen Klasse für Physik auf 15 erhöht, für Astronomie auf 7, für Technik auf 7 herabgesetzt.

Durch einen am 26. November 1926 ministeriell genehmigten Beschluß wurde eine Sinnwidrigkeit in den Statuten beseitigt: ordentliche Mitglieder, die Berlin verließen, wurden fortan auswärtige Mitglieder (nicht mehr Ehrenmitglieder), um bei einer Rückkehr automatisch wieder in die Reihe der ordentlichen Mitglieder eintreten zu können. Sie wurden in diesem Falle nicht in der Höchstzahl mitgerechnet.

Am 1. Juli 1935 wurden den Planstellen der Klassen je 3 Stellen für auswärtige ordentliche Mitglieder angefügt.

Die Zahl der ordentlichen Mitglieder war also folgendermaßen gewachsen:

Jahr	Zahl	Jahr	Zahl
1838	50 (25 + 25)	1911	67 (35 + 32)
1881	54 (27 + 27)	1913	70 (35 + 35)
1900	60 (30 + 30)	1935	76 (38 + 38)
1906	64 (32 + 32)		

Um Wünschen nach einer Verjüngung des Mitgliederkörpers Rechnung zu tragen, wurden für das Etatsjahr 1936 je 5 sogenannte kw-Stellen genehmigt (kw = künftig wegfallend), zum Ersatz von Mitgliedern, die das siebzigste Lebensjahr überschritten hatten. Diese sollten von ihren Pflichten unter Wahrung der Rechte als ordentliche Mitglieder entbunden werden.

Die einschneidendsten Veränderungen seit der Reform von 1812 brachten die neuen Satzungen der Akademie vom 8. Juni 1939, durch, die die Ämter eines Präsidenten und Vizepräsidenten geschaffen wurden. Jede Klasse behielt nur noch einen Sekretar. Die physikalisch-mathematische Klasse wurde in mathematisch-naturwissenschaftliche Klasse umbenannt. Die Zahl der ordentlichen Mitglieder blieb 76 (38 + 38), doch durften davon bis zu 12 auswärtige ordentliche Mitglieder sein. Zog ein solches nach Berlin, konnte es erst bei Freiwerden einer Stelle aus dieser Höchstzahl in die Gruppe der planmäßigen ordentlichen Mitglieder übertreten. Ordentliche Mitglieder, die Berlin verließen, zählten in der Höchstzahl der auswärtigen nicht mit. Die bisherigen auswärtigen Mitglieder erhielten die Rechtsstellung der korrespondierenden Mitglieder, führten aber die Bezeichnung „auswärtige Mitglieder" weiter und sollten bei einer Rückkehr nach Berlin wieder in die Reihe der ordentlichen Mitglieder einrücken. Von den 200 (100 + 100) korrespondierenden Mitgliedern durften höchstens 50 Ausländer sein. Auch ihre Wahl bedurfte fortan der ministeriellen Bestätigung. Die Zahl der Ehrenmitglieder wurde zum erstenmal beschränkt: für die 10 Stellen sollten nur in besonderen Fällen Ausländer gewählt werden.

Diese den staatlichen Einfluß der Zeit widerspiegelnden Satzungen haben nur die kurze Zeit bis zum Zusammenbruch 1945 gegolten. Nach Zusammenbruch und Waffenstillstand fand sich ein Teil der Mitglieder zur Fortsetzung der akademischen Arbeit zusammen und beschloß eine vorläufige Satzung. Auch die nicht mehr in Berlin und Umgebung anwesenden Mitglieder wurden als ordentliche Mitglieder weitergeführt. Für die nun hinzugewählten brauchte keine Bestätigung eingeholt zu werden, da keine vorgesetzte Behörde vorhanden war. Die bereits 1934 bzw. 1938 gewählten, aber damals nicht bestätigten ordentlichen Mitglieder Volmer und Spamer konnten nun aufgenommen werden.

Am 1. August 1946 konnte die Akademie unter dem neuen Namen „Deutsche Akademie der Wissenschaften zu Berlin" die Arbeit in erweitertem Umfang offiziell wieder aufnehmen. Die am 31. Oktober 1946 beschlossenen Satzungen wurden am 26. November von der Deutschen Zentralverwaltung für Volksbildung in der Sowjetischen Besatzungszone bestätigt. Die für das Mitgliederverzeichnis wichtigste Neuerung war die Hervorhebung eines „inneren Arbeitskreises", der die ordentlichen Mitglieder umfassen soll, die dank der Lage ihres Wohnsitzes Berlin jederzeit erreichen und an der regelmäßigen akademischen Arbeit teilnehmen können. Dafür fiel die Unterscheidung von auswärtigen ordentlichen Mitgliedern fort. Für die korrespondierenden Mitglieder wurde die Bestätigung durch die vorgesetzte Behörde nicht wieder eingeführt.

Tiefgreifende Änderungen machte die am 31. März 1949 erlassene Kulturverordnung für die Sowjetische Besatzungszone notwendig. Die Erhöhung der Mitgliederzahl bis auf 120 wurde beschlossen; am 21. April wurden sechs Klassen gebildet:

1. Klasse für Mathematik und allgemeine Naturwissenschaften,
2. Klasse für medizinische Wissenschaften,
3. Klasse für landwirtschaftliche Wissenschaften,
4. Klasse für technische Wissenschaften,
5. Klasse für Sprachen, Literatur und Kunst,
6. Klasse für Gesellschaftswissenschaften.

Alsbald wurden für die Klassen 2. bis 5. vorläufige Sekretare bestellt. Am 2. Juni erfolgte die Verteilung der für die regelmäßige Arbeit in Betracht kommenden ordentlichen Mitglieder auf die neuen Klassen.

ABKÜRZUNGEN UND ERLÄUTERUNGEN

AM	Auswärtiges Mitglied
aoM	außerordentliches Mitglied
EM	Ehrenmitglied
KM	Korrespondierendes Mitglied
OM	Ordentliches Mitglied
* vor dem Namen	Angehöriger der phil.-hist. Klasse 1830—1949
(u)	urkundlich festgestelltes oder überprüftes Datum
gt.	getauft (wenn der Geburtstag im Kirchenbuch nicht angegeben ist)
begr.	begraben (wenn der Todestag im Kirchenbuch nicht angegeben ist)
(Geburtsort oder -jahr)	die zweifelhafte Angabe konnte nicht nachgeprüft werden (Verlust des Kirchenbuchs oder andere Gründe)
(Geburtsort ?)	trotz der Hinweise in der Literatur war die Eintragung in den Kirchenbüchern nicht zu finden
(vollständiges Geburtsdatum)	das Datum wurde aus der Altersangabe beim Tode errechnet
(1888)	eine eingeklammerte Jahreszahl hinter Adelsprädikaten (v., Ritter, Freiherr, Graf usw.) nennt das Jahr der Verleihung.

DIE PROTEKTOREN

1700—25. 2. 1713	König FRIEDRICH I. (bis 1701 Kurfürst FRIEDRICH III.).
1713— 8. 11. 1725	PRINTZEN, Marquard Ludwig Freiherr v., Wirkl. Geh. Etatsrat, Obermarschall, Präsident des Collegium medicum, geb. Berchingen (Bsm. Eichstätt) 14. 4. 1675, gest. Berlin 8. 11. 1725.
21. 11. 1725—13. 2. 1733	CREUTZ, Ehrenreich Bogislaus v., Wirkl. Geh. Etats- u. Kriegsrat, Dirig. Minister im Generaldirektorium, Präsident des Collegium medicum, gest. Berlin 13. 2. 1733.
20. 4. 1733—1743	VIERECK, Adam Otto v., Wirkl. Geh. Etatsrat, Dirig. Minister im Generaldirektorium, geb. Weitendorf (Mecklbg.) 10. 3. 1684, gest. Berlin 11. 7. 1758.
1746—1786	König FRIEDRICH II.
1786—1797	König FRIEDRICH WILHELM II.
1797—1840	König FRIEDRICH WILHELM III.
1840—1861	König FRIEDRICH WILHELM IV.
1861—1888	König WILHELM I.
1888	König FRIEDRICH III.
1888—1918	König WILHELM II.

DIE KURATOREN

23. 1. 1744—1747 BORCKE, Kaspar Wilhelm v., Wirkl. Geh. Etats-, Kriegs- u. Kabinettsminister, geb. Gersdorf (Pomm.) 30. 8. 1704, gest. Berlin 8. 3. 1747.

23. 1. 1744—1745 GOTTER, Gustav Adolf Graf v., Oberhofmarschall, Generaldirektor der kgl. Oper, Generalpostmeister, geb. Altenburg 26. 3. 1692, gest. Berlin 28. 5. 1762. Wird EM.

23. 1. 1744—1751 SCHMETTAU, Samuel Graf v., Generalfeldmarschall, geb. Berlin 26. 3. 1684, gest. Berlin 18. 8. 1751.

23. 1. 1744—1747 VIERECK, Adam Otto v. (s. Protektoren). Wird EM.

1. 4. 1745—1753 ARNIM, Georg Dietloff v., Wirkl. Geh. Rat u. Etatsminister, Präsident des Tribunals, Chef des schlesischen Justizdepartements, Generalpostmeister, geb. Boitzenburg 8. 9. 1679, gest. Berlin 20. 10. 1753.

13. 4. 1747—1756 KEITH, Peter Christoph Karl v., Oberstleutnant u. Stallmeister, geb. Poberow (Pomm.) 24. 5. 1711, gest. Berlin 27. 12. 1756. EM seit 1744.

13. 4. 1747—1752 STILLE, Christoph Ludwig v., Generalmajor, geb. Berlin 13. 9. 1696, gest. Aschersleben 19. 10. 1752. EM seit 1744.

1749—1762 GOTTER, Gustav Adolf Graf v. (s. oben).

7. 10. 1751—1789 REDERN, Sigismund Ehrenreich v., 1757 Graf, Oberhofmarschall der Königin-Mutter, geb. Schwerin (6. 9. 1719), gest. Königsbrück (Sachsen) 1. 7. 1789. EM seit 1747.

23. 11. 1752—1762 CAGNONI, Charles v., Geh. Rat (ehem. seit 1736 in russischem diplomatischen Dienst), geb. in Unteritalien, gest. Neapel vor 1790. EM seit 1751.

25. 8. 1786—1795 HERTZBERG, Ewald Friedrich Graf v., Geh. Legationsrat, 1763 Wirkl. Geh. Etats- u. Kabinettsminister, geb. Lottin (Pomm.) 2. 9. 1725, gest. Berlin 27. 5. 1795. EM seit 1752.

DIE PRÄSIDENTEN

12. 7. 1700—1716	LEIBNIZ, Gottfried Wilhelm, geb. Leipzig 1. 7. 1646, gest. Hannover 14. 11. 1716.
7. 8. 1710—1718	PRINTZEN, Marquard Ludwig Freiherr v., Praeses honorarius neben Leibniz (s. Protektoren).
5. 3. 1718—1731	GUNDLING, Jakob Paul Freiherr v., Kammergerichtsrat, Oberzeremonienmeister, geb. Hersbruck (Franken) 19. 8. 1673, gest. Potsdam 11. 4. 1731.
25. 4. 1731—Mai 1731	FASSMANN, David, Schriftsteller und kgl. Spaßmacher, geb. Wiesenthal (Erzgeb.) 14. 6. 1683, gest. Lichtenstädt (Böhmen) 14. 6. 1744.
14. 7. 1733—1741	JABLONSKI, Daniel Ernst, Hofprediger, geb. Hochzeit bei Danzig 26. 11. 1660, gest. Berlin 25. 5. 1741. OM seit 1700.
1. 2. 1746—1759	MAUPERTUIS, Pierre-Louis MOREAU DE, geb. Saint-Malo 17. 7. 1698, gest. Basel 27. 7. 1759. AM seit 1735.
24. 6. 1939—30. 6. 1943 (kommissarisch seit 23. 12. 1938)	VAHLEN, Theodor (s. OM 1937).
21. 6. 1945	STROUX, Johannes (s. OM 1937).

DIE VIZEPRÄSIDENTEN

a) die jährlich wechselnden 1710—1735:

15. 12. 1710 JABLONSKI, Daniel Ernst.
11. 7. 1712 KRUG VON NIDDA, Theodor Christoph.
12. 7. 1713 CHUNO (CUNEAU), Johann Jakob.
11. 7. 1714 SCHOTT, Johann Karl.
12. 7. 1715 JABLONSKI, Daniel Ernst.
13. 7. 1716 KRUG VON NIDDA, Theodor Christoph.
12. 7. 1717 JÄGWITZ, Friedrich.
11. 7. 1718 SCHLÜTER, Johann Heinrich.
13. 7. 1719 JABLONSKI, Daniel Ernst.
11. 7. 1720 HENRICI, Heinrich.
10. 7. 1721 JÄGWITZ, Friedrich.
15. 7. 1722 SCHLÜTER, Johann Heinrich.
30. 9. 1723 JABLONSKI, Daniel Ernst.
2. 8. 1724 HENRICI, Heinrich.
27. 7. 1725 DANGICOURT, Pierre.
11. 7. 1726 SCHLÜTER, Johann Heinrich.
17. 7. 1727 JABLONSKI, Daniel Ernst.
21. 7. 1728 BUDDEUS, Augustin.
22. 9. 1729 JABLONSKI, Daniel Ernst, als Stellvertreter für Alphonse DES VIGNOLES, der der deutschen Sprache nicht mächtig war.
19. 7. 1730 SCHLÜTER, Johann Heinrich.
23. 7. 1731 JABLONSKI, Daniel Ernst.
18. 9. 1732 BUDDEUS, Augustin.
7. 10. 1733 JABLONSKI, Daniel Ernst, Präsident, als Stellvertreter für Alphonse DES VIGNOLES.
6. 10. 1734 FRISCH, Johann Leonhard.

b) die ständigen:

19. 1. 1732—30. 6. 1740 GRABEN ZUM STEIN, Otto, Nachfolger Fassmanns als Spaßmacher des Königs, geb. in Tirol, gest. Potsdam vor 1756.
23. 1. 1744—1745 JORDAN, Charles Etienne, Geh. Rat, Kurator der Universitäten, Hospitäler und Waisenhäuser, geb. Berlin 27. 8. 1700, gest. Berlin 24. 5. 1745 (u).

24. 6. 1939—19. 12. 1942 HEYMANN, Ernst (s. OM 1918).
(kommissarisch seit 23. 12. 1938)
19. 5. 1943— 6. 6. 1945 GRAPOW, Hermann (s. OM 1938).
18. 7. 1946— STILLE, Hans (s. OM 1933).

DIE DIREKTOREN DER KLASSEN

1710—1812

I. Die Physikalische Klasse (zwischen 1710 und 1744 auch Medizinische oder Physikalisch-Medizinische genannt); 1746 Classe de philosophie expérimentale:

4. 12. 1710—1719	KRUG VON NIDDA, Theodor Christoph.
3. 6. 1719—1725	HENRICI, Heinrich (vom König ernannt, 8. 11. 1719 eingeführt).
27. 7. 1725—1744	BUDDEUS, Augustin.
20. 9. 1735—1760	ELLER, Johann Theodor (vom König ernannt als überzähliger Direktor).
18. 9. 1760—1782	MARGGRAF, Andreas Sigismund.
22. 8. 1782—1810	ACHARD, François Charles.
1805—1812	GERHARD, Karl Abraham (interimistisch als Vertreter Achards).

II. Die Mathematische Klasse:

4. 12. 1710—1715	CHUNO (Cuneau), Johann Jakob.
13. 2. 1716—1727	JÄGWITZ, Friedrich.
27. 9. 1727—1744	VIGNOLES, Alphonse DES (12. 5. 1727 Adjunkt des erblindeten Jägwitz, rückt bei dessen Tode nach).
1744—1766	EULER, Leonhard.
2. 10. 1766—1787	LAGRANGE, Joseph-Louis Comte DE
1. 3. 1787—1791	CASTILLON, Jean DE
20. 10. 1791—1807	BERNOULLI, Johann.

III. Die Deutsche Klasse (zwischen 1710 und 1744 auch Philologisch-Germanische oder Historische genannt); 1746 Classe de Belles Lettres (rückt an vierte Stelle), dann Philologische Klasse:

4. 12. 1710—1717	SCHOTT, Johann Karl.
12. 12. 1717—1731	SCHLÜTER, Johann Heinrich (21. 1. 1717 Vizedirektor für den erkrankten Schott, rückt bei dessen Tode nach).
3. 10. 1731—1743	FRISCH, Johann Leonhard.
23. 1. 1744—1750	ELSNER, Jakob.
23. 1. 1744—1771	ARGENS, Jean-Baptiste DE BOYER, Marquis D' (bis 1750 gemeinsam mit Elsner).
7. 2. 1771—1807	MERIAN, Johann Bernhard.

IV. Die Kirchlich-Orientalische Klasse (zwischen 1710 und 1744 auch Philologisch-Orientalische genannt); 1746 Classe de philosophie spéculative (rückt an dritte Stelle), dann Philosophische Klasse:

4. 12. 1710—1741	JABLONSKI, Daniel Ernst (seit 1733 auch Präsident).
2. 5. 1742—1744	ELSNER, Jakob.
23. 1. 1744—1775	HEINIUS, Johann Philipp.

22.	8. 1776—1779	SULZER, Johann Georg.
31.	8. 1786—1789	BEGUELIN, Nicolas DE
..	9. 1789—1797	FORMEY, Jean Henri Samuel.
23.	3. 1797—1800	SELLE, Christian Gottlieb.
8.	1. 1801—1812	CASTILLON, Friedrich v.

Außerordentliche Direktoren:

19.	4. 1798—1798	SUAREZ, Karl Gottlieb.
19.	4. 1798—1812	BORGSTEDE, Albrecht August Heinrich v.

DIE BESTÄNDIGEN SEKRETARE

1700—1810

6. 10. 1700—1731	JABLONSKI, Johann Theodor, geb. Danzig 15. 12. 1654, gest. Berlin 28. 4. 1731.
29. 12. 1725—1733 2. Sekretar, seit 1731 alleiniger	CÖPER, Lüder, Postkommissar, Sekretär der Geh. Kanzlei und des Collegium sanitatis, gest. Berlin 26. 2. 1733, 53 Jahre alt (u); Okt. 1724 Sekretar-Adjunkt.
·11. 3. 1733—1748	JARIGE, Philippe Joseph DE (s. OM 1731). Verzichtet wegen Arbeitsüberlastung.
2. 5. 1748—1797	FORMEY, Jean Henri Samuel, 1746 Sekretar-Adjunkt (s. OM 1744).
1797—1807	MERIAN, Johann Bernhard (s. OM 1750).
18. 8. 1807—30. 10. 1809	LOMBARD, Johann Wilhelm (s. aoM 1803).
6. 12. 1809—18. 1. 1810	CASTILLON, Friedrich v. (s. OM 1786).

DIE SEKRETARE DER KLASSEN

seit 1810

A. Die vier Klassen 1810—1830:

1. Die Physikalische Klasse:

22. 2. 1810— ERMAN, Paul.

2. Die Mathematische Klasse:

22. 2. 1810—15. 11. 1822 TRALLES, Johann Georg.
21. 6. 1825— ENCKE, Johann Franz.

3. Die Philosophische Klasse:

22. 2. 1810—18. 8. 1814 ANCILLON, Friedrich.
26. 1. 1815—12. 7. 1826 SCHLEIERMACHER, Friedrich.

4. Die Historisch-philologische Klasse:

22. 2. 1810— 7. 6. 1811 SPALDING, Georg Ludwig.
15. 7. 1811—11. 7. 1826 BUTTMANN, Philipp Karl.
Nov. 1826— SCHLEIERMACHER, Friedrich.
(ad interim)

B. Die zwei Klassen 1830—1949:

1. Die Physikalisch-mathematische Klasse:

a) [1830]— 6. 12. 1841 ERMAN, Paul.
16. 2. 1842—28. 3. 1867 EHRENBERG, Christian Gottfried.
1. 7. 1867—31. 12. 1895 DU BOIS-REYMOND, Emil.
20. 1. 1896—31. 8. 1919 WALDEYER-HARTZ, Wilhelm v.
10. 5. 1919—27. 4. 1932 RUBNER, Max.
28. 6. 1932— 1. 10. 1937 FICKER, Heinrich v.
25. 11. 1937— 1938 STILLE, Hans.

b) [1830]—12. 10. 1863 ENCKE, Johann Franz.
2. 12. 1863—14. 2. 1878 KUMMER, Ernst Eduard.
10. 4. 1878—30. 6. 1912 AUWERS, Arthur.
19. 6. 1912— 1938 PLANCK, Max.

c) Mathematisch-naturwissenschaftliche Klasse:
24. 6. 1939— 1945 BIEBERBACH, Ludwig.
(seit 10. 1. 1939 kommissarisch)
21. 6. 1945—30. 11. 1945 DIELS, Ludwig.
18. 7. 1946— 1947 RÖSSLE, Robert.
31. 12. 1947—Febr. 1949 BONHOEFFER, Karl Friedrich.
27. 5. 1949— NOACK, Kurt (provisorisch seit 17. 2.).

2. Die Philosophisch-historische Klasse:

a) [1830]—12. 2. 1834 SCHLEIERMACHER, Friedrich.
17. 6. 1834— 1. 1. 1861 BÖCKH, August.
9. 2. 1861— 5. 2. 1874 HAUPT, Moriz.
16. 3. 1874—30. 9. 1895 MOMMSEN, Theodor.
27. 11. 1895—31. 8. 1920 DIELS, Hermann.
10. 8. 1920— 1938 LÜDERS, Heinrich.

b) 16. 3. 1830—24. 12. 1840 WILKEN, Friedrich.
6. 3. 1841—18. 3. 1847 RAUMER, Friedrich v.
12. 7. 1847— 3. 7. 1871 TRENDELENBURG, Friedrich Adolf.
23. 8. 1871—30. 4. 1893 CURTIUS, Ernst.
5. 4. 1893—30. 9. 1911 VAHLEN, Johannes.
29. 8. 1911—17. 9. 1926 ROETHE, Gustav.
30. 11. 1926— 1938 HEYMANN, Ernst.

c) 24. 6. 1939— 6. 6. 1945 GRAPOW, Hermann.
(seit 10. 1. 1939 kommissarisch)
21. 6. 1945— [1949] HARTUNG, Fritz.

C. Die sechs Klassen seit 1949:

1. Klasse für Mathematik und allgemeine Naturwissenschaften:
(27. 5. 1949)— NOACK, Kurt (7. 12. nochmals bestätigt).

2. Klasse für medizinische Wissenschaften:
2. 6. 1949— 6. 10. 1949 RÖSSLE, Robert.
7. 12. 1949— LOHMANN, Karl (gewählt 20. 10.).

3. Klasse für landwirtschaftliche Wissenschaften:
7. 12. 1949— MITSCHERLICH, Eilhart A. (gewählt 2. 6.).

4. Klasse für technische Wissenschaften:
7. 12. 1949— NORDMANN, Hans (gewählt 2. 6.).

5. Klasse für Sprachen, Literatur und Kunst:
7. 12. 1949— WESTERMANN, Diedrich (gewählt 2. 6.).

6. Klasse für Gesellschaftswissenschaften:
(21. 6. 1945)— HARTUNG, Fritz (7. 12. 1949 nochmals bestätigt).

DIE ORDENTLICHEN MITGLIEDER

1. Die 1700—1743 gewählten anwesenden Mitglieder der Societät der Wissenschaften

KIRCH, Gottfried 11. 7. 1700
18. 5. 1700 zum Astronomen der künftigen Societät ernannt, geb. Guben 18. 12. 1639, gest. Berlin 25. 7. 1710.

JABLONSKI, Johann Theodor 6. 10. 1700
Historiker, geb. Danzig 15. 12. 1654, gest. Berlin 28. 4. 1731; Sekretar der Societät.

JABLONSKI, Daniel Ernst 6. 12. 1700
Hofprediger, geb. Hochzeit bei Danzig 26. 11. 1660, gest. Berlin 25. 5. 1741; Direktor und seit 1733 Präsident der Societät[1]).

RABENER, Johann Gebhard 6. 12. 1700
Hof- und Justizrat, geb. Sorau, gest. Berlin 29. 1. 1701[1]).

CHUNO (CUNEAU), Johann Jakob 6. 12. 1700
kgl. Rat und Archivar, geb. Kassel 1661, gest. Berlin 30. 12. 1715; Direktor[1]).

HOFFMANN, Johann Heinrich 18. 2. 1701
2. Astronom der Societät, gest. Berlin 6. 4. 1716, 46 Jahre alt (u).

BEGER, Lorenz 11. 3. 1701
kgl. Bibliothekar und Antiquarius, geb. Heidelberg 19. 4. 1653, gest. Berlin 20. 2. 1705.

CHAUVIN, Etienne 11. 3. 1701
Direktor und Professor des Französischen Kollegiums, geb. Nîmes 18. 4. 1640, gest. Berlin 6. 4. 1725 (u).

GRÜNBERG, Martin 11. 3. 1701
Baudirektor, geb. in Preuß.-Litauen, gest. (Berlin?) Okt. 1706.

JÄGWITZ, Friedrich 11. 3. 1701
Dr. med., Hofarzt, Professor der Anatomie an der Akademie der Künste, geb. Polnisch-Lissa 1665, gest. Berlin 27. 9. 1727, 62 Jahre alt (u); Direktor.

KRUG VON NIDDA, Theodor (Dietrich) Christoph 11. 3. 1701
Dr. med., Hof- und Bergrat, 1. Leibarzt des Königs, geb. Hersfeld 1653, gt. 3. 7., gest. Ilmenau 17. 5. 1719 (auf der Reise); Direktor.

LA CROZE, Mathurin VEYSSIÈRE DE 11. 3. 1701
kgl. Bibliothekar, Professor der Philosophie am Französischen Kollegium, geb. Nantes 4. 12. 1661, gest. Berlin 21. 5. 1739.

NAUDÉ, Philippe (der Ältere) 11. 3. 1701
Professor der Mathematik am Joachimsthalschen Gymnasium, geb. Metz 28. 12. 1654, gest. Berlin 7. 3. 1729 (u).

SCHLÜTER, Andreas 11. 3. 1701
kgl. Oberbaudirektor, geb. (Danzig) um 1660, gest. St. Petersburg im Mai 1714.

SEIDEL, Andreas Erasmus v. 11. 3. 1701
Hof- und Legationsrat, geb. Berlin 23. 9. 1650, gest. Berlin 26. 8. 1707.

---

[1]) D. E. Jablonski, Rabener und Chuno sind neben Leibniz die gelehrten Mitbegründer der Societät.

SPENER, Christian Maximilian 11. 3. 1701

Dr. med., Professor der Anatomie am Theatrum anatomicum, Oberherold und kaiserl. Hofpfalzgraf, Professor der Genealogie, Heraldik und Naturgeschichte an der Ritterakademie, geb. Frankfurt am Main 31. 3. 1678, gest. Berlin 5. 5. 1714.

STARKE (STARCK), Sebastian Gottfried 11. 3. 1701

Konrektor am Berlinischen Gymnasium (zum Grauen Kloster), 1705—1710 abwesend, 1710 kgl. Bibliothekar, geb. Brand bei Freiberg (Sachsen) 1. 4. 1668, gest. Berlin 1. 7. 1710.

STURM, Johann Friedrich 11. 3. 1701

Hof- und Domprediger, geb. Königsberg i. Pr. 1658, gt. 2. 6. (u), gest. Berlin 27. 1. 1702 (u).

THORMANN, Michael Friedrich 11. 3. 1701[1])

Dr. med., kgl. Rat, geb. Cölln (Berlin) um 1650, gest. Berlin 1711, begr. 18. 5. (u).

BEER (BEHR), Johann Heinrich 12. 10. 1701

Oberingenieur und Baudirektor, geb. Schleiz 1648, gt. 31. 5. (u), gest. Berlin 7. 12. 1717 (u).

LICHTSCHEID, Ferdinand Helfreich 12. 10. 1701[2])

ehem. Hofprediger in Zeitz, Propst an der Petrikirche in Cölln (Berlin), geb. Würmling bei Wien 12. 11. 1661, gest. Berlin 23. 2. 1707.

OELVEN, Christian (getauft Christoph) Heinrich 12. 10. 1701

Rittmeister, Literat, geb. Berlin 1657, gt. 18. 9. (u), gest. Berlin zwischen 1716 und 1720 (blind und geistig umnachtet).

WERNER, Joseph 12. 10. 1701

Direktor der Akademie der Künste, geb. Bern 1637, gt. 22. 6. (u), gest. Berlin 21. 9. 1710.

DANGICOURT (D'ANGICOURT), Pierre 1. 12. 1701

kgl. Sekretär, Rat am Französischen Gericht, Hof- und Revisionsrat, Mathematiker, geb. Rouen 1665, gest. Berlin 5. 5. 1727 (u).

VIGNOLES, Alphonse DES 1703

Prediger der Französischen Gemeinde in Köpenick und Berlin, geb. Aubais (Languedoc) 19. 10. 1649, gest. Berlin 24. 7. 1744; Direktor (AM 1701).

FRISCH Johann Leonhard 6. 12. 1706

Konrektor und Rektor des Berlinischen Gymnasiums (zum Grauen Kloster), geb. Sulzbach (Oberpfalz), 19. 3. 1666, gest. Berlin 21. 3. 1743; Direktor.

SCHOTT, Johann Karl 6. 12. 1706

kgl. Bibliothekar und Antiquarius, Numismatiker, geb. Heidelberg 1672, gest. Berlin 12. 12. 1717 (u); Direktor.

ANCILLON, Charles 9. 5. 1707

Hof- und Legationsrat, Assessor des Französischen Obergerichts, Direktor des Französischen Kollegiums, Historiograph von Brandenburg, geb. Metz 29. 7. 1659, gest. Berlin 5. 7. 1715.

MARPERGER, Paul Jakob 26. 3. 1708

gräfl. Wittgensteinscher Hofintendant, Nationalökonom, geb. Nürnberg 27. 6. 1656, gest. Dresden 27. 10. 1730. Geht 1724 nach Dresden.

---

[1]) Am 1. 4. 1701 wurde der Franzose Beaux „beim Grafen v. Schwerin" gewählt, erhielt aber kein Diplom. Die Diplome für den Oberzeremonienmeister Johann v. Besser, die Hofbaumeister Jean de Bodt und Johann Friedrich Eosander gen. Göthe und den Prediger François de Gaultier v. 11. 7. 1701 sind nicht verteilt worden und befinden sich ununterschrieben im akademischen Archiv.

[2]) Lichtscheid siedelte erst auf die Wahl zum Mitglied hin aus Zeitz nach Berlin über.

HOFFMANN, Friedrich 1709

kgl. Leibarzt, Professor der Medizin in Halle, hält sich von 1709 bis 1712 in Berlin auf; geb. Halle 19. 2. 1660, gest. Halle 12. 11. 1742 (AM 1701).

MEISENBUG, Karl Wilhelm v. 1709

hessischer Regierungsrat in Marburg, hält sich 1709 in Berlin auf; geb. Kassel 3. 12. 1679 a. St. (u), gest. (nicht in Marburg) vor 1720.

SCHLÜTER, Johann Heinrich 27. 10. 1710

Advokat und Syndikus der Stadt Berlin, Geh. Justiz-, Oberappellations- und Kammergerichtsrat, Bürgermeister, geb. (Braunschweig?) 1669, gest. Berlin 29. 9. 1731, 62 Jahre alt (u).

ACHENBACH, Karl Konrad 27. 10. 1710

Hof- und Domprediger, geb. Kreuznach 26. 8. 1656, gest. Berlin 21. 3. 1720.

STERKY, Jeremias 27. 10. 1710

1. Pastor an der Parochialkirche, geb. Bern 24. 8. 1656, gest. Berlin 29. 7. 1718.

VOLCKMANN, Paul 27. 10. 1710

Rektor und Professor am Joachimsthalschen Gymnasium, geb. Bremen 18. 3. 1669, gest. Berlin 27. 10. 1721.

GOHL(IUS), Johann Daniel 8. 1. 1711

Dr. med., Arzt, geb. (Berlin) 26. 7. 1674, gest. Wriezen a. d. Oder 2. 4. 1731; verläßt 1721 Berlin.

NEUKIRCH, Benjamin [1]) 5. 2. 1711

Professor an der Ritterakademie, geb. Reinke (Schlesien) 27. 3. 1665, gest. Ansbach 15. 8. 1729; verläßt 1718 Berlin.

STAFF (STAPF), Nathanael v. 25. 2. 1711

Oberst und Direktor der Ritterakademie, gest. (Berlin 1715).

NAUDÉ, Philippe (der Jüngere) 10. 9. 1711

Professor der Mathematik am Joachimsthalschen Gymnasium, geb. Metz 18. 12. 1684, gest. Berlin 17. 1. 1745.

RAU (RHAU, RAUE), Johann 10. 9. 1711

Diakonus, dann Propst an der Nikolaikirche, geb. Perleberg 11. 4. 1673, gest. Berlin 24. 2. 1733.

ANDREAE, Johann Ernst 7. 2. 1714

Hof- und Domprediger, geb. Herborn 1671, gt. 1. 11. (u), gest. Berlin 29. 7. 1731.

SCHWARZ, Johann Friedrich Mai/Juli 1714

Dr. med., Hofarzt, geb. Halle 1675, gt. 17. 6. (u), gest. Berlin 1716, begr. 1. 3. (u).

PAPE, Peter Sigismund 11. 7. 1714

Archidiakonus an der Petrikirche in Cölln (Berlin), geb. Freienwalde 20. 4. 1666, gest. Berlin 3. 1. 1733.

HENRICI, Heinrich 21. 11. 1714

Dr. med., Hofarzt, geb. (Merseburg?) 1673, gest. Halle 3. 7. 1728 (u); Direktor; verläßt Berlin 1725.

LE DUCHAT, Jacques 2. 1. 1715

kgl. Rat, Assessor des Französischen Obergerichts, geb. Metz 23. 2. 1658, gest. Berlin 23. 7. 1735.

---

[1]) Neukirch war bereits einmal, am 7. 11. 1701, zur Wahl vorgeschlagen worden.

KIRCH, Christfried 8. 10. 1716
Astronom, geb. Guben 24. 12. 1694, Sohn des späteren Mitglieds Gottfried K., gest. Berlin 9. 3. 1740; Observator und Mitglied.

WAGNER, Johann Wilhelm 8. 10. 1716
Astronom, geb. Heldburg (Thür.) 24. 11. 1681, gest. Berlin 16. 9. 1745; verläßt Berlin 1720, kehrt 1727 zurück. Observator und Mitglied.

HYNITZSCH, Albrecht Friedrich 3. 5. 1719
Hof-, Kammergerichts- und Kriminalrat, geb. (Halberstadt?), gest. Berlin 1731, begr. 10. 5. (u).

RING, Wilhelm Siegfried 3. 5. 1719
Syndikus der Stadt Berlin, geb. Brieg (1675), gest. Berlin 1736, 61 Jahre alt.

LIMPRECHT, Johann Adam [1]) 10. 6. 1719
Dr. med., Arzt, geb. Breslau 2. 12. 1651, gest. Berlin 27. 7. 1735.

KIRSTETTER (KIRSTEDT), Otto 29. 11. 1719
Dr. med., Hofarzt, Mitglied des Obercollegium medicum, geb. (Berlin um 1678), gest. Berlin 1748, begr. 29. 9. (u). (Wird 1744 nicht in die neue Akademie übernommen).

WACHTER, Johann Georg 24. 1. 1720
Professor der Philosophie, Sprachforscher, geb. Memmingen 7. 3. 1673 (u), gest. Leipzig 7. 11. 1757; verläßt Berlin 1722 und geht nach Dresden, wird danach nicht mehr als Mitglied geführt.

REINBECK, Johann Gustav 3. 7. 1720
Propst an der Petrikirche in Cölln (Berlin), geb. Celle 25. 1. 1683, gest. Schönwalde bei Berlin 21. 8. 1741.

SEIDEL, Christoph Matthäus 3. 7. 1720
Superintendent und adjung. Propst an der Nikolaikirche, geb. Weißenfels 5. 6. 1668, gest. Berlin 8. 6. 1723 (u).

NEUMANN, Kaspar 1721
Hofapotheker, Professor der Chemie am Theatrum anatomicum, geb. Züllichau 11. 7. 1683, gest. Berlin 20. 10. 1737.

NOLTENIUS, Johann Arnold 12. 2. 1721
Hof- und Domprediger, geb. Sparenberg bei Bielefeld 16. 4. 1683, gest. Berlin 2. 3. 1740.

CARITA, Pierre 30. 3. 1722
Dr. med., Vizedekan des Obercollegium medicum, geb. Metz 13. 10. 1676, gest. Berlin 16. 8. 1756 (u).

POTT, Johann Heinrich 30. 3. 1722
Dr. med., Professor der Chemie am Collegium medico-chirurgicum, geb. Halberstadt 1692, gt. 6. 10. (u), gest. Berlin 29. 3. 1777.

ELSNER, Jakob 5. 11. 1722
Rektor des Joachimsthalschen Gymnasiums, Pastor an der Parochialkirche, geb. Saalfeld i. Pr. im März 1692, gest. Berlin 8. 10. 1750 (u); Direktor.

LUDOLFF, Michael Matthias (der Ältere) 1723
Dr. med., Hofarzt, Professor der Botanik am Collegium medico-chirurgicum, geb. Berlin 2. 4. 1696 (u), gest. Berlin 30. 7. 1756.

BUDDEUS, Augustin 13. 9. 1723
Dr. med., kgl. Leibarzt, Professor der Anatomie am Theatrum anatomicum, geb. Anklam 7. 8. 1695, gest. Berlin 25. 12. 1753; Direktor.

[1]) Am 10. 6. 1719 wurden ferner gewählt: Der Leibarzt Christoph Horch und der Hofarzt Karl Sigismund Siewert. Doch sind sie nicht unter die Mitglieder aufgenommen worden.

LENFANT, Jacques 24. 2. 1724

1. Prediger der Französischen Gemeinde auf dem Friedrichs-Werder, Hofprediger, geb. Bazoches (Beauce) 13. 4. 1661, gest. Berlin 7. 8. 1728 (u).

HOLTZENDORFF, Ernst Konrad 16. 11. 1724

kgl. Leibchirurg, Generalchirurg der Armee, geb. Berlin 27. 9. 1688, gest. Colbitz (Hzm. Magdeburg) 17. 12. 1751 (u); hielt sich meist in Potsdam auf und wurde als abwesend geführt; 1744 nicht in die neue Akademie übernommen.

ELLER, Johann Theodor 27. 7. 1725

Dr. med., Hofarzt, Professor am Collegium medico-chirurgicum, Dekan des Obercollegium medicum, 1735 Leibarzt und Generalstabsmedicus der Armee, geb. Plötzkau (Anhalt) 29. 11. 1689, gest. Berlin 13. 9. 1760; Direktor.

GRISCHOW, Augustin 27. 7. 1725

Professor der Mathematik am Collegium medico-chirurgicum, Observator der Societät, geb. Anklam 13. 12. 1683, gest. Berlin 10. 11. 1749.

SCHÖNEMANN, Daniel 12. 9. 1725

Pastor an der Georgenkirche, geb. Greifswald 16. 2. 1695, gest. Koppen bei Glogau 1737.

CÖPER, Lüder 29. 12. 1725

2. Sekretar der Societät (s. d.).

HENNING (HENNINGS), Karl Andreas 17. 7. 1726

Konrektor des Berlinischen Gymnasiums (zum Grauen Kloster), geb. Tangermünde 1693, gt. 27. 9. (u), gest. Berlin 4. 5. 1729.

WAGNER, Johann Wilhelm (s. o. 1716) 1727

wird 1735 Bibliothekar und 16. 4. 1740 Professor der Astronomie bei der Societät.

KÜSTER, Georg Gottfried 21. 7. 1728

Konrektor, dann Rektor des Friedrichs-Werderschen Gymnasiums, Landeshistoriker, geb. Halle 1695, gt. 3. 2. (u), gest. Berlin 28. 3. 1776.

HEINIUS (HEINE), Johann Philipp 19. 4. 1730

Rektor des Joachimsthalschen Gymnasiums, geb. Kassel 6. 1. 1688, gest. Berlin 8. 8. 1775; Direktor.

HERING, Georg Karl 31. 10. 1731

Kriegskommissar im Generaldirektorium, Historiker, geb. Magdeburg 1680, gest. Berlin 1750, begr. 21. 10. (u).

JARIGE, Philippe Joseph DE 31. 10. 1731

Rat, dann Direktor des Französischen Obergerichts, Geh. Tribunalrat, 1755 Großkanzler der Justiz und Wirkl. Geh. Etats- und Kriegsminister, geb. Berlin 13. 11. 1706, gest. Berlin 9. 11. 1770; Sekretar der Societät und Akademie, EM 1755.

SCHARDEN, Nikolaus Ludwig v. 7. 4. 1734

Geh. Postrat, Hof- und Kammergerichtsrat, geb. Halle 15. 9. 1704 (u), gest. . . . . 22. 12. 1741.

LIEBERKÜHN, Johann Nathanael 1734

Dr. med., Arzt und Anatom, geb. Berlin 5. 9. 1711, gest. Berlin 7. 12. 1756; 1738/39 auf Reisen und als abwesend geführt.

SCHMIDT, Samuel Heinrich 15. 9. 1735

preuß. Kriegsrat a. D., braunschweig. Hofrat in Braunschweig, Numismatiker, hält sich 1735—1737 in Berlin auf und ordnet das Münzkabinett, geb. Marienwerder 3. 2. 1688 (u), gest. (1738).

STUBENRAUCH, Timotheus Christian 13. 2. 1737

Hof- und Domprediger, geb. Quartschen (Neumark) 9. 10. 1693, gest. Berlin 11. 8. 1750.

BARFEKNECHT, Otto Kasimir 22. 8. 1737
Leibarzt, Professor der Chirurgie am Collegium medico-chirurgicum, geb. Köslin 1697, gest. (Berlin) 1739.

SCHAARSCHMIDT, Samuel 22. 8. 1737
Dr. med., Professor der Physiologie und Pathologie am Collegum medico-chirurgicum, geb. Terki bei Astrachan (Rußland) 24. 11. 1709, gest. Berlin 17. 6. 1747.

SPRÖGEL, Otto Theodor 22. 8. 1737
Dr. med., Professor am Collegium medico-chirurgicum, geb. Mitteldorf bei Halberstadt 24. 4. 1699, gest. Berlin 18. 5. 1760.

HORCH, Friedrich Wilhelm 15. 1. 1738
Hofrat in der Geh. Kriegskanzlei, Kirchenrat, Physiker, geb. Berlin 1701, gt. 29. 3. (u), Sohn des Leibarztes Christoph H., gest. Berlin 18. 3. 1744 (u). (Wird 1744 nicht in die neue Akademie übernommen.)

MARGGRAF, Andreas Sigismund 19. 2. 1738
Chemiker, geb. Berlin 3. 3. 1709, gest. Berlin 7. 8. 1782; Direktor.

LUDOLFF, Christian Friedrich (der Jüngere) 4. 12. 1738
Dr. med., Professor am Collegium medico-chirurgicum, geb. Berlin 5. 3. 1707 (u), Vetter von Michael Matthias L., gest. Berlin 22. 10, 1763.

SELLIUS, Gottfried 1739
Dr. jur., Professor der Physik am Collegium medico-chirurgicum, geb. Danzig, gest. (Paris) 1767. Verläßt Berlin 1741.

PALLAS, Simon 1740
Professor der Chirurgie am Collegium medico-chirurgicum, Oberarzt der Charité, geb. (Berlin?) 1697, gest. Berlin 24. 7. 1770. (Wird 1744 nicht in die neue Akademie übernommen.)

CASSEBOHM, Johann Friedrich 1741
2. Professor der Anatomie am Collegium medico-chirurgicum, geb. (Halle?) 1699/1700, gest. Berlin 7. 2. 1743, 44 Jahre 3 Monate alt (u).

EULER, Leonhard Juni 1741
Mathematiker, Leiter der Sternwarte, geb. Basel 15. 4. 1707, gest. St. Petersburg 7./18. 11. 1783; Direktor. Verläßt 1766 Berlin und wird AM.

KIES, Johannes 22. 11. 1742
Astronom, geb. Tübingen 14. 9. 1713, gest. Tübingen 29. 7. 1781, Astronom der Societät und Mitglied. Verläßt Berlin 1754 und wird AM.

2. Die seit 1744 gewählten ordentlichen Mitglieder der Akademie der Wissenschaften

Die meisten anwesenden Mitglieder der alten Societät wurden in die Akademie übernommen, nur Holtzendorff, Horch, Kirstetter und Pallas übergangen.

Bis 1797 wurden die neuen Mitglieder vom König vorgeschlagen oder vor der Wahl genehmigt. Es wird daher hier das Wahldatum gegeben. Seit Friedrich Wilhelm III. ist das Datum der königlichen (ab 1919 ministeriellen) Bestätigung maßgebend.

Für die Klasseneinteilung der Mitglieder 1744—1830 ist das Verzeichnis S. 50 f. zu vergleichen.

Die Angehörigen der phil.-hist. Klasse 1830—1949 sind durch * vor dem Namen hervorgehoben. Über die Zugehörigkeit der Mitglieder zu den sechs Klassen ab 1949 gibt das Verzeichnis S. 52 Auskunft.

JORDAN, Charles Etienne 23 1. 1744
Vizepräsident (s. d).

ACHARD, Antoine 23 1 1744
Prediger der Französischen Gemeinde auf dem Friedrichs-Werder, Hofprediger, geb Genf 21. 12 1696, gest Berlin 2 5 1772 (u)

ACHARD, François 23 1 1744
Oberjustizrat, geb. Genf 23 7. 1699, Bruder des vorigen, gest Berlin 28 4 1782

ARGENS, Jean-Baptiste DE BOYER, Marquis D' 23 1 1744
geb. Aix (Provence) 24 6 1704, gest Toulon 11 1 1771; Direktor

FABER, Johann Friedrich 23 1. 1744
Mathematiker, geb. (Baslack/Ostpr.), gest. (Berlin) 1745.

FORMEY, Jean-Henri *Samuel* 23 1 1744
Professor der Philosophie am Französischen Kollegium, geb. Berlin 13. 5. 1711, gest Berlin 8. 3. 1797 (u); Sekretar und Direktor.

FRANCHEVILLE, Joseph DU FRESNE DE 23 1 1744
Beamter des Generaldirektoriums, Historiker, geb Dourlens (Picardie) 18 9 1704, gest Berlin 9. 5. 1781.

GLEDITSCH, Johann Gottlieb 23 1. 1744
Dr. med., Direktor des Botanischen Gartens, geb Leipzig 5 2 1714, gest Berlin 5 10. 1786 (u)

HUMBERT, Abraham DE 23 1. 1744
Ingenieur-Major, Geh. Rat, Assessor des Französischen Konsistoriums, geb. Berlin 19 4 1689 (u), gest. 12. 1. 1761.

LAMPRECHT, Jakob Friedrich 23. 1. 1744
Sekretär im Departement der Auswärtigen Angelegenheiten, Sekretär des Prinzen Heinrich, Schriftsteller, geb. Hamburg 1 10. 1707, gest. Berlin 8 12 1744

PELLOUTIER, Simon 23. 1. 1744
Prediger der Französischen Gemeinde auf dem Friedrichs-Werder, geb. Leipzig 27 10 1694, gest. Berlin 2. 10. 1757 (u); 1745 Bibliothekar der Akademie.

SACK, August Friedrich *Wilhelm* 23 1. 1744
Hof- und Domprediger, dann Oberhofprediger, geb Harzgerode 4 2 1703, gest Berlin 23 4. 1786

SÜSSMILCH, Johann Peter 29 1 1745
Propst an der Petrikirche, Oberkonsistorialrat, Statistiker, geb Zehlendorf bei Berlin 3. 9 1707 (u), gest. Berlin 22 3 1767 (u)

MAUPERTUIS, Pierre-Louis MOREAU DE 1 2 1746
Präsident (s d.), AM seit 1735.

BEGUELIN, Nicolas DE 2. 11. 1747
Hofmeister des Prinzen Friedrich Wilhelm (II.), Inspektor des Französischen Gymnasiums, geb. Courtlari bei Biel (Schweiz) 25 6 1714, gest Berlin 3 2 1789 (u).

UHDEN, Johann Christian Jan. 1748
Generalfiskal, Geh. Justiz- und Tribunalrat, geb. Egeln 30 3. 1695, gest. Berlin 6. 1. 1783 (u); Justitiar der Akademie 1740—1763, seit 1747 EM

BATTIER, Reinhard 4 7 1748
Dr. med , Physiker und Mathematiker, geb. Basel 7 3. 1724, gest. Neusalz (Oder) 1779 (n. 31. 7.) Verläßt bald Berlin (28. 11. 1748 zuletzt in einer Sitzung anwesend) und geht als Erzieher des Erbprinzen von Gotha nach Paris, dann zur Brüdergemeine nach Barby. Als Mitglied nur noch bis 1750 geführt.

BECMANN, Bernhard Ludwig 4. 7. 1748

Subrektor, dann Konrektor des Joachimsthalschen Gymnasiums, geb. Pötnitz bei Dessau 18. 1. 1694 (u), gest. Berlin 3. 12. 1760

LA METTRIE, Julien OFFRAY DE 4. 7. 1748

geb. Saint-Malo 23. 11. 1709, gest. Berlin 11. 11. 1751

PASSAVANT, Daniel 4. 7. 1748

Lic. med., später Postverwalter in Basel, geb. Basel 14. 9. 1722, gest. Basel 14. 5. 1799. Verläßt Berlin 26. 4. 1750 und ist nicht als AM weitergeführt worden

MECKEL, Johann Friedrich 8. 5. 1749

Professor der Anatomie am Collegium medico-chirurgicum, geb. Wetzlar 31. 7. 1724 (u), gest. Berlin 18. 9. 1774. Verzichtet 1773 auf die Mitgliedschaft

GRISCHOW, Augustin Nathanael 23. 10. 1749

Astronom und Mathematiker, geb. Berlin 29. 9. 1726 (u), Sohn des Mitglieds Augustin G., gest. St. Petersburg 4./15. 6. 1760. Geht 1750 ohne Erlaubnis nach Petersburg und wird als Mitglied gestrichen

COTHENIUS, Christian Andreas 9. 4. 1750

Dr. med., Leibarzt des Königs, geb. Anklam 14. 2. 1708, gest. Berlin 5. 1. 1789. Hält sich bis 1765 meist in Potsdam auf und wird als AM geführt. Seit 1760 EM; seit 1765 in den Protokollen, jedoch nicht im Kalender, wieder als OM geführt.

MERIAN, Johann Bernhard 9. 4. 1750

Professor der Philosophie am Französischen Kollegium, geb. Liestal bei Basel 28. 9. 1723, gest. Berlin 12. 2. 1807; Bibliothekar, Sekretar und Direktor der Akademie.

ARNAUD, François-Thomas-Marie DE BACULARD D' 11. 6. 1750

geb. Paris 15. 9. 1718, gest. Paris 8. 11. 1805. Verläßt 1751 Berlin und wird AM (in Dresden, in Paris)

SULZER, Johann Georg 29. 10. 1750

Professor der Mathematik am Joachimsthalschen Gymnasium, Philosoph, geb. Winterthur 16. 10. 1720, gest. Berlin 25. 2. 1779; Direktor

LE FEVRE (LEFEBVRE, LEFEBURE), Simon Dieudonné 17. 6. 1751

Ingenieur-Oberstleutnant, geb. in Frankreich 1712, gest. Neisse 1771. Seit 1752 EM.

BEAUSOBRE, Charles Louis DE 14. 10. 1751

Prediger der Französischen Gemeinde der Dorotheenstadt, geb. Dessau 24. 3. 1690, gest. Berlin 10. 3. 1753

PRÉMONTVAL, André-Pierre LE GUAY DE 29. 6. 1752

Pädagoge, Inhaber einer Erziehungsanstalt, geb. Charenton bei Paris 16. 2. 1716, gest. Berlin 3. 9. 1764 (u)

JACOBI, Friedrich Paul 5. 10. 1752

Leutnant der Artillerie, geb. Tucheband (Neumark) 8. 5. 1724, gefallen vor Olmütz 8. 6. 1758.

LEHMANN, Johann Gottlob 19. 9. 1754

Dr. med., Bergrat, Geologe und Chemiker, geb. Langenhennersdorf bei Pirna 4. 8. 1719, gest. St. Petersburg 11./22. 1. 1767. Geht 1761 nach Petersburg und wird AM.

EULER, Johann Albrecht 6. 12. 1754

Mathematiker, geb. St. Petersburg 16./27. 11. 1734, Sohn Leonhard Eulers, gest. St. Petersburg 6/18. 9. 1800. Geht 1766 mit dem Vater nach Petersburg und wird AM.

BEAUSOBRE, Louis Isaac DE 27. 2. 1755

Geh. Rat, Revisions- und Oberkonsistorialrat, geb. Berlin 19. 8. 1730 (u), Sohn des Mitglieds Charles Louis de B., gest. Berlin 3. 12. 1783.

AEPINUS, Franz Ulrich Theodosius 17. 4. 1755

Dr. med., Physiker, akad. Astronom, geb. Rostock 13. 12. 1724, gest. Dorpat 10./22. 8. 1802. Geht 1757 nach Petersburg und wird AM.

HUBER, Johann Jakob 15 1. 1756

Astronom, geb. Basel 27. 8. 1733, gest. Basel 21. 8. 1798. Verläßt Berlin noch 1756 und wird AM.

CATT, Henri Alexandre DE 7 2. 1760

Vorleser des Königs, geb. Morges am Genfer See 14. 6. 1725, gest. Potsdam 27. 11. 1795.

BRANDES, Karl Philipp 30. 10. 1760

Dr. med., Arzt und Chemiker, geb. Berlin 1720, gt. 12. 11. (u), gest. Berlin 19. 5. 1776; seit 1755 AM.

ROLOFF, Christian Ludwig 30. 10. 1760

Dr. med., Arzt, geb. Berlin 6. 6. 1726, gest. Berlin 26. 12. 1800; seit 1755 AM.

BERNOULLI, Johann (III.) 5. 1. 1764

Mathematiker und Astronom, Leiter der akad. Sternwarte, geb. Basel 4. 11. 1744, gest. Köpenick bei Berlin 13. 7. 1807; Direktor.

CASTILLON, Jean (Giovanni Francesco Mauro Melchior) DE 5. 1. 1764

Mathematiker, geb. Castiglione 15. 1. 1708, gest. Berlin 11. 10. 1791; Direktor. Seit 1755 AM.

QUINTUS ICILIUS, Karl Gottlieb GUICHARDT genannt v. 5. 1. 1764

Oberst, Kriegshistoriker, geb. Magdeburg 24. 9. 1724, gest. Potsdam 13. 5. 1775.

TOUSSAINT, François-Vincent 8. 11. 1764

Professor der Logik und Rhetorik an der Kriegsschule, geb. Paris 21. 12. 1715, gest. Berlin 22. 6. 1772; seit 1751 AM.

LAMBERT, Johann Heinrich 10. 1. 1765

Oberbaurat, Mathematiker, Astronom, Philosoph, geb. Mülhausen i. E. 26. 8. 1728, gest. Berlin 25. 9. 1777.

THIÉBAULT, Dieudonné 18. 4. 1765

Professor der allgemeinen Grammatik an der Kriegsschule, geb. La Roche bei Remiremont 26. 12. 1733, gest. Versailles 5. 12 1807. Verläßt 1785 Berlin und kehrt nach Frankreich zurück.

BITAUBÉ, Paul Jérémie 29. 5. 1766

Übersetzer, geb. Königsberg i. Pr., 24. 11. 1732, gest. Paris 22. 11. 1808; hält sich dauernd in Paris auf; 1792—1795 ausgeschlossen.

LAGRANGE, Joseph-Louis Comte DE 2. 10. 1766

Mathematiker, geb. Turin 25. 1. 1736, gest. Paris 10. 4. 1813; Direktor. Seit 1756 AM. Verläßt Berlin 1787 und wird wieder AM; 1812 bestätigt.

WEGELIN, Jakob 13. 11. 1766

Professor der Geschichte an der Ritterakademie, geb. St. Gallen 19. 6. 1721, gest. Berlin 7. 9. 1791.

GERHARD, Karl Abraham 22. 9. 1768

Geh. Bergrat, Geh. Konferenz-, Kriegs- und Domänenrat, geb. Lerchenbrunn (Schlesien) 26. 2. 1738, gest. Berlin 9. 3. 1821; Direktor ad int.

PERNETTY, Antoine-Joseph 22. 9. 1768

kgl. Bibliothekar, geb. Roanne a. d. Loire 13. 2. 1716, gest. Avignon 15. 10. 1796. Verläßt 1783 Berlin und kehrt nach Frankreich zurück.

COCHIUS, Leonhard 26. 4. 1770

Hof- und Garnisonprediger in Potsdam, geb. Königsberg i. Pr. 28. 1. 1718, gest. Potsdam 30. 4. 1779.

BORELLY, Jean-Alexis 15. 10. 1772

philosophischer Schriftsteller, geb. Salernes (Provence) 1738, gest. um 1810. 1792 als „Jakobiner" ausgewiesen und als Mitglied gestrichen.

WALTER, Johann Gottlieb 2. 12. 1773

Professor der Anatomie am Collegium medico-chirurgicum, geb. Königsberg i. Pr. 1. 7. 1734, gest. Berlin 4. 1. 1818.

MOULINES, Guillaume DE 21. 7. 1775

Prediger der Französischen Gemeinde in Bernau, Geh. Rat am Französischen Oberkonsistorium, geb. Berlin 30. 4. 1728, gest. Berlin 14. 3. 1802.

ACHARD, François Charles (Franz Karl) 15. 6. 1776

Chemiker, geb. Berlin 28. 4. 1753, Sohn des Mitglieds François A., gest. Kunern (Schles.) 20. 4. 1821; Direktor. Verläßt Berlin und wird 1812 EM

HENCKEL, Joachim Friedrich 4. 7 1776

Dr. med., Arzt, geb. Preuß.-Holland (Ostpr.) 4. 3 1712, gest. Berlin 21. 7. 1779.

SCHULZE, Johann Karl Gottlieb 16. 10. 1777

Oberbaurat, Professor der Mathematik beim Feldartilleriekorps, geb. Berlin 5 4 1749 (u), gest. Berlin 9. 6. 1790.

PREVOST, Pierre 7. 9. 1780

Professor der Philosophie an der Ritterakademie, Physiker, geb. Genf 3. 3. 1751, gest. Genf 8. 4. 1839. Verläßt 1784 Berlin und wird AM. Nach 1812 EM.

DENINA, Giacomo Maria *Carlo* 7. 11. 1782

Historiker, geb. Revello (Piemont) 27. 2. 1731, gest. Paris 5. 12. 1813. Verläßt Berlin 1805 und wird AM., 1812 EM.

ANIÈRES, Jean Frédéric Benjamin LORIOL D' 23. 2. 1783

Geh. Rat und Generalfiskal, als solcher seit 1763 Justitiar der Akademie, geb. Berlin 9. 12. 1736 (u), gest. Berlin 6. 4. 1803 (u).

CASTILLON, *Friedrich* Adolf Maximilian Gustav v. 14. 9. 1786

Professor der Philosophie an der Militärakademie, geb. Lausanne 22. 9. 1747, Sohn des Mitglieds Jean de C., gest. Berlin 27. 1. 1814; Direktor und beständiger Sekretar.

ENGEL, Johann Jakob 14. 9. 1786

Professor am Joachimsthalschen Gymnasium, Direktor des Nationaltheaters, geb. Parchim (Meckl.) 11. 9. 1741, gest. Parchim 28. 6. 1802.

RAMLER, Karl Wilhelm 14. 9. 1786

Professor am Kadettenkorps, Direktor des Nationaltheaters, geb. Kolberg 25. 2. 1725, gest. Berlin 11. 4. 1798.

SELLE, Christian Gottlieb 14. 9. 1786

Dr. med., Leibarzt des Königs, geb. Stettin 7. 10. 1748, gest. Berlin 9. 11. 1800; Direktor.

FERBER, Johann Jakob 7. 11. 1786

Oberbergrat, Mineraloge, geb. Karlskrona (Schweden) 9. 9. 1743, gest. Bern 17. 4. 1790.

ANCILLON, Louis Frédéric 9. 11. 1786

Prediger der Französischen Klosterkirchen-Gemeinde, Philosoph, geb. Berlin 21. 5. 1740, gest. Berlin 13. 6. 1814.

BODE, Johann Elert 9. 11. 1786

Astronom, Direktor der akad. Sternwarte, geb. Hamburg 19. 1. 1747, gest. Berlin 23. 11 1826; Veteran seit 16. 12. 1824.

ERMAN, Jean Pierre 9. 11. 1786

Prediger der Französischen Gemeinde auf dem Friedrichs-Werder, Oberkonsistorialrat, Brandenburgischer Historiograph, geb. Berlin 1. 3 1735, gest Berlin 11. 8 1814.

MEIEROTTO, Johann Heinrich Ludwig 9. 11. 1786

Rektor des Joachimsthalschen Gymnasiums, klass. Philologe, geb. Stargard (Pomm) 22 8 1742, gest Berlin 24 9 1800

SILBERSCHLAG, Johann Esaias 30. 11 1786

Pastor an der Dreifaltigkeitskirche, Oberkonsistorialrat, Geh Oberbaurat, geb. Aschersleben 16 11. 1721, gest Berlin 22. 11. 1791 (u) Seit 1760 AM

TELLER, Wilhelm Abraham 30. 11 1786

Propst an der Petrikirche, Oberkonsistorialrat, geb Leipzig 9 1 1734, gest Berlin 9 12 1804

WOELLNER, Johann Christoph v 30. 11 1786

Geh. Oberfinanzrat, Rat beim Oberschulkollegium, 1788 Wirkl. Geh. Etats- und Justizminister, Chef des luth. u. kathol. Geistl. Departements, geb. Döberitz bei Spandau 19 5 1732, gest Groß-Rietz (Mark) 11 9 1800

TEMPELHOFF, Georg Friedrich v 7. 12 1786

Generalleutnant, Mathematiker und Kriegshistoriker, geb Trampe (Mark) 19 3 1737, gest. Berlin 13. 7. 1807

MOEHSEN, Johann Karl Wilhelm 14. 12 1786

Dr med, kgl. Leibarzt, Medizinhistoriker, geb Berlin 9 5 1722, gest. Berlin 22 9 1795

MAYER, Johann Christoph Andreas 7 6 1787

Dr med, kgl. Leibarzt, Direktor des Botanischen Gartens, geb Greifswald 8. 12 1747, gest. Berlin 5 11. 1801.

KLAPROTH, Martin Heinrich 24. 1. 1788

Chemiker, später o. Professor an der Universität, geb Wernigerode 1 12. 1743, gest Berlin 1 1 1817

BURJA, Abel 29. 1 1789

Prediger der Französischen Gemeinde in der Friedrichstadt, Professor der Mathematik an der Militarakademie, geb. Kiekebusch (Mark) 30 8. 1752, gest. Berlin 16. 2. 1816

BURGSDORF, Friedrich August Ludwig v 1 10. 1789

Direktor der Forstakademie, Oberforstmeister der Kurmark, geb. Leipzig 23 3 1747, gest Berlin 18. 6. 1802 (u).

KLEIN, Ernst Ferdinand 1 10. 1789

Jurist, Mitarbeiter an der Justizreform, auch stellv. Justitiar der Akademie, geb. Breslau 3. 9 1744, gest. Berlin 18. 3. 1810. Verläßt 1791 Berlin, wird 1792 AM, 1800 wieder OM.

GEDIKE, Friedrich 28 1 1790

Direktor des Friedrichs-Werderschen Gymnasiums, dann des Berlinischen (zum Grauen Kloster) Mitglied des Oberschulkollegiums, geb. Boberow (Prignitz) 15 1 1754 (u), gest Berlin 2 5 1803.

MOENNICH, Bernhard Friedrich 29. 4. 1790

Geh Oberberg- und Baurat, geb Boldewitz (Rügen) 16 3. 1741, gest. Berlin 1 8 1800

MORITZ, Karl Philipp 6. 10. 1791

Professor an der Akademie der Künste, geb. Hameln 15 9. 1757, gest. Berlin 26 6. 1793.

ZOELLNER, Johann Friedrich 6. 10. 1791

Propst an der Nikolaikirche, Oberkonsistorialrat, Mitglied des Oberschulkollegiums, geb. Neudamm (Neumark) 24. 4. 1753, gest. Berlin 12 9 1804

CUHN, Ernst Wilhelm 12. 1. 1792

Kriegsrat, Geograph und Statistiker, geb. Kassel 7. 12. 1756, gest. Kassel 13. 3. 1809.

VERDY DU VERNOIS, Adrien-Marie-François DE 2. 3. 1792

Gouverneur der Söhne des Prinzen Ferdinand, Historiker, geb. Ornans (Franche-Comté) 15. 4. 1738; gest. Siethen (Mark) 3. 6. 1814. Seit 1790 EM. Zieht nach Siethen und wird 1812 wieder EM.

BOATON, Pierre François DE 15. 3. 1792

Schriftsteller, geb. Aubonne (Waadt) 12. 9. 1734, gest. Berlin 3. 6. 1794.

BASTIDE, Jean Baptiste 13. 12. 1792

Sprachforscher, geb. Berlin 29. 5. 1745 (u), gest. Paris 1. 4. 1810. Verläßt 1806 Berlin, bleibt jedoch OM.

MICHELSEN, Johann Andreas Christian 24. 1. 1793

Professor der Mathematik am Gymnasium zum Grauen Kloster, geb. Quedlinburg 9. 6. 1749, gest. Berlin 8. 8. 1797.

WILLDENOW (WILDENOW), Karl Ludwig 16. 1. 1794

Professor der Naturgeschichte am Collegium medico-chirurgicum, o. Professor der Botanik an der Universität, geb. Berlin 22. 8. 1765, gest. Berlin 10. 7. 1812 (u).

WALTER, Friedrich August 16. 1. 1794

Professor der Anatomie am Collegium medico-chirurgicum, geb. Berlin 26. 9. 1764, Sohn des Mitglieds Johann Gottlieb W., gest. Berlin 18. 12. 1826. Veteran seit 1. 12. 1815.

TREMBLEY, Jean 2. 10. 1794

Mathematiker, geb. Genf 13. 4. 1749 (u), gest. Le Mas d'Agenais (Lot-et-Garonne) 18. 9. 1811; seit 1793 AM. Verläßt Berlin 1807 und wird wieder AM.

GOYON D'ARZAC, Guillaume-Henri-Charles Vicomte DE 16. 10. 1794

Schriftsteller, geb. Mézin (Guyenne) um 1740, gest. nach 1804. Verläßt Berlin 1802 und wird 1804 AM.

BOUF(F)LERS, Stanislas Marquis DE 26. 2. 1795

Dichter und Schriftsteller, geb. bei Nancy 31. 5. 1738, gest. Paris 18. 1. 1815. Verläßt 1800 Berlin und wird AM.

*HIRT, Aloys (Louis) 3. 11. 1796

Archäologe, o. Professor an der Universität, geb. Behla bei Donaueschingen 27. 6. 1759, gest. Berlin 29. 6. 1837, seit 8. 11. 1821 Veteran.

GRUSON (GRÜSON), Jean Philippe (Johann Philipp) 6. 2. 1798

Professor der Mathematik am Kadettenkorps, an der Bauakademie, ao. Professor an der Universität, geb. Magdeburg-Neustadt 2. 2. 1768, gest. Berlin 16. 11. 1857, seit 7. 12. 1837 Veteran.

BIESTER, Johann Erich 9. 4. 1798

kgl. Bibliothekar, geb. Lübeck 17. 11. 1749, gest. Berlin 20. 2. 1816.

BORGSTEDE, Albrecht August Heinrich v. 9. 4. 1798

Geh. Finanz-, Kriegs- und Domänenrat, seit 1823 Mitglied des Staatsrates, geb. Hoya (Hannover) 12. 12. 1757 (u), gest. Stargard (Pomm.) 7. 7. 1824, Direktor. Wird 1812 EM.

SUAREZ, Karl Gottlieb 9. 4. 1798

Oberjustiz- und Tribunalrat, Mitglied der Gesetzeskommission, geb. Schweidnitz 27. 2. 1746, gest. Berlin 14. 5. 1798, Direktor.

NICOLAI, Christoph *Friedrich* aoM[1]) 21. 1. 1799
Buchhändler, Dichter und Schriftsteller, geb. Berlin 18. 3. 1733, OM 25. 10. 1804
gest. Berlin 8. 1. 1811.

HUMBOLDT, Friedrich Wilhelm *Alexander* Freiherr v. aoM 4. 8. 1800
geb. Berlin 14. 9. 1769, gest. Berlin 6. 5. 1859. Bleibt auch während OM 19. 2. 1805
seines Aufenthaltes in Paris 1807—1827 OM.

HERMBSTAEDT, Sigismund Friedrich aoM 4. 8. 1800
Professor der Chemie und Pharmazie am Collegium medico-chirurgicum, Geh. Medizinalrat, o. Professor der Technologie an der Universität, geb. Erfurt 14. 4. 1760, gest. Berlin 22. 10. 1833. OM 15. 8. 1808

HUFELAND, Christoph Wilhelm 23. 12. 1800
kgl. Leibarzt, o. Professor der Medizin an der Universität, geb. Langensalza 12. 8. 1762, gest. Berlin 25. 8. 1836; Veteran seit 1835.

KLEIN, Ernst Ferdinand Dez. 1800
Obertribunalrat, Justitiar der Akademie (OM 1789, AM 1792).

KOTZEBUE, *August* Friedrich Ferdinand v. aoM 27. 1. 1803
Dichter, geb. Weimar 3. 5. 1761, gest. Mannheim 23. 3. 1819. Wird 1812 EM.

LOMBARD, Johann Wilhelm aoM 27. 1. 1803
Geh. Kabinettsrat, geb. Berlin 1. 4. 1767, gest. Nizza 28. 4. 1812, OM 18. 8. 1807
beständiger Sekretar.

EYTELWEIN, Johann Albert aoM 27. 1. 1803
Geh. Oberbaurat, vortragender Rat im Ministerium für Handel und Gewerbe, Oberlandesbaudirektor, geb. Frankfurt a. Main 31. 12. 1764, gest. Berlin 18. 8. 1849; Veteran seit 15. 9. 1833. OM 15. 8. 1808

FISCHER, Ernst Gottfried aoM 27. 1. 1803
Professor der Physik und Mathematik am Gymnasium zum Grauen Kloster, o. Professor an der Universität, geb. Hoheneiche bei Saalfeld (Thür.) 17. 7. 1754, gest. Berlin 27. 1. 1831. OM 15. 8. 1808

*ANCILLON, Jean Pierre Frédéric (*Friedrich*) aoM 2. 8. 1803
kgl. Historiograph, Minister der Ausw. Angelegenheiten, geb. OM 14. 2. 1805
Berlin 30. 4. 1767, gest. Berlin 19. 4. 1837; Sekretar. Veteran seit 27. 6. 1832.

KARSTEN, Dietrich Ludwig Gustav aoM 2. 8. 1803
Bergrat, Assessor der Berg- und Hüttenadministration, geb. Bützow OM 15. 8. 1808
(Meckl.) 5. 4. 1768, gest. Berlin 20. 5. 1810.

SPALDING, Georg Ludwig aoM 2. 8. 1803
Professor der griech. u. hebr. Sprache am Gymnasium zum Grauen Kloster, geb. Barth (Pomm.) 8. 4. 1762, gest. Friedrichsfelde bei Berlin 7. 6. 1811; Sekretar. OM 15. 8. 1808

TRALLES, Johann Georg 21. 1. 1804
Mathematiker, o. Professor an der Universität, geb. Hamburg 15. 10. 1763, gest. London 15. 11. 1822; Sekretar.

THAER, *Albrecht* Daniel 19. 3. 1804
Dr. med., ao. Professor der Kameralwissenschaft an der Universität, Direktor der landw. Lehranstalt Möglin, geb. Celle 14. 5. 1752, gest. Möglin (Mark) 26. 10. 1828. Wird 1821 EM, da er sich meist in Möglin aufhält.

---

[1]) Über die aoM. vgl. die Einleitung.

KNOBELSDORFF, Friedrich *Wilhelm* Ernst v. 4. 5. 1804

Generalleutnant und Diplomat, geb. Berlin 28. 1. 1752, gest. Berlin 19. 4. 1820; seit 1812 EM.

MÜLLER, Johannes v. 28. 7. 1804

Historiker, kgl. Historiograph, geb. Schaffhausen 3. 1. 1752, gest. Kassel 11. 5. 1809. AM seit 1790. Verläßt Berlin 1807.

LEHNDORFF, August Adolf Leopold Graf v. aoM 24. 2. 1806

geb. Bandels (Ostpr.) 8. 4. 1771, gest. 1820; seit 1812 EM.

BUCH, Christian *Leopold* v. aoM 27. 3. 1806

Geologe, geb. Stolpe (Uckermark) 25. 4. 1774 (u), gest. Berlin 4. 3. 1853. OM 15. 8. 1808

ERMAN, Paul aoM 27. 3. 1806

Physiker, o. Professor an der Universität, geb. Berlin 29. 2. 1764, Sohn OM 15. 8. 1808 des Mitglieds Jean Pierre E., gest. Berlin 11. 10 1851; Sekretar, Veteran seit 10. 12. 1834.

BUTTMANN, *Philipp* Karl aoM 24. 5. 1806

Bibliothekar der Kgl. Bibliothek, geb. Frankfurt a. Main 5. 12. 1764, OM 15. 8. 1808 gest. Berlin 21. 6. 1829; Sekretar.

WOLF, Christian Wilhelm *Friedrich August* 15. 8. 1808

o. Professor der klass. Philologie an der Universität, geb. Haynrode bei Nordhausen 15. 2. 1759, gest. Marseille 8. 8. 1824. Bezieht seit 1799 als Professor in Halle ein akademisches Gehalt, wird daher 1808 als OM festgestellt. Scheidet 16. 4. 1812 aus der Zahl der OM aus und wird EM.

*UHDEN, Johann Daniel *Wilhelm* Otto aoM 15. 8. 1808

Archäologe, Vortragender Rat im Generaldirektorium, Staatsrat OM 7. 4. 1810 im Ministerium des Innern, Vortragender Rat im Ministerium für geistl., Unterrichts- und Medizinal-Angelegenheiten, geb. Berlin 23. 8. 1763, gest. Berlin 21. 1. 1835.

HUMBOLDT, Karl *Wilhelm* Freiherr v. aoM 15. 8. 1808

geb. Potsdam 22. 6. 1767, gest. Tegel bei Berlin 8. 4. 1835. Verläßt OM 7. 4. 1810 als Diplomat Berlin und ist 1812—1819 AM.

IDELER, Christian *Ludwig* 7. 4. 1810

kgl. Astronom, Studiendirektor des Kadettenkorps, o. Professor an der Universität, geb. Groß-Brese bei Perleberg 21. 9. 1766, gest. Berlin 10. 8. 1846; Veteran seit 26. 11. 1838.

ILLIGER, Johann *Karl* Wilhelm 7. 4. 1810

o. Professor der Zoologie an der Universität, Direktor des Zoolog. Museums, geb. Braunschweig 19. 11. 1775, gest. Berlin 10. 5. 1813.

OLTMANNS, Jabbo 7. 4. 1810

Mathematiker, geb. Wittmund 18. 5. 1783, gest. Berlin 27. 11. 1833. Siedelt nicht nach Berlin über und wird daher 1812 EM; OM 1825.

RUDOLPHI, Karl Asmund 7. 4. 1810

o. Professor der Zoologie an der Universität, geb. Stockholm 14. 7. 1771, gest. Berlin 29. 11. 1832.

*NIEBUHR, Barthold Georg 7. 4. 1810

Historiker, 1816 Gesandter in Rom, dann Professor in Bonn, geb. Kopenhagen 27. 8. 1776, gest. Bonn 2. 1. 1831. Nach einer ministeriellen Verfügung vom 14. 3. 1816 bleibt er auch außerhalb Berlins OM unter Entbindung von den Pflichten eines solchen.

*SCHLEIERMACHER, *Friedrich* Daniel Ernst 7. 4. 1810

Pastor an der Dreifaltigkeitskirche, o. Professor der Theologie an der Universität, geb. Breslau 21. 1. 1768, gest. Berlin 12. 2. 1834; Sekretar.

*SAVIGNY, Friedrich Karl v. 29. 4. 1811

o. Professor der Rechte an der Universitat, Mitglied des Staatsrats, Minister fur Gesetzesrevision, geb. Frankfurt a. Main 22. 2. 1779, gest. Berlin 25 10 1861; Veteran seit 6. 1. 1840.

LICHTENSTEIN, Martin *Hinrich* Karl 14. 5 1814

o. Professor der Zoologie an der Universität, Direktor des Zoolog. Museums, geb. Hamburg 10. 1 1780, gest auf See zwischen Korsör und Kiel 3 9 1857; Veteran seit 17 10 1839.

*BÖCKH, August 14 5. 1814

o. Professor der klass. Philologie an der Universitat; geb Karlsruhe i. B. 24. 11. 1785, gest Berlin 3. 8. 1867, Sekretar Veteran seit 10 6 1839

WEISS, Christian Samuel 3. 5 1815

o Professor der Mineralogie an der Universitat, geb Leipzig 26 2 1780, gest. Eger 1. 10. 1856, Veteran seit 20. 6 1853

*BEKKER, August Emanuel (*Immanuel*) 3. 5. 1815

o. Professor der klass. Philologie an der Universität, geb. Berlin 21 5 1785 (u), gest Berlin 7. 6 1871; Veteran seit 1848.

SUEVERN, Johann *Wilhelm* 3 5. 1815

Staatsrat im Ministerium des Innern (Sektion fur offentl Unterricht), 1817 Mitdirektor der Unterrichtsabteilung des Ministeriums fur geistl, Unterrichts- und Medizinal-Angelegenheiten, geb Lemgo 3 1 1775, gest Berlin 2 10 1829

LINK, Heinrich Friedrich 15. 7 1815

o. Professor der Botanik an der Universitat, Direktor des Botanischen Gartens, geb. Hildesheim 2. 2. 1767, gest. Berlin 1. 1 1851. Seit 1812 KM

RÜHS, Christian Friedrich 1. 1. 1819

o. Professor der Geschichte an der Universitat, Historiograph des Preuß. Staates, geb. Greifswald 1. 3. 1781, gest. Florenz 1. 2. 1820

SEEBECK, *Thomas* Johann 1. 1. 1819

Dr. med., Physiker, geb. Reval 29. 3 /9 4 1770, gest Berlin 10. 12. 1831. Seit 1818 KM.

*WILKEN, Friedrich 1 1. 1819

o. Professor der Geschichte an der Universitat, Oberbibliothekar (Direktor) der Kgl. Bibliothek, geb. Ratzeburg 23 5 1777, gest Berlin 24. 12. 1840; Sekretar Seit 1812 KM

*HUMBOLDT, Karl *Wilhelm* Freiherr v Okt 1819

AM seit 1812 (vgl. oben 1808), wieder OM

MITSCHERLICH, Eilhard 7 2 1822

o. Professor der Chemie an der Universitat, geb. Neuende bei Jever (Ostfriesl) 7 1 1794, gest. Berlin 28 8. 1863 (u)

*BOPP, Franz 18. 4. 1822

o. Professor der oriental. Literatur u allg Sprachkunde an der Universitat, geb. Mainz 14 9 1791, gest. Berlin 23 10. 1867; Veteran seit 22 1 1855

*RITTER, Karl 18 4 1822

o Professor der Geographie an der Universitat, geb Quedlinburg 7 8. 1779, gest Berlin 28. 9. 1859; Veteran seit 11. 10. 1855.

KARSTEN, Karl Johann Bernhard 28 4 1822

Geh Oberbaurat im Ministerium des Innern, Mineraloge, geb Butzow (Meckl) 26 11 1782, gest. Berlin 22 8 1853

OLTMANNS, Jabbo 7. 3. 1825

o. Professor der Mathematik an der Universitat, EM seit 1812 (vgl. oben 1810), siedelt nach Berlin uber und wird OM

DIRKSEN, Enno Heeren 21 6 1825

o. Professor der Mathematik an der Universitat, geb. Hamswerum (Ostfriesland) 3 1 1792, gest. Paris 16 7 1850

ENCKE, Johann Franz 21 6 1825

Astronom, Direktor der Sternwarte, 1844 o Professor an der Universitat, geb Hamburg 23 9 1791, gest. Spandau 26. 8. 1865. Seit 1823 KM Sekretar; Veteran seit 17 11 1863

POSELGER, Friedrich Theodor 21. 6 1825

Professor der Mathematik an der Allgem. Kriegsschule, geb Elbing 27 5. 1771, gest Berlin 9 2. 1838.

EHRENBERG, Christian Gottfried 18. 6 1827

o. Professor der Medizin an der Universitat, Biologe, geb Delitzsch bei Leipzig 19. 4. 1795, gest Berlin 27 6 1876. Seit 1826 KM. Sekretar; Veteran seit 10 7 1873

*RAUMER, *Friedrich* Ludwig Georg v. 18. 6 1827

o. Professor der Geschichte und der Staatswissenschaften an der Universitat, geb. Wörlitz (Anhalt) 14. 5. 1781, gest. Berlin 14 6. 1873; Sekretar Scheidet 22. 3. 1847 aus der Akademie aus

CRELLE, August Leopold 23. 8 1827

Geh. Oberbaurat in der Oberbaudirektion, Mathematiker, geb. Eichwerder bei Wriezen (Oder) 11 3. 1780, gest. Berlin 6. 10. 1855, Veteran seit 24. 10 1852.

HORKEL, *Johann* Adam 11 1 1830

o. Professor der Physiologie an der Universitat, geb. Burg a. Fehmarn 8. 9. 1769, gest Berlin 15. 11. 1846

KLUG, Johann Christoph *Friedrich* 11 1 1830

o. Professor der Zoologie an der Universitat, geb Berlin 5 5 1775 (u), gest. Berlin 3. 2 1856.

KUNTH, Karl Sigismund 11 1. 1830

o Professor der Botanik an der Universitat, Vizedirektor des Botanischen Gartens, geb Leipzig 18 6 1788, gest. Berlin 22 3. 1850 Seit 1820 KM

*LACHMANN, *Karl* Konrad Friedrich Wilhelm 11 6. 1830

o Professor der Philologie an der Universitat, geb Braunschweig 4 3 1793, gest. Berlin 13. 3. 1851

*MEINEKE, Johann Albert Friedrich *August* 11 6 1830

Direktor des Joachimsthalschen Gymnasiums, klass. Philologe, geb. Soest 8 12 1790, gest. Berlin 12 12. 1870 (u), Veteran seit 19. 12 1856.

DIRICHLET, Peter *Gustav* LEJEUNE- 13 2 1832

ao., spater o. Professor der Mathematik an der Universitat, geb. Düren (Rhld) 13 2 1805, gest. Göttingen 5. 5 1859. Verlaßt 1855 Berlin und wird EM, 1856 AM.

ROSE, Heinrich 13 2 1832

o. Professor der Chemie an der Universitat, geb. Berlin 6. 8. 1795, gest. Berlin 27 1 1864.

*EICHHORN, Karl Friedrich 13. 2 1832

o Professor der Rechte an der Universitat, geb. Jena 20 11 1781, gest Koln 4 7. 1854 Verläßt 1847 Berlin und wird EM, dann AM

*HOFFMANN, Johann Gottfried 13 2 1832

Direktor des Statistischen Buros, o. Professor der Staatswissenschaften an der Universitat, geb. Breslau 19 7 1765, gest. Berlin 12. 11 1847

*LEVEZOW, Jakob Andreas *Konrad* 13 2. 1832

Direktor des Antiquitaten-Kabinetts, Archaologe, geb. Stettin 3. 9. 1770, gest. Berlin 13 10. 1835.

*RANKE, Franz *Leopold* v. (1865) 13. 2. 1832

o. Professor der Geschichte an der Universität, geb. Wiehe a. d. Unstrut 20. 12. 1795, gest. Berlin 23. 5. 1886; Veteran 24. 4. 1873—1881.

*RITTER, August *Heinrich* 13. 2. 1832

o. Professor der Philosophie an der Universität, geb. Zerbst 21. 11. 1791, Bruder des Mitglieds Karl R., gest. Göttingen 3. 2. 1869. Verläßt 1833 Berlin und wird 1834 AM.

*GRAFF, Eberhard Gottlieb 3. 1. 1833

o. Professor der Germanistik an der Universität, geb. Elbing 10. 3. 1780, gest. Berlin 18. 10. 1841. Seit 1832 KM.

MÜLLER, *Johannes* Peter 16. 7. 1834

o. Professor der Anatomie und Physiologie an der Universität, geb. Koblenz 14. 7. 1801, gest. Berlin 28. 4. 1858.

ROSE, Gustav 16. 7. 1834

o. Professor der Mineralogie an der Universität, geb. Berlin 18. 3. 1798, Bruder des Mitglieds Heinrich R., gest. Berlin 15. 7. 1873.

STEINER, Jakob 16. 7. 1834

ao. Professor der Mathematik an der Universität, geb. Utzensdorf (Schweiz) 18. 3. 1796, gest. Berlin 1. 4. 1863.

*GERHARD, Friedrich Wilhelm *Eduard* 12. 3. 1835

Abt.-Direktor am Kgl. Museum, o. Professor der Archäologie an der Universität, geb. Posen 29. 11. 1795, gest. Berlin 12. 5. 1867. Seit 1832 KM.

*STEFFENS, Heinrich 12. 3. 1835

o. Professor der Philosophie an der Universität, geb. Stavanger (Norwegen) 2. 5. 1773, gest. Berlin 13. 2. 1845.

*ZUMPT, Karl Gottlob 12. 3. 1835

o. Professor der klass. Philologie an der Universität, geb. Berlin 20. 3. 1792 (u), gest. Karlsbad 26. 6. 1849.

CHAMISSO, Louis Charles Adelaide, gen. *Adelbert* v. 28. 6. 1835

Dichter, Botaniker, Konservator des Herbariums, geb. Schloß Boncourt (Champagne) 30. 1. 1781, gest. Berlin 21. 8. 1838.

*PANOFKA, *Theodor* Sigismund 5. 4. 1836

o. Professor der Archäologie an der Universität, geb. Breslau 25. 2. 1800, gest. Berlin 20. 6. 1858.

DOVE, Heinrich Wilhelm 4. 1. 1837

o. Professor der Physik an der Universität, Direktor des Preuß. Meteorologischen Instituts, geb. Liegnitz 6. 10. 1803, gest. Berlin 4. 4. 1879

OLFERS, *Ignaz* Franz Werner Maria v. 4. 1. 1837

Diplomat, Generaldirektor der Kgl. Museen, geb. Münster i. W. 30. 8. 1793, gest. Berlin 23. 4. 1872. Seit 1826 KM; Veteran seit 1869.

POGGENDORFF, Johann Christian 4. 2. 1839

ao. Professor der Physik an der Universität, geb. Hamburg 29. 12. 1796, gest. Berlin 24. 1. 1877; Veteran seit 8. 8. 1874.

*NEANDER, Johann *August* Wilhelm 14. 3. 1839

o. Professor der Theologie an der Universität, Kirchenhistoriker, geb. Göttingen 17. 1. 1789, gest. Berlin 14. 7. 1850.

MAGNUS, Heinrich *Gustav* 27. 1. 1840

o. Professor der Physik und Technologie an der Universität, geb. Berlin 2. 5 1802, gest. Berlin 4. 4. 1870.

*DIRKSEN, Heinrich Eduard 9. 3. 1841
ehem. Professor der Rechte in Königsberg, Privatdozent an der Universität, geb. Königsberg i. Pr. 13. 9. 1790, gest. Berlin 10. 2. 1868; Veteran seit 9. 3. 1866.

*GRIMM, *Jacob* Ludwig Karl 9. 3. 1841
Sprachforscher, geb. Hanau 4. 1. 1785, gest. Berlin 20. 9. 1863. Seit 1826 KM, seit 1832 AM.

*GRIMM, *Wilhelm* Karl 9. 3. 1841
Sprachforscher, geb. Hanau 24. 2. 1786, gest. Berlin 16. 12. 1859. Seit 1832 KM.

*HAGEN, Friedrich Heinrich v. der 9. 3. 1841
o. Professor der deutschen Literatur, geb. Schmiedeberg (Schlesien) 19. 2. 1780, gest. Berlin 11. 6. 1856.

*SCHOTT, Johann *Wilhelm* 9. 3. 1841
o. Professor der oriental. Sprachen, geb. Mainz 3. 9. 1802, gest. Berlin 21. 1. 1889.

HAGEN, *Gotthilf* Heinrich Ludwig 28. 6. 1842
Oberlandesbaudirektor, geb. Königsberg i. Pr. 3. 3. 1797, gest. Königsberg i Pr. 3. 2. 1884.

RIESS, Peter Theophil 28. 6. 1842
o. Professor der Physik an der Universität, geb. Berlin 27. 6. 1804, gest. Berlin 22. 10. 1883; Veteran 28. 6. 1877—1881.

*SCHELLING, Friedrich Wilhelm Joseph v. 3. 12. 1842
Philosoph, geb. Leonberg (Württ.) 27. 1. 1775, gest. Ragaz (Schweiz) 20. 8. 1854. Seit 1832 AM.

*PERTZ, Georg Heinrich 23. 1. 1843
Direktor der Kgl. Bibliothek, Historiker, geb. Hannover 28. 3. 1795, gest. München 7. 10. 1876 Seit 1840 KM.

JACOBI, Karl Gustav Jakob Okt. 1844
Mathematiker, geb. Potsdam 10. 12. 1804, gest. Berlin 18. 2. 1851. Seit 1829 KM, seit 1836 AM.

*TRENDELENBURG, Friedrich *Adolf* 11. 3. 1846
o. Professor der Philosophie an der Universität, geb. Eutin 30. 11. 1802, gest. Berlin 24. 1. 1872; Sekretar.

*DIETERICI, Karl Friedrich Wilhelm 20. 1. 1847
o. Professor der Staatswissenschaften an der Universität, Direktor des Statistischen Büros, geb. Berlin 23. 8. 1790, gest. Berlin 30. 7. 1859.

*HOMEYER, Karl Gustav 18. 5. 1850
o. Professor der Rechte an der Universität, geb. Wolgast (Pomm.), 13. 8. 1795, gest. Berlin 20. 10. 1874.

*LEPSIUS, Karl *Richard* 18. 5. 1850
o. Professor der Ägyptologie an der Universität, Generaldirektor der Kgl. Bibliothek, geb. Naumburg a. d. Saale 23. 12. 1810, gest. Berlin 10. 7. 1884. Seit 1844 KM.

*PETERMANN, Julius *Heinrich* 18. 5. 1850
ao. Professor der oriental. Sprachen an der Universität, geb. Glauchau (Sachsen) 12. 8. 1801, gest. Bad Nauheim 10. 6. 1876.

DU BOIS-REYMOND, *Emil* Heinrich 5. 3. 1851
o. Professor der Anatomie und Physiologie an der Universität, geb. Berlin 7. 11. 1818, gest. Berlin 26. 12. 1896; Sekretar.

PETERS, *Wilhelm* Karl Hartwig 5. 3. 1851
o. Professor der Zoologie an der Universitat, geb. Koldenbüttel (Holstein) 22. 4. 1815, gest. Berlin 20. 4. 1883 (u).

*BUSCHMANN, Johann Karl *Eduard* 24. 5. 1851

Sprachforscher (mexikanische Sprachen), geb. Magdeburg 14. 2. 1805, gest. Berlin 21. 4. 1880

*PINDER, *Moritz* Eduard 24. 5. 1851

Direktorialassistent der Abteilung für antike Münzen der Kgl. Museen, Vortragender Rat für Kunstangelegenheiten, geb. Naumburg a. d. Saale 22. 3. 1807, gest. Berlin 30. 8. 1871.

*RIEDEL, Adolf Friedrich Johann 24. 5. 1851

Direktor des Geh. Ministerialarchivs, ao. Professor der Staatswissenschaften an der Universität, Historiograph der brandenburgischen Geschichte, geb. Biendorf (Meckl.) 5. 12. 1809, gest. Berlin 8. 9. 1872

BRAUN, *Alexander* Heinrich 16. 7. 1851

o. Professor der Botanik an der Universität, geb. Regensburg 10. 5. 1805, gest. Berlin 29. 3. 1877.

KLOTZSCH, Johann Friedrich 16. 7. 1851

Botaniker, 1. Kustos und Leiter des Herbariums, geb. Wittenberg 9. 6. 1805, gest. Berlin 5. 11. 1860.

EISENSTEIN, Ferdinand *Gotthold* Max 24. 4. 1852

Mathematiker, Privatdozent an der Universität, geb. Berlin 16. 4. 1823, gest. Berlin 11. 10. 1852

*CURTIUS, Ernst 29. 11. 1852

o. Professor der klass. Philologie an der Universität, geb. Lübeck 2. 9. 1814, gest. Berlin 11. 7. 1896. Verläßt 1856 Berlin und wird EM, 1862 AM, 1868 wieder OM.

*HAUPT, Rudolph Friedrich *Moriz* 25. 7. 1853

o. Professor der german. Philologie an der Universität, geb. Zittau 27. 7. 1808 (u), gest. Berlin 5. 2. 1874. Seit 1846 KM; Sekretär.

*KIEPERT, Johann Samuel *Heinrich* 25. 7. 1853

Kartograph, o. Professor der Geographie an der Universität, geb. Berlin 31. 7. 1818, gest. Berlin 21. 4. 1899.

BEYRICH, Heinrich *Ernst* 15. 8. 1853

o. Professor der Geologie an der Universität, Direktor der Geolog. Landesaufnahme, geb. Berlin 31. 8. 1815, gest. Berlin 9. 7. 1896

EWALD, *Julius* Wilhelm 15. 8. 1853

Paläontologe, geb. Berlin 3. 12. 1811, gest. Berlin 11. 12. 1891

RAMMELSBERG, Karl Friedrich 15. 8. 1855

o. Professor der Chemie an der Universität, geb. Berlin 1. 4. 1813, gest. Groß-Lichterfelde bei Berlin 28. 12. 1899

BORCHARDT, Karl *Wilhelm* 10. 12. 1855

Mathematiker, Privatdozent an der Universität, geb. Berlin 22. 2. 1817, gest. Rüdersdorf bei Berlin 27. 6. 1880.

KUMMER, *Ernst* Eduard 10. 12. 1855

o. Professor der Mathematik an der Universität, geb. Sorau 29. 1. 1810, gest. Berlin 14. 5. 1893. Seit 1839 KM. Sekretär. Veteran 10. 12. 1880—1881.

WEIERSTRASS, *Karl* Theodor Wilhelm 19. 11. 1856

Professor der Mathematik am Gewerbeinstitut, o. Professor an der Universität, geb. Osterfelde (Westf.) 31. 10. 1815, gest. Berlin 19. 2. 1897.

*PARTHEY, *Gustav* Friedrich Konstantin 24. 8. 1857

klass. Philologe, geb. Berlin 27. 10. 1798, gest. Rom 2. 4. 1872.

*WEBER, *Albrecht* Friedrich 24 8 1857

o Professor der altindischen Sprache und Literatur, geb. Breslau 17. 2 1825, gest. Berlin 30 11 1901.

*MOMMSEN, Christian Matthias *Theodor* 27 4. 1858

o. Professor der alten Geschichte an der Universität, geb. Garding (Schleswig) 30 11 1817, gest. Charlottenburg 1 11 1903 Seit 1853 KM; Sekretar

REICHERT, Karl Bogislaus 4 4. 1859

o Professor der Anatomie und Physiologie an der Universität, geb Rastenburg (Ostpr) 20 12 1811, gest. Berlin 21 12 1883

*KIRCHHOFF, Johann Wilhelm *Adolf* 7. 3 1860

Professor am Joachimsthalschen Gymnasium, o. Professor der klass. Philologie an der Universität, geb. Berlin 6. 1. 1826, gest Berlin 27 2. 1908.

*OLSHAUSEN, Justus 7. 3 1860

Orientalist, Vortragender Rat im Ministerium für geistl , Unterrichts- und Medizinal-Angelegenheiten, geb Hohenfelde (Holstein) 9. 5. 1800, gest. Berlin 28 12 1882.

*RUDORFF, Adolf August Friedrich 7. 3. 1860

o. Professor für römisches Recht an der Universität, geb Mehringen (Kr Lingen) 21 3 1803, gest. Berlin 14. 2 1873

PRINGSHEIM, Nathanael (Natan) 9 5. 1860

Pflanzenphysiologe, Privatdozent der Botanik an der Universitat, geb. Wziesko (Schles) 30. 11. 1823, gest. Berlin 6 10 1894. Verläßt 1864 Berlin und wird EM. 1868 wieder OM

KRONECKER, Leopold 23. 1 1861

o. Professor der Mathematik an der Universitat, geb Liegnitz 7 12. 1823, gest Berlin 29. 12. 1891.

*HANSSEN, Georg 3 3. 1862

o. Professor der Nationalökonomie an der Universitat, geb. Hamburg 31. 5. 1809, gest. Göttingen 19 12 1894. Verläßt 1869 Berlin und wird EM

*MÜLLENHOFF, *Karl* Viktor 3. 2 1864

o Professor der german Philologie an der Universitat, geb Marne (Holstein) 8 9 1818, gest Berlin 19 2 1884

*RÖDIGER, Emil 7. 5. 1864

o. Professor der oriental. Sprachen (Semitist) an der Universität, geb. Sangerhausen 13. 10 1801, gest. Berlin 15. 6. 1874.

HOFMANN, Georg Christian *August Wilhelm* v (1890) 27. 5. 1865

o. Professor der Chemie an der Universität, geb. Gießen 8 4 1818, gest Berlin 5. 5. 1892; seit 1853 KM.

AUWERS, Julius Georg Friedrich *Arthur* v. (1912) 18 8. 1866

Astronom, geb Göttingen 12 9 1838, gest Groß-Lichterfelde bei Berlin 24 1 1915; Sekretar

*DROYSEN, Johann Gustav 9. 2. 1867

o Professor der Geschichte an der Universitat, Historiograph des Hauses Brandenburg, geb. Treptow a d. Rega 6 7 1808, gest. Berlin 19. 6. 1884

ROTH, *Justus* Ludwig Adolf 22 4 1867

ao Professor der Geologie an der Universitat, geb Hamburg 15 9 1818, gest Berlin 1 4. 1892.

*BONITZ, Hermann 27. 12. 1867

Direktor des Gymnasiums zum Grauen Kloster, Vortragender Rat für das höhere Schulwesen, geb. Langensalza 29 7 1814, gest Berlin 25 7 1888

PRINGSHEIM, Nathanael 17. 8. 1868

seit 1864 EM. (s. oben 1860), wieder OM.

*CURTIUS, Ernst 1. 10. 1868

o. Professor der alten Geschichte an der Universität, Direktor des Antiquariums, AM seit 1862, wieder OM (s. oben 1852). Sekretar.

HELMHOLTZ, *Hermann* Ludwig Ferdinand v. (1883) 1. 4. 1871

o. Professor der Experimentalphysik an der Universität, Präsident der Physikalisch-Technischen Reichsanstalt, geb. Potsdam 31. 8. 1821, gest. Charlottenburg 8. 9. 1894. Seit 1857 KM, seit 1870 AM.

*KUHN, Franz Felix *Adalbert* 11 3. 1872

Direktor des Köllnischen Gymnasiums, geb. Königsberg (Neumark) 19. 11. 1812, gest. Berlin 5. 5. 1881. Mitglied für das Fach der vergl. Sprachwissenschaft.

*FRIEDLÄNDER, Eduard *Julius* Theodor 9. 12. 1872

Direktor des Münzkabinetts, geb. Berlin 26. 6. 1813 (u), gest. Berlin 14. 4. 1884. Scheidet 24. 9. 1874 aus Gesundheitsgründen aus der Akademie aus und wird 1875 EM.

*HARMS, Jochim *Friedrich* Simon 9. 12. 1872

o. Professor der Philosophie an der Universität, geb. Kiel 24. 10. 1816, gest. Berlin 5. 4. 1880.

*ZELLER, *Eduard* Gottlob 9. 12. 1872

o. Professor der Philosophie an der Universität, geb. Klein-Bottwar (Württ.) 22. 1. 1814 (u), gest. Stuttgart 19. 3. 1908. Seit 1864 KM; verläßt 1894 Berlin und wird EM, 1895 AM.

*DUNCKER, Maximilian (*Max*) Wolfgang 14. 5. 1873

Direktor der Preußischen Staatsarchive, Historiograph des Hauses Brandenburg, geb. Berlin 15. 10. 1811, gest. Ansbach 21. 7. 1886.

*HERCHER, Rudolf 14. 7. 1873

Professor der klass. Sprachen am Joachimsthalschen Gymnasium, geb. Rudolstadt 11. 1. 1821 (u), gest. Berlin 26. 3. 1878.

SIEMENS, Ernst *Werner* v. (1888) 22. 12. 1873

Physiker und Erfinder auf dem Gebiet der Elektroindustrie, geb. Lenthe (Braunschweig) 13. 12. 1816, gest. Berlin 6. 12. 1892.

VIRCHOW, *Rudolf* Ludwig Karl 22. 12. 1873

o. Professor der Anatomie und Pathologie an der Universität, geb. Schievelbein (Pomm.) 13. 10. 1821, gest. Berlin 5. 9. 1902.

*VAHLEN, Johannes 16. 12. 1874

o. Professor der klass. Philologie an der Universität, geb. Bonn 27. 9. 1830, gest. Berlin 30. 11. 1911; Sekretar.

*BRUNS, Karl Georg 6. 3. 1875

o. Professor des röm. Rechts an der Universität, geb. Helmstedt 24. 2. 1816, gest. Berlin 10. 12. 1880.

*WAITZ, Georg 3. 4. 1875

Historiker, Vorsitzender der Generaldirektion der Monumenta Germaniae historica, geb. Flensburg 9. 10. 1813, gest. Berlin 24. 5. 1886. Seit 1842 KM.

WEBSKY, Christian Friedrich *Martin* 24. 5. 1875

o. Professor der Mineralogie an der Universität, geb. Wüstegiersdorf (Schlesien) 17. 7. 1824, gest. Berlin 27. 11. 1886.

*SCHRADER, Konrad *Eberhard* 14. 6. 1875

o. Professor der oriental. Sprachen (Assyriologe) an der Universität, geb. Braunschweig 5. 1. 1836, gest. Berlin 3. 7. 1908.

KIRCHHOFF, Gustav *Robert* 20. 12. 1875

o. Professor der theoret. Physik an der Universität, geb. Königsberg i. Pr. 12. 3. 1824, gest. Berlin 17. 10. 1887 (u). Seit 1861 KM, seit 1870 AM.

*SYBEL, *Heinrich* Karl Ludwig v. 20. 12 1875

Historiker, Direktor der Preußischen Staatsarchive, geb Düsseldorf 2. 12. 1817, gest. Marburg 1. 8. 1895. Seit 1859 KM.

*DILLMANN, Christian Friedrich *August* 28. 3. 1877

o. Professor der Theologie an der Universitat, Orientalist, geb. Illingen (Württ.) 25. 4. 1823, gest. Berlin 4. 7. 1894.

*CONZE, *Alexander* Christian Leopold 23. 4. 1877

o. Professor der Archäologie an der Universität, Direktor der Antikensammlung der Kgl. Museen, Generalsekretar des Deutschen Archäologischen Instituts, geb Hannover 10. 12. 1831, gest. Kol. Grunewald bei Berlin 19. 7. 1914.

*NITZSCH, Karl Wilhelm 6. 11 1878

o. Professor der Geschichte an der Universität, geb. Zerbst 22. 12 1818, gest Berlin 20. 6. 1880

SCHWENDENER, Simon 13. 7. 1879

o. Professor der Botanik an der Universität, geb. Buchs (Schweiz) 10. 2. 1829, gest. Berlin 27. 5. 1919.

EICHLER, August Wilhelm 10. 3. 1880

o. Professor der Botanik an der Universität, Direktor des Botanischen Gartens, geb. Neukirchen (Hessen) 22. 4. 1839, gest. Berlin 2. 3. 1887.

MUNK, Hermann 10. 3. 1880

o. Professor an der Tierarztlichen Hochschule, Physiologe, geb. Posen 3. 2. 1839, gest. Berlin 1. 10. 1912.

LANDOLT, *Hans* Heinrich 15. 8 1881

o. Professor der Chemie an der Universität, Professor an der Landwirtschaftl. Hochschule, geb. Zürich 5. 12. 1831, gest. Berlin 15. 3. 1910.

*DIELS, *Hermann* Alexander 15. 8. 1881

o. Professor der klass. Philologie an der Universität, geb. Biebrich a. Rh. 18. 5. 1848, gest. Berlin 4. 6. 1922; Sekretar.

*TOBLER, Adolf 15. 8. 1881

o. Professor der roman. Philologie an der Universität, geb. Hirzel (Kt. Zürich) 23. 5. 1835, gest. Berlin 18. 3. 1910.

*WATTENBACH, Ernst Christian *Wilhelm* 15. 8. 1881

o. Professor der Geschichte an der Universität, geb. Rantzau (Holstein) 22. 9. 1819, gest. Frankfurt a. Main 20. 9. 1897.

WALDEYER (1916 v. WALDEYER-HARTZ), Heinrich *Wilhelm* Gottfried 18. 2. 1884

o. Professor der Anatomie an der Universität, geb. Hehlen a. d. Weser 6. 10. 1836, gest. Berlin 23. 1. 1921; Sekretar.

FUCHS, Immanuel *Lazarus* 9. 4. 1884

o. Professor der Mathematik an der Universität, geb. Moschin (Prov. Posen) 5. 5. 1833, gest. Berlin 26. 4. 1902. Seit 1881 KM.

*BRUNNER, Heinrich 9. 4. 1884
o. Professor der Rechtsgeschichte an der Universität, geb. Wels (Oberösterr.) 21. 6. 1840, gest. Bad Kissingen 11. 8. 1915.

*PERNICE, Lothar Anton *Alfred* 9. 4. 1884
o. Professor der Rechte an der Universität, geb. Halle 18. 8. 1841, gest. Berlin 23. 9. 1901

*SCHERER, Wilhelm 9. 4. 1884
o. Professor der deutschen Sprache und Literatur an der Universität, geb. Schönborn (Niederösterr.) 26. 4. 1841, gest. Berlin 6. 8. 1886. Seit 1875 KM

*SCHMIDT, Johannes 9. 4. 1884
o. Professor der vergl. Sprachwissenschaft an der Universität, geb. Prenzlau 29. 7. 1843, gest. Berlin 4. 7. 1901.

SCHULZE, Franz Eilhard 21. 6. 1884
o. Professor der Zoologie an der Universität, geb. Eldena (Pomm.) 22. 3. 1840, gest. Berlin 29. 10. 1921.

*HIRSCHFELD, Otto 9. 3. 1885
o. Professor der alten Geschichte an der Universität, geb. Königsberg i. Pr. 16. 3. 1843, gest. Berlin 27. 3. 1922

BEZOLD, Johann Friedrich *Wilhelm* v. 5. 4. 1886
o. Professor der Meteorologie an der Universität und Direktor des Preuß. Meteorol. Instituts, geb. München 21. 6. 1837, gest. Berlin 17. 2. 1907

*DILTHEY, *Wilhelm* Christian Ludwig 24. 1. 1887
o. Professor der Philosophie an der Universität, geb. Biebrich a. Rh. 19. 11. 1833, gest. Seis am Schlern (Tirol) 1. 10. 1911

*LEHMANN, Maximilian (*Max*) Ludwig Eduard 24. 1. 1887
Geh. Staatsarchivar, Historiker, geb. Berlin 19. 5. 1845 (u), gest. Göttingen 8. 10. 1929. Verläßt 1887 Berlin und wird EM, 1925 AM.

*SACHAU, Karl *Eduard* 24. 1. 1887
Direktor des Seminars für oriental. Sprachen, Professor an der Universität, geb. Neumünster (Holstein) 20. 7. 1845, gest. Berlin 17. 9. 1930

*SCHMOLLER, *Gustav* Friedrich v. (1908) 24. 1. 1887
o. Professor der Staatswissenschaften an der Universität, geb. Heilbronn 24. 6. 1838, gest. Harzburg 27. 6. 1917

*WEIZSÄCKER, Ludwig Friedrich *Julius* 24. 1. 1887
o. Professor der Geschichte an der Universität, geb. Oehringen (Württ.) 13. 2. 1828 (u), gest. Bad Kissingen 3. 9. 1889 (u)

KLEIN, Johann Friedrich *Karl* 6. 4. 1887
o. Professor der Mineralogie an der Universität, geb. Hanau 15. 8. 1842, gest. Berlin 23. 6. 1907.

MÖBIUS, *Karl* August 30. 4. 1888
o. Professor der Zoologie an der Universität, Direktor des Zoolog. Museums (Museums für Naturkunde), geb. Eilenburg bei Leipzig 7. 2. 1825, gest. Berlin 26. 4. 1908

KUNDT, *August* Adolf Eduard Eberhard 29. 5. 1888
o. Professor der Experimentalphysik an der Universität, geb. Schwerin 18. 11. 1839, gest. Israelsdorf bei Lübeck 21. 5. 1894. Seit 1879 KM

(BOLTZMANN, Ludwig 29. 6. 1888
Physiker, geb. Wien 20. 2. 1844, gest. Duino bei Triest 5. 9. 1906. Zieht nicht innerhalb der statutenmäßigen Frist nach Berlin und wird daher EM)

*DÜMMLER, *Ernst* Ludwig 19 12 1888

Vorsitzender der Zentraldirektion der Monumenta Germaniae historica, geb. Berlin 2 1. 1830, gest Friedrichroda (Thür.) 11. 9. 1902 Seit 1882 KM.

*KÖHLER, *Ulrich* Leopold 19. 12 1888

o. Professor der alten Geschichte an der Universitat, geb Klein-Neuhausen bei Weimar, 5 11 1838, gest Berlin 21 10. 1903 Seit 1870 KM.

*WEINHOLD, *Karl* Gotthelf Jakob 25 7. 1889

o Professor der deutschen Philologie an der Universität, geb. Reichenbach (Schlesien) 26 10 1823, gest. Bad Nauheim 15. 8 1901.

*GABELENTZ, Hans *Georg* Conon v der 16 8 1889

o. Professor der Sinologie an der Universitat, geb. Poschwitz (Thür) 16. 3 1840, gest. Berlin 10 12. 1893

ENGLER, *Adolf* Heinrich Gustav 29. 1 1890

o Professor der Botanik an der Universitat, Direktor des Botanischen Gartens, geb Sagan 25 3 1844, gest Berlin 10 10 1930

*HARNACK, Karl Gustav *Adolf* v (1914) 10. 2 1890

o Professor der Kirchengeschichte an der Universität, Generaldirektor der Kgl (spater (Staats-) Bibliothek, Prasident der Kaiser-Wilhelm-Gesellschaft zur Förderung der Wissenschaften, geb Dorpat 7 /19 5 1851, gest Heidelberg 10 6 1930

DAMES, *Wilhelm* Barnim 30. 3. 1892

o Professor der Geologie und Palaontologie an der Universitat, geb Stolp (Pomm) 9 6 1843, gest Berlin 22 12 1898

VOGEL, Hermann Karl 30. 3. 1892

Direktor des Astrophysikal Observatoriums in Potsdam, geb. Leipzig 3 4 1841 (u), gest. Potsdam 13 8 1907.

SCHWARZ, Hermann *Amandus* 19 12 1892

o Professor der Mathematik an der Universität, geb Hermsdorf u. Kynast (Schlesien) 25 1. 1843, gest. Berlin 30. 11 1921.

FROBENIUS, *Georg* Ferdinand 14 1. 1893

o Professor der Mathematik an der Universitat, geb Berlin 26 10 1849, gest. Charlottenburg 3 8 1917.

FISCHER, Hermann *Emil* 6. 2 1893

o Professor der Chemie an der Universität, geb. Euskirchen (Rhld.) 9. 10 1852, gest Wannsee bei Berlin 15 7. 1919.

HERTWIG, Wilhelm August *Oskar* 17. 4 1893

o. Professor der Anatomie an der Universität, geb. Friedberg (Hessen) 21 4. 1849 (u), gest. Berlin 25 10 1922 (u)

PLANCK, *Max* Karl Ernst Ludwig 11. 6. 1894

o Professor der Physik an der Universitat, geb. Kiel 23 4 1858, gest. Göttingen 4. 10 1947; Sekretar.

*ERMAN, Jean Pierre Adolphe (*Adolf*) 18. 2. 1895

o Professor der Ägyptologie an der Universität, geb. Berlin 31. 10. 1854, Enkel des Mitglieds Paul E., gest. Berlin 26. 6. 1937.

*SCHMIDT, Erich 18. 2 1895

o. Professor der deutschen Sprache und Literatur an der Universitat, geb Jena 20 6 1853, gest Berlin 30. 4 1913

*STUMPF, Carl 18 2 1895

o Professor der Philosophie an der Universitat, geb. Wiesentheid (Ufr) 21 4 1848, gest. München 25 12 1936.

KOHLRAUSCH, *Friedrich* Wilhelm Georg 13 8 1895

Prasident der Physikal -Technischen Reichsanstalt, geb Rinteln 14 10. 1840, gest Marburg 17 1 1910 Seit 1884 KM Verlaßt 1905 Berlin und wird EM

WARBURG, *Emil* Gabriel 13 8 1895

o Professor der Physik an der Universitat, Prasident der Physikal -Technischen Reichsanstalt, geb Altona 9 3 1846, gest Grunau bei Bayreuth 28 7 1931

*TREITSCHKE, Gotthard *Heinrich* v 13 8 1895

o Professor der Geschichte an der Universitat, geb Dresden 15 9 1834, gest Berlin 28 4 1896

VAN 'T HOFF, Jacobus Henricus 26 2 1896

Chemiker, geb Rotterdam 30 8 1852, gest Steglitz bei Berlin 1 3 1911

*KOSER, *Reinhold* Jordan Karl Bernhard Alexander 12 7 1896

Direktor der Preußischen Staatsarchive, Historiograph des Preuß Staates, Vorsitzender der Zentraldirektion der Monumenta Germaniae historica, geb. Schmarsow bei Prenzlau 7. 2. 1852 (u), gest. Berlin 25 8 1914.

*LENZ, *Max* Albert Wilhelm 14. 12 1896

o Professor der neueren Geschichte an der Universitat, geb Greifswald 13 6 1850, gest Berlin 6 4 1932 Verlaßt 1914 Berlin und wird EM, kehrt 1925 zuruck, wird AM und OM

ENGELMANN, Theodor Wilhelm 14 2. 1898

o Professor der Physiologie an der Universitat, geb. Leipzig 14 11. 1843, gest Berlin 20 5 1909

*KEKULE, V STRADONITZ, Heinrich Friedrich *Reinhard* 9 6. 1898

o Professor der Archaologie an der Universitat, Direktor der Antikensammlung der Kgl Museen, geb. Darmstadt 6 3. 1839, gest. Berlin 22 3 1911.

RICHTHOFEN, *Ferdinand* Paul Wilhelm Dieprand Freiherr v 3 5 1899

o Professor der Geographie an der Universitat, Direktor des Instituts für Meereskunde, geb Karlsruhe (Oberschlesien) 5 3 1833, gest. Berlin 6 10 1905 Seit 1881 KM

*SCHEFFER-BOICHORST, Paul 2 8 1899

o Professor der Geschichte an der Universitat, geb Elberfeld 25 5. 1843, gest Berlin 17 1 1902

*WILAMOWITZ-MOELLENDORFF, Enno Friedrich Wichard *Ulrich* v 2. 8. 1899

o Professor der klass. Philologie an der Universitat, geb. Markowitz (Prov Posen) 22 12 1848, gest. Berlin 25. 9. 1931 Seit 1891 KM

BRANCO, seit 1907 BRANCA, *Wilhelm* Karl Franz v 18 12 1899

o Professor der Geologie an der Universitat, geb Potsdam 9 9 1844, gest Munchen 12 3 1928 Verlaßt 1918 Berlin und wird EM, 1925 AM.

HELMERT, Friedrich *Robert* 31 1 1900

o. Professor der Astronomie an der Universitat, Direktor des Geodatischen Instituts in Potsdam, geb. Freiberg (Sachsen) 31 7 1843, gest Potsdam 15 6 1917.

HEFNER ALTENECK, *Friedrich* Franz Heinrich Philipp v 14 1 1901

Ingenieur und Physiker, geb Aschaffenburg 27 4 1845, gest Berlin 7 1. 1904

MÜLLER-BRESLAU, Heinrich 14 1. 1901

Bauingenieur, o Professor für Statik der Baukonstruktionen an der Techn Hochschule, geb Breslau 13 5 1851, gest. Berlin 23. 4 1925.

*ZIMMER, Heinrich 13. 1. 1902

o. Professor der keltischen Philologie an der Universität, geb. Kastellaun (Hunsrück) 11. 12. 1851, gest. Hahnenklee (Harz) 29. 7. 1910.

*BURDACH, Konrad 9. 5. 1902

Mitglied für das Fach der deutschen Philologie, geb. Königsberg i. Pr. 29. 5. 1859, gest. Berlin 18. 9. 1936.

*DRESSEL, Heinrich 9. 5. 1902

Direktor des Münzkabinetts, geb. Rom 16. 6. 1845, gest. Teisendorf (Oberbayern) 17. 7. 1920.

*PISCHEL, Richard 13. 7. 1902

o. Professor der indogerman. Philologie an der Universität, geb. Breslau 18. 1. 1849, gest. Madras 26. 12. 1908.

*ROETHE, Gustav 5. 1. 1903

o. Professor der deutschen Philologie an der Universität, geb. Graudenz 5. 5. 1859, gest. Badgastein 17. 9. 1926; Sekretar.

SCHOTTKY, *Friedrich* Hermann 5. 1. 1903

o. Professor der Mathematik an der Universität, geb. Breslau 24. 7. 1851, gest. Berlin 12. 8. 1935. Seit 1900 KM.

*MEYER, Eduard 4. 8. 1903

o. Professor der alten Geschichte an der Universität, geb. Hamburg 25. 1. 1855, gest. Berlin 31. 8. 1930.

*SCHÄFER, Dietrich 4. 8. 1903

o. Professor der mittleren und neueren Geschichte an der Universität, geb. Bremen 16. 5. 1845, gest. Berlin 12. 1. 1929.

*SCHULZE, Wilhelm 16. 11. 1903

o. Professor der vergl. Sprachwissenschaft an der Universität, geb. Burgsteinfurt 15. 12. 1863, gest. Neu-Babelsberg 16. 1. 1935.

*BRANDL, Alois 3. 4. 1904

o. Professor der engl. Philologie an der Universität, geb. Innsbruck 21. 6. 1855, gest. Berlin 5. 2. 1940.

KOCH, Robert 1. 6. 1904

o. Professor der Hygiene an der Universität, Direktor des Instituts für Infektionskrankheiten, geb. Klausthal (Harz) 11. 12. 1843, gest. Baden-Baden 27. 5. 1910.

MARTENS, *Adolf* Karl Gottfried Friedrich 29. 8. 1904

Direktor des Materialprüfungsamtes Groß-Lichterfelde/Dahlem, Dozent an der Techn. Hochschule, geb. Backendorf (Meckl.) 6. 3. 1850 (u), gest. Berlin 24. 7. 1914.

STRUVE, Karl *Hermann* 29. 8. 1904

o. Professor der Astronomie an der Universität, geb. Pulkovo bei Petersburg 21. 9./3. 10. 1854, gest. Herrenalb 12. 8. 1920.

ZIMMERMANN, Hermann 29. 8. 1904

Bauingenieur, Vortragender Rat im preuß. Ministerium der öffentl. Arbeiten, geb. Langensalza 17. 12. 1845, gest. Berlin 3. 4. 1935.

NERNST, Hermann *Walther* 24. 11. 1905

o. Professor der Physik an der Universität, geb. Briesen (Westpr.) 25. 6. 1864, gest. Zibelle (Oberlausitz) 18. 11. 1941.

DRUDE, *Paul* Karl Ludwig 12. 12. 1905

o. Professor der Physik an der Universität, geb. Braunschweig 12. 7. 1863, gest. Berlin 5. 7. 1906.

ORTH, Johannes 2. 12. 1906

o. Professor der Anatomie an der Universität, geb. Wallmerod (Nassau) 14. 1. 1847, gest. Berlin 13. 1. 1923.

PENCK, Friedrich Karl *Albrecht* 2. 12. 1906

o. Professor der Geographie an der Universität, geb. Reudnitz bei Leipzig 25. 9. 1858, gest. Prag 7. 3. 1945.

RUBNER, Max 2. 12. 1906

o. Professor der Hygiene an der Universität, geb. München 2. 6. 1854, gest. Berlin 27. 4. 1932; Sekretar.

*MÜLLER, *Friedrich* Wilhelm Karl 24. 12. 1906

Direktor der Ostasiatischen Abteilung des Museums für Völkerkunde, geb. Neudamm (Neumark) 21. 1. 1863, gest. Berlin 18. 4. 1930.

*HEUSLER, Andreas 8. 8. 1907

o. Professor der germanischen Philologie an der Universität, geb. Basel 10. 8. 1865, gest. Basel 28. 2. 1940. Verläßt 1919 Berlin und wird EM, 1925 AM.

RUBENS, Heinrich 8. 8. 1907

o. Professor der Physik an der Universität, geb. Wiesbaden 30. 3. 1865, gest. Berlin 17. 7. 1922.

LIEBISCH, Theodor 3. 8. 1908

o. Professor der Mineralogie an der Universität, geb. Breslau 29. 4. 1852, gest. Berlin 9. 2. 1922.

*SELER, *Eduard* Georg 24. 8. 1908

Abt.-Direktor des Museums für Völkerkunde, ao. Professor der amerikan. Sprach-, Völker- und Altertumskunde an der Universität, geb. Crossen a. d. Oder, 5. 12. 1849, gest. Berlin 23. 11. 1922.

*LÜDERS, Heinrich 5. 8. 1909

o. Professor der altindischen Sprache und Literatur an der Universität, geb. Lübeck 25. 6. 1869, gest. Badenweiler 7. 5. 1943; Sekretar.

*MORF, Heinrich 14. 12. 1910

o. Professor der roman. Philologie an der Universität, geb. Hofwil (Kt. Bern) 23. 10. 1854, gest. Thun 23. 1. 1921.

*WÖLFFLIN, Heinrich 14. 12. 1910

o. Professor der Kunstgeschichte an der Universität, geb. Winterthur 21. 6. 1864, gest. Zürich 19. 7. 1945. Verläßt 1912 Berlin und wird EM, 1925 AM.

HABERLANDT, *Gottlieb* Johann Friedrich 3. 7. 1911

o. Professor der Botanik an der Universität, geb. Ungarisch-Altenburg 28. 11. 1854, gest. Berlin 30. 1. 1945. Seit 1899 KM.

*MEYER, Kuno 3. 7. 1911

o. Professor der keltischen Philologie an der Universität, geb. Hamburg 20. 12. 1858, Bruder des Mitglieds Eduard M., gest. Leipzig 11. 10. 1919.

*ERDMANN, Benno 25. 7. 1911

o. Professor der Philosophie an der Universität, geb. Guhrau (Schlesien) 30. 5. 1851, gest. Berlin 7. 1. 1921. Seit 1903 KM.

HELLMANN, Johann Georg *Gustav* 2. 12. 1911

o. Professor der Meteorologie an der Universität, Direktor des Preuß. Meteorolog. Instituts, geb. Löwen (Schlesien) 3. 7. 1854, gest. Berlin 21. 2. 1940; Okt./Dez. 1931 und 1935—1937 AM.

*DE GROOT, Johann Jakob Maria 4. 1. 1912

o. Professor der Sinologie an der Universität, geb. Schiedam (Süd-Holland) 18. 2. 1854, gest. Berlin 24. 9. 1921.

*SECKEL, Emil 4. 1. 1912

o. Professor des röm. Rechts an der Universität, geb. Neuenheim bei Heidelberg 10. 1. 1864, gest. Todtmoos (Baden) 26. 4. 1924.

*NORDEN, Eduard 14. 6. 1912

o. Professor der klass. Philologie an der Universität, geb. Emden 21. 9. 1868, gest. Zürich 13. 7. 1941[1]).

SCHWARZSCHILD, Karl 14. 6. 1912

Direktor des Astrophysikalischen Observatoriums in Potsdam, geb. Frankfurt a. Main 9. 10. 1873, gest. Potsdam 11. 5. 1916.

*SCHUCHHARDT, Carl 9. 7. 1912

Direktor des Museums für Vor- und Frühgeschichte, geb. Hannover 6. 8. 1859, gest. Arolsen 7. 12. 1943.

BECKMANN, *Ernst* Otto 11. 12. 1912

o. Professor der Chemie an der Universität, Direktor des Kaiser-Wilhelm-Instituts für Chemie, geb. Solingen 4. 7. 1853, gest. Berlin 12. 7. 1923.

*LOESCHCKE, Georg 31. 3. 1913

o. Professor der Archäologie an der Universität, geb. Penig (Sachsen) 28. 6. 1852, gest. Baden-Baden 26. 11. 1915.

EINSTEIN, Albert 12. 11. 1913

Direktor des Kaiser-Wilhelm-Instituts für Physik, geb. Ulm 14. 3. 1879. Erklärt 28. 3. 1933 seinen Austritt.

*HINTZE, Otto 16. 2. 1914

o. Professor der neueren Geschichte an der Universität, geb. Pyritz (Pomm.) 27. 8. 1861, gest. Berlin 25. 4. 1940[1]).

*GOLDSCHMIDT, Adolf 2. 3. 1914

o. Professor der Kunstgeschichte an der Universität, geb. Hamburg 15. 1. 1863, gest. Basel 5. 1. 1944[1]).

*SERING, Max 2. 3. 1914

o. Professor der Nationalökonomie an der Universität, geb. Barby 18. 1. 1857, gest. Berlin 12. 11. 1939[1]).

HABER, Fritz 16. 12. 1914

o. Professor der physikal. Chemie an der Universität, Direktor des Kaiser-Wilhelm-Inst. für physikal. Chemie u. Elektrochemie, geb. Breslau 9. 12. 1868, gest. Basel 29. 1. 1934.

WILLSTÄTTER, *Richard* Martin 16. 12. 1914

o. Professor der Chemie an der Universität, geb. Karlsruhe i. B. 13. 8. 1872, gest. Locarno 3. 8. 1942; verläßt Berlin 1916 und wird EM, 1925 AM.

BRAUER, August 31. 12. 1914

o. Professor der Zoologie an der Universität, Direktor des Zoolog. Museums, geb. Oldenburg i. O. 3. 4. 1863, gest. Berlin 10. 9. 1917.

*HOLL, Karl 12. 1. 1915

o. Professor der Kirchengeschichte an der Universität, geb. Tübingen 15. 5. 1866, gest. Berlin 23. 5. 1926.

---

[1]) Mußte unter dem Zwange der nazistischen Regierung aus der Mitgliederliste gestrichen werden.

*MEINECKE, Friedrich 15. 2. 1915

o. Professor der Geschichte an der Universität, geb. Salzwedel 30. 10. 1862.

CORRENS, *Carl* Erich 22. 3. 1915

Direktor des Kaiser-Wilhelm-Instituts für Biologie, geb. München 19. 9. 1864, gest. Berlin 14. 2. 1933.

*DRAGENDORFF, Johannes *(Hans)* Friedrich Ludwig Wilhelm 3. 4. 1916

Generalsekretar des Deutschen Archäologischen Instituts, geb. Dorpat 3./15. 10. 1870, gest. Freiburg i. Br. 29. 1. 1941. Verläßt 1922 Berlin und wird EM, 1925 AM.

*HEYMANN, Ernst 4. 3. 1918

o. Professor der Rechte an der Universität, Direktor des Kaiser-Wilhelm-Instituts für ausländisches und internationales Privatrecht, geb. Berlin 6. 4. 1870, gest. Tübingen 2. 5. 1946; Sekretar, 1939—1942 Vizepräsident.

*KEHR, *Paul* Fridolin 4. 3. 1918

Generaldirektor der Preuß. Staatsarchive, Vorsitzender der Zentraldirektion der Monumenta Germaniae historica, Direktor des Kaiser-Wilhelm-Instituts für deutsche Geschichte, geb. Waltershausen (Thür.) 28. 12. 1860, gest. Wässerndorf (Ufr.) 9. 11. 1944 (u).

*STUTZ, Georg *Ulrich* 4. 3. 1918

o. Professor für deutsches Recht und Kirchenrecht an der Universität, geb. Zürich 5. 5. 1868, gest. Berlin 6. 7. 1938.

*TANGL, Michael 4. 3. 1918

o. Professor der mittleren Geschichte an der Universität, geb. Wolfsberg (Kärnten) 26. 5. 1861, gest. Klagenfurt 7. 9. 1921.

FICK, *Rudolf* Armin 1. 8. 1918

o. Professor der Anatomie an der Universität, geb. Zürich 24. 2. 1866, gest. Berlin 23. 5. 1940.

HEIDER, Karl 1. 8. 1918

o. Professor der Embryologie an der Universität, geb. Wien 28. 4. 1856, gest. Deutsch-Feistritz (Steiermark) 2. 7. 1935. Verläßt 1933 Berlin und wird AM.

MÜLLER, Karl Hermann *Gustav* 1. 8. 1918

Direktor des Astrophysikal. Observatoriums in Potsdam, geb. Schweidnitz 7. 5. 1851, gest. Potsdam 7. 6. 1925.

SCHMIDT, Johann Oswald *Erhard* 1. 8. 1918

o. Professor der Mathematik an der Universität, geb. Dorpat 1./13. 1. 1876.

CARATHÉODORY, Konstantin 10. 2. 1919

o. Professor der Mathematik an der Universität, geb. Berlin 13. 9. 1873, gest. München 2. 2. 1950; verläßt 1920 Berlin und wird EM., 1925 AM.

KÜKENTHAL, *Willy* Georg 12. 4. 1919

o. Professor der Zoologie an der Universität, Direktor des Zoologischen Museums, geb. Weißenfels 4. 8. 1861, gest. Berlin 20. 8. 1922.

POMPECKJ, *Joseph* Felix 18. 2. 1920

o. Professor der Paläontologie an der Universität, geb. Groß-Köllen (Ostpr.) 10. 5. 1867, gest. Berlin 8. 7. 1930.

LAUE, *Max* Theodor Felix v. 14. 8. 1920

o. Professor der theoret. Physik an der Universität, geb. Pfaffendorf bei Koblenz 9. 10. 1879.

*WILCKEN, Ulrich 7. 1. 1921

o. Professor der alten Geschichte an der Universität, geb. Stettin 18. 12. 1862, gest. Baden-Baden 10. 12. 1944.

SCHUR, Issai 31. 12. 1921

o. Professor der Mathematik an der Universität, geb. Mohilew a. Dnepr 10. 1. 1875, gest. Tel-Aviv 10. 1. 1941[1]).

JOHNSEN, Arrien 23. 10. 1922

o. Professor der Mineralogie an der Universität, geb. Munkbrarup (Schleswig) 8. 12. 1877, gest. Berlin 22. 3. 1934.

LUDENDORFF, Friedrich Wilhelm *Hans* 23. 10. 1922

Direktor des Astrophysikal. Observatoriums in Potsdam, geb. Thunow (Pomm.) 26. 5. 1873, gest. Potsdam 26. 6. 1941.

SCHLENK, Wilhelm 23. 10. 1922

o. Professor der Chemie an der Universität, geb. München 22. 3. 1879, gest. Tübingen 28. 4. 1943. Verläßt 1935 Berlin und wird AM.

*BOLTE, Johannes 23. 10. 1922

Geh. Studienrat Professor, Germanist (deutsche Volkskunde), geb. Berlin 11. 2. 1858, gest. Berlin 25. 7. 1937.

*MAIER, Heinrich 23. 10. 1922

o. Professor der Philosophie an der Universität, geb. Heidenheim a. d. Brenz (Württ.) 5. 2. 1867, gest. Berlin 28. 11. 1933.

*PETERSEN, Julius 23. 10. 1922

o. Professor der deutschen Philologie und Theaterwissenschaft an der Universität, geb. Straßburg i. E. 5. 11. 1878, gest. Murnau (Oberbayern) 22. 8. 1941.

*WIEGAND, Theodor 23. 10. 1922

Direktor der Antiken-Abteilung der Staatl. Museen, Präsident des Deutschen Archäolog. Instituts, geb. Bendorf (Rhld.) 30. 10. 1864, gest. Berlin 19. 12. 1936.

*MARCKS, Erich 9. 12. 1922

o. Professor der neueren Geschichte an der Universität, geb. Magdeburg 17. 11. 1861, gest. Berlin 22. 11. 1938.

GUTHNICK, Paul 11. 1. 1923

o. Professor der Astronomie an der Universität, Direktor der Univ.-Sternwarte, geb. Hitdorf a. Rh. 12. 1. 1879, gest. Potsdam-Babelsberg 6. 9. 1947.

KEIBEL, *Franz* Julius 11. 1. 1923

o. Professor der Anatomie an der Universität, geb. Adlig-Dombrowken (Westpr.) 6. 7. 1861, gest. Berlin 27. 4. 1929.

*TROELTSCH, *Ernst* Peter Wilhelm 11. 1. 1923

o. Professor der Philosophie an der Universität, geb. Haunstetten bei Augsburg 17. 2. 1865, gest. Berlin 1. 2. 1923. Seit 1912 KM.

*FRANKE, Otto 4. 6. 1923

o. Professor der Sinologie an der Universität, geb. Gernrode 27. 9. 1863, gest. Berlin 5. 8. 1946.

*JAEGER, *Werner* Wilhelm 5. 2. 1924

o. Professor der klass. Philologie an der Universität, geb. Lobberich (Rhld.) 30. 7. 1888. Verläßt 1. 10. 1936 Berlin und wird AM[2]).

---

[1]) s. S. 37 Anm.

[2]) Genießt gemäß Beschluß v. 14. 2. 1950 die Rechte eines OM.

BIEBERBACH, Ludwig 11. 4. 1924

o. Professor der Mathematik an der Universität, geb. Goddelau (Hessen) 4. 12. 1886; 1939—1945 Sekretar[1]).

HAHN, Otto 2. 12. 1924

Direktor des Kaiser-Wilhelm-Instituts für Chemie, geb. Frankfurt a. Main 8. 3. 1879.

*ABERT, Hermann 16. 1. 1925

o. Professor der Musikgeschichte an der Universität, geb. Stuttgart 25. 3. 1871, gest. Stuttgart 13. 8. 1927.

*SPRANGER, Eduard 16. 1. 1925

o. Professor der Philosophie und Pädagogik an der Universität, geb. Groß-Lichterfelde bei Berlin 27. 6. 1882.

BODENSTEIN, Ernst August *Max* 21. 1. 1925

o. Professor der physiolog. Chemie an der Universität, geb. Magdeburg 15. 7. 1871, gest. Berlin 8. 9. 1942.

HOFMANN, Karl Andreas 21. 1. 1925

o. Professor der anorgan. Chemie an der Techn. Hochschule, geb. Ansbach 2. 4. 1870, gest. Berlin 15. 10. 1940.

PASCHEN, Louis Karl Heinrich *Friedrich* 9. 2. 1925

Präsident der Physikal.-Techn. Reichsanstalt, geb. Schwerin 22. 1. 1865, gest. Potsdam 25. 2. 1947.

*BRACKMANN, Albert 3. 7. 1925

o. Professor der mittleren Geschichte an der Universität, Generaldirektor der Preuß. Staatsarchive, geb. Hannover 24. 6. 1871.

*LENZ, *Max* Albert Wilhelm 26. 11. 1925

seit 1914 EM, wird 1925 AM, kehrt nach Berlin zurück und wird OM (vgl. oben 1896).

WAGNER, Karl Willy 5. 12. 1925

Präsident des Telegraphentechn. Reichsamtes, o. Professor der Physik an der Techn. Hochschule, geb. Friedrichsdorf i. Taunus 22. 2. 1883.

STUMPF, Johannes 27. 1. 1926

o. Professor für Kraftmaschinen an der Techn. Hochschule, geb. Mülheim a. Rh. 6. 4. 1862, gest. Berlin 18. 11. 1936.

HOFMANN, Franz Bruno 7. 4. 1926

o. Professor der Physiologie an der Universität, geb. Skalka (Böhmen) 29. 11. 1869, gest. Marburg 6. 6. 1926.

FICKER, Heinrich v. 28. 7. 1926

o. Professor der Meteorologie an der Universität, Direktor des Preuß. Meteorolog. Instituts, geb. München 22. 11. 1881; Sekretar. Verläßt 1937 Berlin und wird AM; Präsident der Österr. Akademie der Wissenschaften. Genießt seit 10. 10. 1949 die Rechte eines OM.

HESSE, Richard 31. 12. 1926

o. Professor der Zoologie an der Universität, geb. Nordhausen 20. 2. 1868, gest. Berlin 28. 12. 1944.

*LIETZMANN, Hans 31. 5. 1927

o. Professor der Kirchengeschichte an der Universität, geb. Düsseldorf 2. 3. 1875, gest. Locarno 25. 6. 1942.

---

[1]) Wird auf Vorschlag der Akademie und auf Anweisung des Ministeriums für Volksbildung nicht mehr in der Mitgliederliste geführt.

SCHRÖDINGER, Erwin 12. 2. 1929
o. Professor der theoret. Physik an der Universität, geb. Wien 12. 8. 1887; verläßt 1936 Berlin und wird AM[1]).

*MEISSNER, *Bruno* Ernst 22. 12. 1930
o. Professor der semitischen Sprachen (Assyriologie) an der Universität, geb. Graudenz 25. 4. 1868, gest. Zeuthen (Mark) 13. 3. 1947.

*SETHE, *Kurt* Heinrich 22. 12. 1930
o. Professor der Ägyptologie an der Universität, geb. Berlin 30. 9. 1869, gest. Berlin 6. 7. 1934. Seit 1920 KM.

TRENDELENBURG, Wilhelm 17. 1. 1931
o. Professor der Physiologie an der Universität, geb. Rostock 16. 7. 1877, gest. Tübingen 16. 3. 1946.

DIELS, Friedrich *Ludwig* Emil 29. 1. 1931
o. Professor der Botanik an der Universität, Generaldirektor des Botanischen Gartens und Museums, geb. Hamburg 24. 9. 1874, gest. Berlin 30. 11. 1945; Sekretar.

*VASMER, *Max* Julius Friedrich 11. 5. 1931
o. Professor der Slavistik an der Universität, geb. St. Petersburg 28. 2. 1886[2]).

HELLMANN, Johann Georg *Gustav* 10. 12. 1931
Okt./Dez. 1931 AM, dann wieder OM (vgl. oben 1911).

*HÜBNER, Arthur 16. 3. 1932
o. Professor der deutschen Philologie an der Universität, geb. Neudamm (Neumark) 17. 9. 1885, gest. Berlin 9. 3. 1937.

*ONCKEN, Hermann 28. 6. 1932
o. Professor der neueren Geschichte an der Universität, geb. Oldenburg i. O. 16. 11. 1869, gest. Göttingen 28. 12. 1945. Seit 1922 KM.

*RODENWALDT, Gerhart 28. 6. 1932
o. Professor der Archäologie an der Universität, geb. Berlin 16. 10. 1886, gest. Berlin 27. 4. 1945.

STILLE, *Hans* Wilhelm 23. 6. 1933
o. Professor der Geologie an der Universität, geb. Hannover 8. 10. 1876; 1937/38 Sekretar; Vizepräsident.

*HAEFTEN, *Hans* Maximilian Gustav v. 12. 8. 1933
Generalmajor a. D., Präsident des Reichsarchivs in Potsdam, geb. Haus Fürstenberg bei Xanten 13. 6. 1870, gest. Gotha 9. 6. 1937.

*SOMBART, Werner 25. 11. 1933
o. Professor der wirtschaftl. Staatswissenschaften (Nationalökonomie) an der Universität, geb. Ermsleben a. Harz 19. 1. 1863, gest. Berlin 19. 5. 1941.

HARTMANN, Max 15. 3. 1934
Abt.-Leiter im Kaiser-Wilhelm-Institut für Biologie, Honorarprofessor an der Universität, geb. Lauterecken (Pfalz) 7. 7. 1876.

RÖSSLE, Robert 15. 3. 1934
o. Professor der Pathologie an der Universität, geb. Augsburg 19. 8. 1876; 1946/47 und 1949 Sekretar.

*HARTMANN, Nicolai 6. 4. 1934
o. Professor der Philosophie an der Universität, geb. Riga 20. 2. 1882[3]).

---

[1]) Genießt gemäß Beschluß v. 14. 2. 1950 die Rechte eines OM.

[2]) Jedoch 15. 2. 1886 a. St.

[3]) Jedoch 7. 2. 1882 a. St.

KREBS, Norbert 25. 6. 1934

o. Professor der Geographie an der Universität, geb. Leoben 29. 8. 1876, gest. Berlin 5. 12. 1947.

VOLMER, Max gewählt[1]) 29. 11. 1934

o. Professor der physikal. und Elektrochemie an der Techn. Hochschule, geb. Hilden (Rhld.) 3. 5. 1885.

DEFANT, *Albert* Joseph Maria 8. 6. 1935

Direktor des Instituts und Museums für Meereskunde, o. Professor an der Universität, geb. Trient 12. 7. 1884[2]).

WETTSTEIN, Ritter v. WESTERSHEIM, Fritz 8. 6. 1935

Direktor des Kaiser-Wilhelm-Instituts für Biologie, o. Professor an der Universität, geb. Prag 24. 6. 1895, gest. Innsbruck 12. 2. 1945.

BECKER, Karl 26. 11. 1935

Generalleutnant und o. Professor an der Techn. Hochschule, geb. Speyer 14. 12. 1879, gest. Berlin 8. 4. 1940.

KOPFF, *August* Adalbert 7. 2. 1936

o. Professor der Astronomie an der Universität, Direktor des Astronom. Recheninstituts (Copernicus-Institut), geb. Heidelberg 5. 2. 1882.

*GAMILLSCHEG, Ernst 7. 2. 1936

Professor der roman. Philologie an der Universität, geb. Neuhaus (Österr.) 28. 10. 1887[3]).

WINDAUS, *Adolf* Otto Reinhold 13. 6. 1936

o. Professor der Chemie an der Universität, geb. Berlin 25. 12. 1876.

RAMDOHR, *Paul* Georg Karl 2. 12. 1936

o. Professor der Mineralogie an der Universität, geb. Überlingen 1. 1. 1890.

DEBYE, *Peter* Joseph Wilhelm 6. 1. 1937

o. Professor der Physik an der Universität, Direktor des Kaiser-Wilhelm-Instituts für Physik, geb. Maastricht 24. 3. 1884. Seit 1920 KM.

GEIGER, Hans 6. 1. 1937

o. Professor der Physik an der Techn. Hochschule, geb. Neustadt a. d. H. 30. 9. 1882, gest. Potsdam 24. 9. 1945.

*KOSCHAKER, Paul 18. 2. 1937

o. Professor für röm. Recht und Rechtsgeschichte an der Universität, geb. Klagenfurt 19. 4. 1879.

*SCHWYZER, Eduard 18. 2. 1937

o. Professor der vergl. Sprachwissenschaft an der Universität, geb. Zürich 15. 2. 1874, gest. Berlin 3. 5. 1943.

FISCHER, Eugen 8. 5. 1937

Direktor des Kaiser-Wilhelm-Instituts für Anthropologie, o. Professor an der Universität, geb. Karlsruhe i. B. 5. 6. 1874[3]).

(PRANDTL, Ludwig 8. 5. 1937

Direktor des Kaiser-Wilhelm-Instituts für Strömungsforschung in Göttingen, geb. Freising 4. 2. 1875; lehnt die Wahl ab und wird AM.)

---

[1]) Da die ministerielle Bestätigung versagt wurde, konnte die Aufnahme erst am 14. 2. 1946 ordnungsgemäß erfolgen.

[2]) Genießt gemäß Beschluß v. 14. 2. 1950 auch als Professor an der Universität Innsbruck die Rechte eines OM.

[3]) s. S. 40 Anm.

SAUERBRUCH, Ernst *Ferdinand* 8. 5. 1937

o. Professor der Chirurgie an der Universität, geb. Barmen 3. 7. 1875.

KRAFT, Ernest Anton 11. 6. 1937

Direktor der Turbinenfabrik der AEG., Honorarprofessor an der Techn. Hochschule, geb. Wien 17. 8. 1880[1]).

*STROUX, Johannes 11. 6. 1937

o. Professor der klass. Philologie an der Universität, geb. Hagenau (Els.) 25. 8. 1886; Präsident.

NÄGEL, Adolf ausw. OM 22. 6. 1937

o. Professor für Kolbenmaschinen an der Techn. Hochschule Dresden, geb. Döhlen (Sachs.) 16. 12. 1875, gest. Dresden 17. 9. 1939.

VAHLEN, Karl *Theodor* 24. 7. 1937

o. Professor der angewandten Mathematik an der Universität, geb. Wien 30. 6. 1869, gest. . . . . . 1945; 1939—1943 Präsident.

HELLMANN, Johann Georg *Gustav* 1. 10. 1937

1935—1937 AM, kehrt nach Berlin zurück und wird wieder OM (vgl. oben 1911, 1931).

*BERTHOLET, Alfred 10. 1. 1938

o. Professor der Kirchengeschichte an der Universität, geb. Basel 9. 11. 1868.

*SPAMER, Adolf gewählt[2]) 17. 2. 1938

o. Professor für deutsche Volkskunde in Berlin und Dresden, geb. Mainz 10. 4. 1883.

*DEUBNER, *Ludwig* August 13. 5. 1938

o. Professor der klass. Philologie an der Universität, geb. Riga 22. 1. / 3. 2. 1877, gest. Berlin 25. 3. 1946.

*ZAHN, Robert 13. 5. 1938

Direktor der Antiken-Abteilung der Staatl. Museen, geb. Bruchsal 9. 1. 1870, gest. Berlin 27. 11. 1945.

*GRAPOW, *Hermann* Willi Berthold Kurt 8. 6. 1938

o. Professor der Ägyptologie an der Universität, zuvor wissensch. Beamter der Akademie, geb. Rostock 1. 9. 1885; 1939—1945 Sekretar, 1943—1945 Vizepräsident.

*WESTERMANN, *Diedrich* Hermann 8. 6. 1938

o. Professor für afrikanische Sprachen an der Universität, geb. Baden (Kr. Verden, Hann.) 24. 6. 1875; Sekretar.

*GELZER, Matthias ausw. OM 13. 6. 1938

o. Professor der alten Geschichte in Frankfurt a. Main, geb. Liestal (Schweiz) 19. 12. 1886.

*PINDER, Wilhelm 13. 6. 1938

o. Professor der Kunstgeschichte an der Universität, geb. Kassel 25. 6. 1878, gest. Berlin 13. 5. 1947.

KÜHN, *Alfred* Richard Wilhelm 16. 6. 1938

Direktor des Kaiser-Wilhelm-Instituts für Biologie, o. Professor an der Universität, geb. Baden-Baden 22. 4. 1885.

HAMEL, *Georg* Karl Wilhelm 28. 11. 1938

o. Professor der Mathematik an der Techn. Hochschule, geb. Düren (Rhld.) 12. 9. 1877.

BARTELS, August *Julius* 29. 4. 1939

Direktor des Geophyikal. Instituts in Potsdam, o. Professor an der Universität, geb. Magdeburg 17. 8. 1899.

---

[1]) s. S. 40 Anm.

[2]) Da die ministerielle Bestätigung versagt wurde, konnte die Aufnahme erst am 14. 2. 1946 ordnungsgemäß erfolgen.

Butenandt, *Adolf* Friedrich Johann 29. 4. 1939
Direktor des Kaiser-Wilhelm-Instituts für Biochemie, geb. Wesermünde 24. 3. 1903.

Ludin, Adolf 29. 4. 1939
o. Professor für Wasserbau an der Techn. Hochschule, geb. Karlsruhe i. B. 27. 12. 1879.

Meyer, Konrad 29. 4. 1939
o. Professor der Agrarwissenschaft an der Universität, geb. Salzderhelden (Hann.) 15. 5. 1901[1]).

Seewald, *Friedrich* Heinrich 29. 4. 1939
Direktor der Deutschen Versuchsanstalt für Luftfahrt, geb. Odenkirchen (Rhld.) 15. 1. 1895.

*Emge, Carl August 29. 4. 1939
o. Professor für Rechtsphilosophie an der Universität, geb. Hanau 21. 4. 1886[1]).

*Hartmann, Richard 29. 4. 1939
o. Professor der Arabistik und Islamkunde an der Universität, geb. Neunkirchen (Württ.) 8. 6. 1881.

*Hartung, Fritz 29. 4. 1939
o. Professor der mittleren und neueren Geschichte an der Universität, geb. Saargemünd 12. 1. 1883; Sekretar.

*Jensen, Christian 29. 4. 1939
o. Professor der klass. Philologie an der Universität, geb. Archsum (Insel Sylt) 20. 7. 1883, gest. Berlin 18. 9. 1940.

*Koch, Franz 29. 4. 1939
o. Professor der deutschen Philologie an der Universität, geb. Attnang (Oberösterr.) 21. 3. 1888[1]).

*Meyer, *Herbert* Oskar 29. 4. 1939
o. Professor für deutsches, bürgerliches und Handelsrecht an der Universität, geb. Breslau 10. 2. 1875, gest. Berlin 6. 3. 1941. Seit 1930 KM.

*Schwietering, Julius 29. 4. 1939
o. Professor der deutschen Philologie an der Universität, geb. Engter (Bez. Osnabrück) 25. 5. 1884.

*Winkler, Emil 29. 4. 1939
o. Professor der roman. Philologie an der Universität, geb. Neutitschein (Mähren) 4. 6. 1891, gest. Berlin 28. 1. 1942.

Thiessen, *Peter* Adolf 30. 6. 1939
Direktor des Kaiser-Wilhelm-Instituts für physikal. Chemie und Elektrochemie, geb. Schweidnitz 6. 4. 1899[1]).

*Haenisch, Axel *Erich* 25. 2. 1942
o. Professor der Sinologie an der Universität, geb. Berlin 27. 8. 1880.

*Reicke, *Siegfried* Rudolf Hermann 15. 4. 1942
o. Professor für Kirchenrecht an der Universität, geb. Nürnberg 19. 5. 1897.

Esau, Abraham 7. 7. 1942
Präsident der Physikal.-Technischen Reichsanstalt, o. Professor an der Techn. Hochschule, geb. Tiegenhagen (Westpr.) 7. 6. 1884[1]).

Eitel, *Wilhelm* Hermann Julius 10. 7. 1942
Direktor des Kaiser-Wilhelm-Instituts für Silikatforschung, o. Professor an der Universität, geb. Frankfurt a. Main 6. 5. 1891[1]).

---

[1]) s. S. 40 Anm.

NORDMANN, Hans 13. 7. 1942

Abt.-Präsident im Reichsbahnzentralamt, Honorarprofessor an der Techn. Hochschule, geb. Halberstadt 14. 1. 1879; Sekretar.

*SCHADEWALDT, *Wolfgang* Otto Bernhard 13. 7. 1942

o. Professor der klass. Philologie an der Universität, geb. Berlin 15. 3. 1900.

*RÖRIG, Friedrich *(Fritz)* Hermann 30. 7. 1942

o. Professor der mittleren und neueren Geschichte an der Universität, geb. St. Blasien 2. 10. 1882.

*STIEVE, Friedrich 3. 8. 1942

Ministerialdirektor z. D. im Auswärt. Amt, Historiker, geb. München 14. 10. 1884, verschollen seit Mai 1945[1]).

*KUHN, Hans 8. 4. 1943

o. Professor der nord. Philologie an der Universität, geb. Minden i. W. 13. 7. 1899.

HEISENBERG, *Werner* Karl 19. 4. 1943

o. Professor der Physik an der Universität, geb. Würzburg 5. 12. 1901. Seit 1938 KM.

VERSCHUER, *Otmar* Reinhold Rolf Ernst Freiherr v. 19. 4. 1943

o. Professor der Erbbiologie und Rassenhygiene an der Universität, geb. Richelsdorfer Hütte (Kr. Rotenburg/Fulda) 16. 7. 1896 [1]).

*SCHIRMER, Walter 28. 5. 1943

o. Professor der engl. Philologie an der Universität, geb. Düsseldorf 18. 12. 1888.

*BAETHGEN, Friedrich 27. 12. 1944

o. Professor der mittleren Geschichte an der Universität, geb. Greifswald 30. 7. 1890.

*MAYER, Theodor 27. 12. 1944

o. Professor der mittleren Geschichte an der Universität, geb. Neukirchen (Oberösterr.) 24. 8. 1883[1]).

*SPECHT, Franz 27. 12. 1944

o. Professor der indogerman. Sprachwissenschaft an der Universität, geb. Roßlau a. d. Elbe 1. 11. 1888, gest. Mainz 13. 11. 1949. Seit 1941 KM.

Nach dem Waffenstillstand nahm die Akademie ihre Arbeit mit folgendem Mitgliederbestand wieder auf (in Klammern das Eintrittsdatum):

1. in der Mathematisch-naturwissenschaftlichen Klasse:

PLANCK, Max (1894), in Göttingen.
SCHMIDT, Erhard (1918), in Berlin.
LAUE, Max v. (1920), in Göttingen.
GUTHNICK, Paul (1923), in Potsdam-Babelsberg.
HAHN, Otto (1924), in Göttingen.
PASCHEN, Friedrich (1925), in Potsdam.
WAGNER, Karl Willy (1925), in Friedrichsdorf im Taunus.
TRENDELENBURG, Wilhelm (1931), in Tübingen.
DIELS, Ludwig (1931), in Berlin, Sekretar der Klasse.

---

[1]) s. S. 40 Anm.

STILLE, Hans (1933), in Berlin.
HARTMANN, Max (1934), in Buchenbühl (Allgäu).
RÖSSLE, Robert (1934), in Berlin.
KREBS, Norbert (1934), in Berlin.
VOLMER, Max (1934), in der UdSSR.
KOPFF, August (1936), in Heidelberg.
WINDAUS, Adolf (1936), in Göttingen.
RAMDOHR, Paul (1936), in Berlin.
DEBYE, Peter (1937), in den USA.
GEIGER, Hans (1937), in Potsdam.
SAUERBRUCH, Ferdinand (1937), in Berlin.
KÜHN, Alfred (1938), in Hechingen.
HAMEL, Georg (1938), in Berlin.
BUTENANDT, Adolf (1939), in Tübingen.
BARTELS, Julius (1939), in Göttingen.
LUDIN, Adolf (1939), in Jugoslavien.
NORDMANN, Hans (1942), in Berlin.
HEISENBERG, Werner (1943), in Göttingen.

2. in der Philosophisch-historischen Klasse:

MEINECKE, Friedrich (1915), in Göttingen, dann wieder in Berlin.
FRANKE, Otto (1923), in Ballenstedt.
SPRANGER, Eduard (1925), in Berlin, dann in Tübingen.
BRACKMANN, Albert (1925), in Blankenburg am Harz.
MEISSNER, Bruno (1930), in Zeuthen (Mark).
VASMER, Max (1931), in Berlin.
ONCKEN, Hermann (1932), in Göttingen.
HARTMANN, Nicolai (1934), in Göttingen.
KOSCHAKER, Paul (1937), in Walchensee (Obb.), dann in Ankara.
STROUX, Johannes (1937), in Berlin.
BERTHOLET, Alfred (1938), in Basel.
SPAMER, Adolf (1938), in Dresden.
DEUBNER, Ludwig (1938), in Berlin.
ZAHN, Robert (1938), in Berlin.
WESTERMANN, Diedrich (1938), in Hamburg, dann wieder in Berlin.
GRAPOW, Hermann (1938), in Berlin.
GELZER, Matthias (1938), in Frankfurt a. Main.
PINDER, Wilhelm (1938), in Berlin.
HARTMANN, Richard (1939), in Berlin.
HARTUNG, Fritz (1939), in Berlin, Sekretar der Klasse.
HAENISCH, Erich (1942), in Herrenchiemsee.
REICKE, Siegfried (1942), in Marburg.
SCHADEWALDT, Wolfgang (1942), in Berlin.
RÖRIG, Fritz (1942), in Berlin.
KUHN, Hans (1943), in Hamburg, dann in Kiel.
SCHIRMER, Walter (1943), in Berlin, dann in Bonn.
SPECHT, Franz (1944), alsbald in Mainz.
BAETHGEN, Friedrich (1944), in Berlin, dann in München.

Es wurden hinzugewählt:

HEUBNER, *Wolfgang* Otto[1]) 14. 2. 1946
o. Professor der Pharmakologie an der Universität Berlin, geb. Leipzig 18. 6. 1877.

KIENLE, Johann *(Hans)* Georg[1]) 14. 2. 1946
Direktor des Astrophysikal. Observatoriums Potsdam, o. Professor an der Universität Berlin, geb. Kulmbach 22. 10. 1895.

*MITTEIS, Heinrich[1]) 20. 6. 1946
o. Professor der deutschen Rechtsgeschichte an der Universität Berlin, geb. Prag 26. 11. 1889; jetzt in München, Präsident der Bayerischen Akademie der Wissenschaften.

NOACK, Kurt 21. 10. 1946
o. Professor der Botanik an der Universität Berlin, geb. Stuttgart 22. 1. 1888; Sekretar.

WARBURG, *Otto* Heinrich 21. 10. 1946
Direktor des (Kaiser-Wilhelm-)Instituts für Zellphysiologie, geb. Freiburg i. Br. 8. 10. 1883, Sohn des Mitglieds Emil W.

*FRINGS, Theodor 21. 10. 1946
o. Professor der Germanistik in Leipzig, Präsident der Sächsischen Akademie der Wissenschaften, geb. Dülken (Rhld.) 23. 7. 1886.

*KOHLRAUSCH, Eduard 21. 10. 1946
o. Professor der Rechte an der Universität Berlin, geb. Darmstadt 4. 2. 1874, gest. Berlin 22. 1. 1948.

*THURNWALD, *Richard* Christian 21. 10. 1946
Professor der Ethnologie, Völkerpsychologie und Soziologie an der Universität Berlin, geb. Wien 18. 9. 1869.

*WEICKERT, Carl 21. 10. 1946
Direktor der Antiken-Abteilung der ehem. Staatl. Museen, dann Präsident des Deutschen Archäologischen Instituts und Professor der Archäologie an der Universität Berlin, geb. Leipzig 24. 2. 1885.

BONHOEFFER, Karl Friedrich 21. 4. 1947
o. Professor der physikal. Chemie an der Universität Berlin, Direktor des (Kaiser-Wilhelm-)Instituts für physikal. Chemie und Elektrochemie, geb. Breslau 13. 1. 1899; 1947—1949 Sekretar; jetzt in Göttingen.

MITSCHERLICH, *Eilhard* Alfred 21. 4. 1947
o. Professor für Kulturtechnik an der Universität Berlin, geb. Berlin 29. 8. 1874; Sekretar.

BARKHAUSEN, Georg *Heinrich* 25. 3. 1949
o. Professor der Elektrotechnik in Dresden, geb. Bremen 2. 12. 1881.

BINDER, Ludwig 25. 3. 1949
o. Professor der Elektrotechnik in Dresden, geb. Ingolstadt 26. 5. 1881.

ERTEL, *Hans* Richard Max 25. 3. 1949
o. Professor der Geophysik und Meteorologie an der Universität Berlin, geb. Berlin 24. 3. 1904.

FRIEDRICH, Walter 25. 3. 1949
o. Professor der med. Physik und derzeitiger Rektor der Universität in Berlin, Direktor des Instituts für Biologie und Medizin in Berlin-Buch, geb. Magdeburg 25. 12. 1883.

HUND, Friedrich 25. 3. 1949
o. Professor der theoret. Physik in Jena, geb. Karlsruhe i. B. 4. 2. 1896.

---

[1]) Bei den Mitgliedern Heubner, Kienle und Mitteis gilt der Tag der Wahl als Aufnahme.

LOHMANN, Karl 25. 3. 1949

o. Professor der physiolog. Chemie an der Universität Berlin, geb. Bielefeld 10. 4. 1898; Sekretar.

MANGOLD, Ernst 25. 3. 1949

o. Professor für Ernährungsphysiologie der Tiere an der Universität Berlin, geb. Berlin 5. 2. 1879.

SEELIGER, Rudolf 25. 3. 1949

o. Professor der Experimentalphysik in Greifswald, geb. München 12. 11. 1886.

STUBBE, Hans 25. 3. 1949

o. Professor für landwirtschaftl. Genetik in Halle, Direktor des Instituts für Kulturpflanzenforschung in Gatersleben, geb. Berlin 7. 3. 1902.

*BAUMGARTEN, *Arthur* Edwin Paul 25. 3. 1949

o. Professor der Rechte in Berlin und Potsdam, geb. Königsberg i. Pr. 31. 3. 1884.

*DE BOOR, Hanns *Otto* 25. 3. 1949

o. Professor der Rechte in Leipzig, geb. Schleswig 9. 9. 1886.

*HAMANN, Richard 25. 3. 1949

o. Professor der Kunstgeschichte in Marburg und Berlin, geb. Seehausen (Kr. Wanzleben) 29. 5. 1879.

*HOHL, *Ernst* Heinrich 25. 3. 1949

o. Professor der alten Geschichte in Rostock und Berlin, geb. Stuttgart 18. 4. 1886.

*JUSTI, Ludwig 25. 3. 1949

Generaldirektor der ehem. Staatl. Museen, geb. Marburg 14. 3. 1876.

*UNVERZAGT, Wilhelm 25. 3. 1949

Professor der Vor- und Frühgeschichte an der Universität Berlin, geb. Wiesbaden 21. 5. 1892.

*VOSSLER, Karl 25. 3. 1949

o. Professor der roman. Literatur und Sprachwissenschaft in München, geb. Hohenheim bei Stuttgart 6. 9. 1872, gest. München 18. 5. 1949.

GOTHAN, Walter 4. 6. 1949

Professor für Paläobotanik an der Universität Berlin, geb. Woldegk (Meckl.) 26. 8. 1879.

BUBNOFF, Serge v. math.-nat[1]). 19. 7. 1949

o. Professor der Geologie in Greifswald, geb. St. Petersburg 15. 7. 1888[2]). Seit 1941 KM.

HASSE, Helmut math.-nat. 19. 7. 1949

o. Professor der Mathematik an der Universität Berlin, geb. Kassel 25. 8. 1898.

LÜTTRINGHAUS, Arthur math.-nat. 19. 7. 1949

o. Professor der Chemie in Halle, geb. Köln-Mülheim 6. 7. 1906.

THILO, *Erich* Rudolf Julius math.-nat. 19. 7. 1949

o. Professor der anorgan. Chemie an der Universität Berlin, geb. Neubrandenburg 27. 8. 1898.

BRUGSCH, Karl Louis *Theodor* med. 19. 7. 1949

o. Professor der inneren Medizin an der Universität Berlin, geb. Graz 11. 10. 1878.

EICKEN, Carl v. med. 19. 7. 1949

o. Professor für Hals-, Nasen- und Ohrenkrankheiten an der Universität Berlin, geb. Mülheim a. d. Ruhr 31. 12. 1873.

---

[1]) Die folgenden Mitglieder wurden nach der Neueinteilung der Akademie in sechs Klassen gewählt. Über die Verteilung der älteren Mitglieder auf die neuen Klassen vgl. S. 52.

[2]) Jedoch 2. 7. 1888 a. St.!

GULEKE, Nicolai med. 19. 7. 1949
o. Professor der Chirurgie in Jena, geb. Pernau (Livland) 13./25. 4. 1878.

LÖHLEIN, Walther med. 19. 7. 1949
o. Professor der Augenheilkunde an der Universität Berlin, geb. Berlin 5. 1. 1882.

REIN, *Hermann* Friedrich med. 19. 7. 1949
o. Professor der Physiologie in Göttingen, geb. Mitwitz (Bayern) 8. 2. 1898. Seit 1942 KM.

STIEVE, Hermann med. 19. 7. 1949
o. Professor der Anatomie u. Histologie an der Universität Berlin, geb. München 22. 5. 1886.

STOECKEL, Walter med. 19. 7. 1949
o. Professor der Gynäkologie an der Universität Berlin, geb. Stobingen (Ostpr.) 14. 3. 1871.

DOBBERSTEIN, *Johannes* Christian Albert med. 19. 7. 1949
o. Professor der Veterinärmedizin an der Universität Berlin, geb. Graudenz 19. 9. 1895.

KAPPERT, Hans landw. 19. 7. 1949
o. Professor für Pflanzengenetik an der Universität Berlin, geb. Münster i. W. 24. 8. 1890.

WIEDEMANN, Eilhard landw. 19. 7. 1949
Professor, Leiter des Forsteinrichtungsamts und der Forstl. Versuchsanstalt Niedersachsen in Sarstedt, geb. Erlangen 6. 8. 1891.

BEYER, Friedrich August *Kurt* techn. 19. 7. 1949
o. Professor für Statik der Baukonstruktionen in Dresden, geb. Dresden 27. 12. 1881.

DISCHINGER, *Franz* Anton techn. 19. 7. 1949
o. Professor für Stahlbetonbau an der Techn. Universität Berlin, geb. Heidelberg 8. 10. 1887.

FRANCK, Hans *Heinrich* techn. 19. 7. 1949
o. Professor d. techn. Chemie an der Techn. Universität Berlin, geb. Würzburg 22. 11. 1888.

FRENZEL, Walter techn. 19. 7. 1949
o. Professor für Textiltechnik in Dresden, geb. Klein-Zschachwitz (Sachsen) 29. 9. 1884.

KEGEL, Karl techn. 19. 7. 1949
o. Professor für Bergbau und Bergwirtschaft in Freiberg, geb. Magdeburg 19. 5. 1876.

EISSFELDT, Otto Spr. 19. 7. 1949
o. Professor der Theologie (nordwestsemit. Philologie) in Halle, geb. Northeim (Hann.) 1. 9. 1887. Seit Febr. 1949 KM.

KRAUSS, Werner Spr. 19. 7. 1949
o. Professor der roman. Philologie in Leipzig, geb. Stuttgart 7. 6. 1900.

NEUBERT, Fritz Spr. 19. 7. 1949
o. Professor der roman. Philologie an der Universität Berlin, geb. Bautzen 2. 7. 1886.

REHM, Albert Spr. 19. 7. 1949
o. Professor der klass. Philologie in München, geb. Augsburg 15. 8. 1871, gest. München 31. 7. 1949. Seit 1947 KM.

TRAUTMANN, Reinhold Spr. 19. 7. 1949
o. Professor der Slavistik in Jena, geb. Königsberg i. Pr. 16. 1. 1883. Seit 1947 KM.

WISSMANN, Wilhelm Spr. 19. 7. 1949
o. Professor für indogerman. Sprachwissenschaft an der Universität Berlin, geb. Berlin 27. 2. 1899.

ZUCKER, Friedrich Spr. 19. 7. 1949
o. Professor der klass. Philologie in Jena, geb. Fürth i. B. 30. 6. 1881. Seit 1948 KM.

BLOHM, *Georg* Friedrich landw. 15. 8. 1949
o. Professor für landwirtsch. Betriebslehre in Halle, geb. Thürkow (Meckl.) 25. 10. 1896.

PETERSEN, Asmus landw. 15. 8. 1949
o. Professor f. landwirtsch. Betriebslehre in Rostock, geb. Kemphye (Schleswig) 6. 12. 1900.

DIE ORDENTLICHEN MITGLIEDER

1744—1830

nach ihrer Zugehörigkeit zu den vier Klassen (chronologisch)

Physikalische Klasse

CARITA	BRANDES	HUFELAND
POTT	ROLOFF	THAER
LUDOLFF, M. M.	LAMBERT	HUMBOLDT, A. v.
BUDDEUS	GERHARD, K. A.	HERMBSTAEDT
ELLER	WALTER, J. G.	KARSTEN, D. L. G.
LIEBERKÜHN	ACHARD, F. C.	ILLIGER
SCHAARSCHMIDT	HENCKEL	RUDOLPHI
SPRÖGEL	PREVOST	LICHTENSTEIN
MARGGRAF	FERBER	WEISS
LUDOLFF, C. F.	SILBERSCHLAG	LINK (auch philos.)
FRANCHEVILLE	WOELLNER	SEEBECK
GLEDITSCH	MAYER	MITSCHERLICH
SACK (1744/45 philos.)	KLAPROTH	KARSTEN, K. J. B.
BATTIER	BURGSDORF	EHRENBERG
MECKEL	MOENNICH	HORKEL
LEHMANN	WALTER, F. A.	KLUG
AEPINUS	WILLDENOW	KUNTH

Mathematische Klasse

VIGNOLES, DES	HUBER	TRALLES
NAUDÉ	BERNOULLI	EYTELWEIN
WAGNER	CASTILLON, J.	FISCHER (auch phys.)
GRISCHOW, A.	LAGRANGE	ERMAN, P. (später phys.)
EULER, L.	SCHULZE	BUCH (später phys.)
KIES	BODE	OLTMANNS
FABER	TEMPELHOFF	DIRKSEN, E. H.
HUMBERT	BURJA	ENCKE
GRISCHOW, A. N.	MICHELSEN	POSELGER
JACOBI	TREMBLEY	CRELLE
EULER, J. A.	GRUSON	

Philosophische Klasse

HEINIUS	ACHARD, F.	PASSAVANT
JARIGE	FORMEY	SULZER
STUBENRAUCH	BEGUELIN	PRÉMONTVAL
ACHARD, A.	UHDEN, J. C.	TOUSSAINT

Cochius
Anières, d'
Engel
Selle
Teller
Castillon, F.
Ancillon, L. F.

Klein
Moritz
Zoellner
Boaton
Borgstede
Biester (1810 hist.-phil.)
Nicolai

Ancillon, F. (auch hist.-phil.)
Humboldt, W. v. (später hist.-phil.)
Schleiermacher (auch hist.-phil.)
Savigny (auch hist.-phil.)

Klasse der Belles Lettres, Philologische, Historisch-philologische Klasse

Elsner
Küster
Hering
Argens, d'
Lamprecht
La Mettrie
Pelloutier
Süssmilch
Becmann
Merian (anfangs philos.)
Arnaud, d'
Beausobre, C. L. de
Beausobre, L. de
Catt, de
Quintus Icilius (Guichardt)
Thiébault
Bitaubé

Wegelin
Pernetty
Borelly
Moulines
Denina
Ramler
Meierotto
Moehsen
Erman, J. P.
Gedike
Cuhn
Verdy du Vernois
Bastide
Goyon d'Arzac
Bouflers
Hirt
Lombard
Spalding

Müller, J. v.
Wolf
Buttmann
Uhden, W.
Niebuhr (auch philos.)
Ideler
Böckh
Bekker
Suevern
Rühs
Wilken
Bopp
Ritter, K.
Raumer
Lachmann
Meineke

DIE ORDENTLICHEN MITGLIEDER

seit 1949

nach ihrer Zugehörigkeit zu den sechs Klassen

1. Klasse für Mathematik und allgemeine Naturwissenschaften:

SCHMIDT	HEISENBERG
v. LAUE	VOLMER
HAHN	KIENLE
STILLE	WARBURG
HARTMANN, M.	NOACK
KOPFF	BONHOEFFER
WINDAUS	HUND
RAMDOHR	SEELIGER
DEBYE	ERTEL
KÜHN	GOTHAN
HAMEL	v. BUBNOFF
BUTENANDT	HASSE
LUDIN	LÜTTRINGHAUS
BARTELS	THILO

2. Klasse für medizinische Wissenschaften:

RÖSSLE	BRUGSCH
SAUERBRUCH	LÖHLEIN
HEUBNER	STIEVE
LOHMANN	DOBBERSTEIN
FRIEDRICH	REIN
STOECKEL	GULEKE
v. EICKEN	

3. Klasse für landwirtschaftliche Wissenschaften:

MITSCHERLICH	WIEDEMANN
STUBBE	BLOHM
MANGOLD	PETERSEN
KAPPERT	

4. Klasse für technische Wissenschaften:

WAGNER	FRANCK
NORDMANN	FRENZEL
BARKHAUSEN	KEGEL
BINDER	DISCHINGER
BEYER	

5. Klasse für Sprachen, Literatur und Kunst:

VASMER	FRINGS
STROUX	HAMANN
WESTERMANN	JUSTI
GRAPOW	REHM † 1949
HARTMANN, R.	TRAUTMANN
HAENISCH	NEUBERT
SCHADEWALDT	KRAUSS
KUHN	EISSFELDT
SCHIRMER	ZUCKER
SPECHT † 1949	WISSMANN
WEICKERT	

6. Klasse für Gesellschaftswissenschaften:

MEINECKE	RÖRIG
SPRANGER	BAETHGEN
BRACKMANN	SPAMER
HARTMANN, N.	MITTEIS
KOSCHAKER	THURNWALD
BERTHOLET	DE BOOR
GELZER	BAUMGARTEN
HARTUNG	HOHL
REICKE	UNVERZAGT

DIE EHRENMITGLIEDER

1744—1812

BIELFELD, Jakob Friedrich Freiherr v. 23. 1. 1744
Legationsrat, Kurator der Universitäten, geb. Hamburg 31. 3. 1717, gest. Altenburg (Thür.) 5. 4. 1770.

BORCKE, Friedrich Ludwig Felix v. 23. 1. 1744
Generalmajor, Generaladjutant, geb. in Pommern 14. 1. 1702, gest. Freienwalde a. d. Oder 19. 5. 1751.

DU-HAN DE JANDUN, Charles Egide (Gilles) 23. 1. 1744
Geh. Rat, ehem. Lehrer des Königs, geb. Jandun (Champagne) 14. 3. 1685, gest. Berlin 3. 1. 1746.

FINCK V. FINCKENSTEIN, Karl Wilhelm Graf 23. 1. 1744
Wirkl. Geh. Etats- und Kabinettsminister, geb. Berlin 11. 2. 1714, gest. Berlin 3. 1. 1800.

GOLTZ, Georg Konrad Freiherr v. der 23. 1. 1744
Generalmajor, geb. Parsow (Pomm.) 4. 10. 1704, gest. Berlin 4. 8. 1747.

KEYSERLINGK, Dietrich Freiherr v. 23. 1. 1744
Generaladjutant, geb. Okten (Kurland) 25. 7. 1698, gest. Berlin 13. 8. 1745.

KNOBELSDORFF, Hans Georg Wenzeslaus Freiherr v. 23. 1. 1744
Surintendant der kgl. Schlösser, Directeur en chef der Bauten, geb. Kuckädel bei Crossen 17. 2. 1699, gest. Berlin 16. 9. 1753.

MÜNCHOW, Ludwig Wilhelm Graf v. 23. 1. 1744
Wirkl. Geh. Etatsminister, Dirig. Minister für Schlesien, geb. 1709, gest. Breslau 23. 9. 1753.

PODEWILS, Heinrich Graf v. 23. 1. 1744
Wirkl. Geh. Etats- und Kabinettsminister, geb. Suckow (Pomm.) 3. 10. 1695, gest. Magdeburg 30. 7. 1760.

PÖLLNITZ, Larl Kudwig Freiherr v. 23. 1. 1744
Oberzeremonienmeister, geb. Issum (Rhld.) 25. 2. 1692, gest. Berlin 23. 6. 1775.

STILLE, Christoph Ludwig v. 23. 1. 1744
Generalmajor, seit 1747 Kurator (s. d.).

SWEERTS, Freiherr v. Reist, Ernst Maximilian 23. 1. 1744
Direktor der kgl. Schauspiele, geb. Petrowitz 1. 12. 1710, gest. Berlin 4. 7. 1757.

VOCKERODT, Johann Gotthilf 23. 1. 1744
Geh. Kabinettsrat, geb. Halle 15. 3. 1693, gest. Berlin 5. 3. 1755.

ARNIM, Georg Dietloff v. 16. 2. 1744
Wirkl. Geh. Rat und Etatsminister, seit 1745 Kurator (s. d.).

DOHNA, Albrecht Christoph, Burggraf und Graf zu 16. 2. 1744
Oberhofmeister der Königin, geb. Berlin 13. 9. 1698, gest. Berlin 3. 5. 1752 (u).

KEITH, Peter Christoph Karl v. 16. 2. 1744
Oberstleutnant, seit 1747 Kurator (s. d.).

MARSCHALL, Samuel v. 16. 2. 1744
Wirkl. Geh. Etats- und Kriegsrat, Dirig. Minister beim Generaldirektorium, geb. Königsberg i. Pr. 1685, gt. 11. 5. (u), gest. Berlin 11. 12. 1749 (u).

GOTTER, Gustav Adolf Graf v. Febr. 1745
Kurator 1744/45, verläßt Berlin; 1749 wieder Kurator (s. d.).

DARGET, Claude-Etienne 1745
Geh. Rat, Vorleser und Privatsekretär des Königs, geb. Paris 1712, gest. Paris 1778; verläßt 1752 Berlin und wird seit 1755 nicht mehr in den Listen geführt.

UHDEN, Johann Christian 1747
Generalfiskal und Justitiar der Akademie. Seit 1748 OM (s. d.).

VIERECK, Adam Otto v. 1747
Protektor und Kurator (s. d.).

ALGAROTTI, Francesco Graf 30. 5. 1747
Kammerherr, geb. Venedig 11. 12. 1712, gest. Pisa 3. 3. 1764; scheidet 1754 aus.

REDERN, Sigismund Ehrenreich v., 1757 Graf 7. 9. 1747
wird 1751 Kurator (s. d.).

LOBKOWITZ, Ferdinand Philipp Joseph Fürst v. 1750
geb. 27. 4. 1724, gest. Prag 11. 1. 1784; seit 1749 AM, hält sich vorübergehend in Berlin auf und wird als EM geführt; später wieder AM.

MARSCHALL, Friedrich Wilhelm v. 11. 6. 1750
Legationsrat im Kabinettsministerium, geb. Berlin 1724, gt. 29. 5. (u), Sohn des Ehrenmitglieds Samuel v. M., gest. Rom 1790; verläßt Berlin und wird seit 1755 als AM geführt.

KEITH, James (Jakob) Francis Edward 4. 9. 1750
Generalfeldmarschall, Gouverneur von Berlin, geb. Inverugie Castle (Schottland) 11. 6. 1696, gefallen bei Hochkirch 14. 10. 1758.

CAGNONI, Charles v. 14. 10. 1751
seit 1752 Kurator (s. d.).

LE FEVRE, Simon Dieudonné 1752
Oberstleutnant, seit 1751 OM (s. d.); nach 1752 nicht mehr in den Listen geführt.

BORCKE, Adrian Heinrich Graf v. 8. 6. 1752
General der Kavallerie, Oberhofmeister des Prinzen v. Preußen (König Friedrich Wilhelms II.), geb. Stettin 4. 4. 1715, gest. Stargard (Pomm.) 17. 4. 1788.

HERTZBERG, Ewald Friedrich v., 1763 Graf 7. 9. 1752
Geh. Legationsrat, seit 1786 Kurator (s. d.).

BREDOW, Asmus Ehrenreich v. 30. 11. 1752
Generalleutnant, geb. Senzke (Westhavelland) 29. 4. 1693, gest. Halberstadt 15. 2. 1756 (u).

BORCKE, Friedrich Wilhelm v. 6. 12. 1754
Geh. Etats- und Kriegsrat, Dirig. Minister beim Generaldirektorium, geb. in Pommern 20. 1. 1692, gest. Hueth (Hzm. Kleve) 26. 9. 1769.

DANCKELMANN, Karl Ludolf Freiherr v. 6. 12. 1754
Wirkl. Geh. Etats- und Justizminister, Chef des Geistl. Departements und des Schlesischen Justizdepartements, geb. Halle 12. 10. 1699, gest. Berlin 13. 12. 1764 (u).

MASSOW, Joachim Ewald v. 6. 12. 1754
Geh. Etatsminister, Dirigierender Minister in Schlesien, geb. 1696, gest. Bartin (Pomm.) 27. 10. 1769.

JARIGE, Philippe Joseph DE 27. 11. 1755
Großkanzler der Justiz, seit 1731 OM (s. d.), Sekretar 1733—1748.

PRADES, Jean Martin DE 1. 4. 1756

Abbé, in Potsdam, Archidiakonus in Groß-Glogau, geb. Castelsarrasin (Guyenne) um 1720, gest. Groß-Glogau (Schlesien) 1782. Seit 1753 AM.

SCHAFFGOTSCH, Philipp Gotthard Graf v. 1. 4. 1756

Fürstbischof von Breslau, geb. Jauer 3. 6. 1716, gest. Schloß Johannisberg (Österr.-Schlesien) 5. 1. 1795.

COTHENIUS, Christian Andreas 18. 9. 1760

Dr. med., Leibarzt des Königs, seit 1750 OM (s. d.) und AM; seit 1765 wieder OM.

BRAUNSCHWEIG-OELS, Friedrich August, Herzog v. 20. 12. 1764

preuß. General der Infanterie, geb. Wolfenbüttel 29. 10. 1740, gest. Eisenach 8. 10. 1805.

BRAUNSCHWEIG, Wilhelm Adolf, Herzog zu 20. 12. 1764

preuß. Generalmajor, geb. Wolfenbüttel 18. 5. 1745, gest. in der Moldau 24. 8. 1770 als Volontär bei der russischen Armee.

WAITZ, Freiherr V. ESCHEN, Jakob Sigismund 23. 6. 1775

Wirkl. Geh. Etats- und Kriegsrat, Dirig. Minister beim Generaldirektorium, Oberberghauptmann, Chef des Bergwerks- und Hüttendepartements, geb. Gotha 16. 5. 1698, gest. Berlin 7. 11. 1776. Seit 1746 AM.

ZEDLITZ, Karl Abraham Freiherr v. 12. 9. 1776

Wirkl. Geh. Etats- und Justizminister, Chef des luth. geistlichen und Schuldepartements und des Kriminaldepartements, geb. Schwarzwalde (Schlesien) 4. 1. 1731, gest. Kapsdorf (Schlesien) 18. 3. 1793.

LUCCHESINI, Girolamo Marchese 29. 8. 1786

Kammerherr, preuß. Diplomat, Wirkl. Geh. Etats- und Kriegsminister, geb. Lucca 7. 5. 1751, gest. Florenz 20. 10. 1825.

CARMER, Johann Heinrich Kasimir, 1791 Freiherr, 1798 Graf v. 26. 1. 1789

Großkanzler der Justiz, geb. Kreuznach 29. 12. 1720, gest. Rützen (Schlesien) 23. 5. 1801.

VERDY DU VERNOIS, Adrien-Marie-François DE 20. 1. 1790

seit 1792 OM (s. d.).

SCHLIEFFEN, Martin Ernst v. 28. 1. 1791

Generalleutnant, geb. Pudenzig (Pomm.) 30. 10. 1732, gest. Windhausen (Hessen) 15. 9. 1825; verläßt Berlin und wird seit 1793 als AM geführt. Nach 1812 EM.

HEYNITZ, Karl Friedrich Anton v. 12. 1. 1792

Wirkl. Geh. Etatsminister, Chef des Bergwerks- und Hüttendepartements und des Salzdepartements, Provinzialminister für Westfalen, geb. Dröschkau (bei Torgau) 14. 5. 1725, gest. Berlin 15. 5. 1802.

DIE ABWESENDEN MITGLIEDER

1700—1743

MEL, Konrad 20. 1. 1701
Dr. theol., Hofprediger zu Königsberg, dann Inspektor im Fürstentum Hersfeld, geb. Gudensberg (Hessen) 14. 8. 1666, gest. Hersfeld 3. 5. 1733.

BEC(K)MANN, Johann Christoph 11. 3. 1701
Professor der Theologie in Frankfurt a. d. Oder, Historiker, geb. Zerbst 2. 9. 1641, gest. Frankfurt a. d. Oder 6. 3. 1717 (u).

BERNOULLI, Johann 11. 3. 1701
Professor der Mathematik in Groningen und Basel, geb. Basel 27. 7. 1667, gest. Basel 1. 1. 1748.

BLÄSING, David 11. 3. 1701
Professor der Mathematik in Königsberg, geb. Königsberg i. Pr. 29. 12. 1660, gest. Königsberg 9. 10. 1719.

CRAMER, Johann Friedrich 11. 3. 1701
J. U. L., Rat der Magdeburger Regierung, preuß. Resident bei den Generalstaaten, Historiker, geb. Schweinfurt 1675, gt. 1. 4. (u), gest. den Haag 27. 2. 1715.

FABRICIUS, Johann 11. 3. 1701
Professor der Theologie in Helmstedt, Abt zu Königslutter, geb. Altdorf 11. 2. 1644, gest. Helmstedt 29. 1. 1729.

MEIER, Gerhard 11. 3. 1701
Pastor primarius und Superintendent in Bremen, geb. Hamburg 16. 8. 1664, gest. Bremen 25. 2. 1723.

MÜLLER, Philipp 11. 3. 1701
Professor der Theologie in Jena, geb. Sangerhausen 24. 8. 1640, gest. Jena 15. 3. 1713.

SCHMID, Johann Andreas 11. 3. 1701
Professor der Theologie in Helmstedt, Abt zu Marienthal, geb. Worms 18. 8. 1652, gest. Helmstedt 12. 6. 1726.

VIGNOLES, Alphonse DES 11. 3. 1701
Prediger der Französ. Gemeinde in Brandenburg, seit 1703 in Berlin (s. OM).

WITTE, Johann Erdmann [1]) 11. 3. 1701
Sekretär der Magdeburg. Regierung, geb. Neuendorf (Altmark) 4. 1. 1658, gest. Magdeburg 25. 3. 1724.

HOFFMANN, Friedrich 1. 4. 1701
Dr. med., Professor der Medizin in Halle; 1709—1712 in Berlin (s. OM).

NICOLAI VON GREIFENKRANZ, Christoph 1. 4. 1701
ehem. holstein-gottorp. Etatsrat und Gesandter, ehem. ostfries. Geh.Rat und Drost, schwed. Kanzler in Zweibrücken, geb. Schwerin 6. 1. 1649, gest. Zweibrücken 9. 8. 1715.

---

[1]) Am 11. 3. 1701 wurde ferner Georg Christoph Eimmart, Kupferstecher und Astronom in Nürnberg gewählt; doch hat er offenbar kein Diplom erhalten.

WALTHER, Christian 8. 7. 1701

Pastor der Sackheimer Kirche in Königsberg, Professor der Theologie, geb. Norkitten (Ostpr.) 31. 7. 1655, gest. Königsberg i. Pr. 17. 1. 1717.

FRANCKE, August Hermann 12. 10. 1701

Professor der Theologie in Halle, geb. Lübeck 22. 3. 1663, gest. Halle 8. 6. 1727.

KLIEM, Johann Christoph [1]) 12. 10. 1701

Dr. med., Mathematiker in Nürnberg, geb. (Wiegleben bei Gotha?) um 1668, gest. um 1730.

ACOLUTH(US), Andreas 7. 11. 1701

Pastor und Professor der oriental. Sprachen am Elisabeth-Gymnasium in Breslau, geb. Bernstadt (Schlesien) 6. 3. 1654, gest. Breslau 4. 11. 1704.

CHODOWIECKI, Johann Serenius 7. 11. 1701

Rektor des Gymnasiums in Lissa, dann des Petri-Gymnasiums in Danzig, geb. Thorn oder Koschlau um 1650, gest. Danzig 30. 7. 1726.

GOTTSCHED, Johann 7. 11. 1701

Professor der Medizin in Königsberg, geb. Königsberg i. Pr. 15. 7. 1668, gest. Königsberg 10. 4. 1704.

GRODDECK, Gabriel 7. 11. 1701

Professor und Bibliothekar am Dreifaltigkeits-Gymnasium in Danzig, geb. Danzig 7. 1. 1672, gest. Danzig 12. 9. 1709.

HARTMANN, Philipp Jakob 7. 11. 1701

Professor der Medizin in Königsberg, geb. Stralsund 26. 3. 1648, gest. Königsberg i. Pr. 28. 3. 1707.

SCHAPER, Johann Ernst [2]) 1. 12. 1701

Professor der Medizin in Rostock, geb. Küstrin 26. 4. 1668, gest. Rostock 11. 1. 1721.

RÖMER, Ole (Olaus) 30. 12. 1701

Professor der Mathematik und I. Bürgermeister in Kopenhagen, Astronom, geb. Aarhus 25. 9. 1644, gest. Kopenhagen 19. 9. 1710.

TIEDE, Joachim 1702

Mathematiker in Kiel, geb. Bärwalde (Neumark) um 1662, gest. vor 1720.

BERNOULLI, Jakob 19. 1. 1702

Professor der Mathematik in Basel, geb. Basel 27. 12. 1654, gest. Basel 16. 8. 1705.

STURM, Leonhard Christoph 21. 7. 1702

Professor der Mathematik in Frankfurt a. d. Oder, dann mecklenburg. Oberbaudirektor und Kammerrat, geb. Altdorf 5. 11. 1669, gest. Blankenburg a. Harz 6. 6. 1719.

REYHER, Samuel 26. 9. 1702

Professor der Rechte und Mathematik in Kiel, geb. Schleusingen 19. 4. 1635, gest. Kiel 22. 11. 1714.

CYPRIAN(US), Ernst Salomon 2. 4. 1703

Direktor des Athenaeum Casimirianum in Coburg, dann Vizepräsident des Oberkonsistoriums, Bibliothekar und Archivar in Gotha, geb. Ostheim v. d. Rhön 22. 9. 1673, gest. Gotha 19. 9. 1745.

---

[1]) Am 12. 10. 1701 wurde außerdem „Ludolf jun." gewählt, wohl Hiob Ludolf, Professor d. Mathematik in Erfurt; ein Diplom ist nicht ausgestellt worden.

[2]) Am 1. 12. 1701 wurden ferner gewählt: Johann Franz Buddeus, Professor d. Theologie in Halle, Christoph Cellarius, Professor d. Geschichte in Halle, Ludwig Otto Edler v. Plotho, Rat d. Magdeburgischen Regierung, später Staatsminister; auch sie erhielten keine Diplome.

IHRING, Heinrich Nikolaus 2. 4. 1703

Metropolitan der Neustadt in Kassel, dann Dekan und Konsistorialrat an der Martinskirche, geb. Waldau bei Kassel 12. 2. 1663, gest. Kassel 20. 12. 1718.

SEGERS, Johann Ernst 2. 4. 1703

Inspector alumnorum, dann Professor der Theologie in Königsberg, geb. Königsberg i. Pr. 2. 1. 1675, gest. Königsberg 3. 9. 1719.

HARTSOECKER, Nikolaus 7. 9. 1703

Mathematiker in Amsterdam, dann kurpfälz. Mathematicus, geb. Gouda (Holland) 26. 3. 1656, gest. Utrecht 10. 12. 1725.

COLLAS, Jean v. 20. 1. 1704

Doktor aller Fakultäten, Oberingenieur und Kammerrat in Königsberg, geb. London 1678, gest. Weißenstein (Ostpr.) 16. 6. 1753.

VALENTINI, Michael Bernhard 4. 10. 1704

Professor der Medizin in Gießen, Leibarzt, geb. Gießen 26. 11. 1657, gest. Gießen 18. 3. 1729.

MEISENBUG, Karl Wilhelm v. 14. 11. 1704

hess. Regierungsrat in Marburg; 1709 anwesendes Mitglied in Berlin (s. OM).

ZWINGER, Theodor 12. 4. 1706

Professor der Medizin in Basel, geb. Basel 26. 8. 1658, gest. Basel 22. 4. 1724.

NEUMANN, Kaspar 6. 12. 1706

Pastor an der Elisabethkirche, Kirchen- und Schulinspektor in Breslau, geb. Breslau 14. 9. 1648, gest. Breslau 27. 1. 1715.

SCHEUCHZER, Johann Jakob 6. 12. 1706

Dr. med., Professor der Mathematik am Gymnasium Carolinum in Zürich, geb. Zürich 2. 8. 1672, gest. Zürich 23. 6. 1733.

WEDEL(IUS), Georg Wolfgang 6. 12. 1706

Professor der Medizin in Jena, Leibarzt, geb. Golßen (Niederlausitz) 12. 11. 1645, gest. Jena 6. 9. 1721.

WURZELBAU, Johann Philipp v. 6. 12. 1706

Astronom in Nürnberg, geb. Nürnberg 28. 9. 1651, gest. Nürnberg 21. 7. 1725.

FOUNTAINE, Sir Andrew vor 1707

Sammler und Mathematiker, 1727 Münzwardein in London, geb. 1676, gest. Narford 4. 9. 1753; wurde nach 1739 nicht mehr in der Liste geführt.

BASNAGE DE BEAUVAL, Henri 4. 5. 1707

Dr. der Rechte im Haag, geb. Rouen 7. 8. 1656, gest. den Haag 29. 3. 1710.

MICHA(E)LIS, Anastasios [1]) 4. 5. 1707

„ein gelehrter Griechischer von Adel, der bei seinen Peregrinationen in Teutschland und Holland bekannt geworden“[2]); Sprachlehrer in Moskau; geb. Naussa (Mazedonien) . . . . ., gest. nach 1722.

HEINECCIUS, Johann Michael 9. 5. 1707

Pastor in Goslar, dann Kircheninspektor in Halle, geb. Eisenberg (Thür.) 12. 12. 1674, gest. Halle 11. 9. 1722.

---

[1]) Am 4. 5. 1707 wurde auch der Physiker Denis Papin gewählt; da er aber gerade damals Marburg verließ, hat er offenbar kein Diplom erhalten.

[2]) Adress-Calender der Königl. Preuß. Haupt- und Residentz-Städte Berlin . . . . . (mit Approbation der Königl. Societät der Wissenschaften) 1726, S. 130.

WEGNER, Gottfried 9. 5. 1707

Professor der Theologie in Königsberg, geb. Oels 18. 3. 1644, gest. Königsberg i. Pr. 14. 6. 1709.

FARDELLA, Michelangelo 26. 9. 1707

Professor der Philosophie in Padua, geb. Trapani 1650, gest. Neapel 2. 1. 1718.

GUILIELMINI, Domenico 26. 9. 1707

Professor der Medizin in Padua, geb. Bologna 27. 9. 1655, gest. Padua 12. 7. 1710.

HERMANN, Jakob 26. 9. 1707

Professor der Mathematik in Padua, Frankfurt a. d. Oder, Petersburg (Akademie) und Basel, geb. Basel 16. 7. 1678, gest. Basel 11. 7. 1733.

RAMAZZINI, Bernardino 26. 9. 1707

Professor der Medizin in Padua, geb. Carpi 5. 11. 1633, gest. Padua 5. 11. 1714.

BEHRENS, Konrad Barthold 12. 6. 1708

Dr. med., Arzt in Hildesheim, braunschweig. Leibarzt, geb. Hildesheim 26. 8. 1660, gest. Braunschweig 4. 10. 1736.

TURRETIN, Jean Alphonse 12. 6. 1708

Prediger und Professor der Theologie in Genf, geb. Genf 24. 8. 1672, gest. Genf 1. 5. 1737.

GOTTFRIED (GOTHOFREDUS), Georg 14. 1. 1709

Dr. der Rechte und kaiserl. Notar in Leipzig, geb. Großenhain 1648, gt. 26. 6. (u), gest. Leipzig 25. 11. 1725 (u).

LANGE, Karl *Nikolaus* 24. 5. 1709

Dr. med., Stadtarzt in Luzern, geb. Luzern 18. 2. 1670, gest. Luzern 2. 5. 1741.

HELWIG, Georg Andreas 31. 8. 1709

Pastor in Angerburg, Mineraloge, geb. Angerburg (Ostpr.) 14. 12. 1666, gest. Angerburg 3. 1. 1748.

MUYS, Wyer Willem 4. 11. 1709

Dr. med., Professor der Mathematik, Medizin, Chemie und Botanik in Franeker, geb. Steenwick (Over-Ijssel) 5. 1. 1682, gest. Franeker 19. 4. 1744.

WERENFELS Samuel 4. 11. 1709

Professor der Theologie in Basel, geb. Basel 1. 3. 1657, gest. Basel 1. 6. 1740.

HUYSSEN, Heinrich Freiherr v. 28. 4. 1710

russischer Kriegsrat, Diplomat und Publizist, geb. Essen 1668, gest. vor Helsingör 6. 9. 1739.

BASNAGE, Jacques 8. 1. 1711

Prediger der Wallonischen Kirche im Haag, geb. Rouen 8. 8. 1653, gest. den Haag 22. 12. 1723.

CUPER, Gisbert 8. 1. 1711

Bürgermeister von Deventer, Altertumsforscher, geb. Hemmen (Geldern) 14. 9. 1644, gest. Deventer 22. 11. 1716.

WOLFF, Christian, 1745 Freiherr v. 8. 1. 1711

Professor der Philosophie in Halle und Marburg, geb. Breslau 24. 1. 1679, gest. Halle 9. 4. 1754.

LILIENTHAL, Michael 25. 1. 1711

Pastor und Stadtbibliothekar in Königsberg, geb. Liebstadt (Ostpr.) 8. 9. 1686, gest. Königsberg i. Pr. 23. 1. 1750.

ECKHART, Johann Georg v. (1719) 18. 3. 1711

Professor der Geschichte in Helmstedt, hannov. und würzburg. Historiograph, geb. Duingen (Hannover) 7. 9. 1664, gest. Würzburg 9. 2. 1730.

HENFLING, Konrad 18. 3. 1711

fürstl. ansbachischer Hofrat, geb. Ansbach 1648, gt. 7. 4. (u), gest. Ansbach 1716, begr. 15. 4. (u).

HENDRICH, Peter Ludwig 6. 4. 1711

Pastor der reform. Gemeinde in Potsdam, 1721 in Eberswalde, 1722 in Frankfurt a. d. Oder, geb. Berlin 2. 2. 1673, gest. Frankfurt a. d. Oder 1725, begr. 26. 8. (u).

VARIGNON, Pierre 4. 5. 1711

Geometer in Paris, geb. Caen 1654, gest. Paris 22. 12. 1722.

RÄTZEL, Georg Friedrich 5. 6. 1711

Dr. med., Arzt und Bergrat in Blankenburg a. Harz.

JUNCKER, Christian 10. 9. 1711

Rektor des Gymnasiums in Eisenach, dann Direktor des Gymnasiums in Altenburg, geb. Leipzig 16. 10. 1668, gest. Altenburg (Thür.) 19. 6. 1714.

HOFFMANN, Friedrich 1712

Professor der Medizin in Halle, kehrt 1712 aus Berlin nach Halle zurück (s. OM 1709).

CHAMBERLAYNE, John 3. 2. 1712

Schriftsteller in London, geb. um 1666, gest. London 2. 11. 1723.

LEUCKFELD, Johann Georg 3. 2. 1712

Pastor in Gröningen, geb. Heringen 4. 7. 1668, gest. Gröningen (Fsm. Halberstadt) 24. 4. 1726.

VAN BASHUYSEN, Heinrich Jakob 9. 3. 1712

Professor am Gymnasium in Hanau, Rektor des Gymnasiums in Zerbst, geb. Hanau 26. 10. 1679, gest. Zerbst 31. 12. 1758.

HOLST, Gabriel 9. 3. 1712

Dr. der Rechte in Danzig, geb. Marienburg um 1685.

CRAMER, Matthias 6. 4. 1712

Sprachlehrer und Lexikograph in Nürnberg, geb. Köln um 1640, gest. um 1730.

LA MOTHE, Claude GROSTÊTE DE 6. 4. 1712

Prediger der savoyischen Kirche in London, geb. Paris (Orleans?) 1647, gest. London 30. 9. 1713.

WOLF, Johann Christoph 6. 4. 1712

Professor der Philosophie in Wittenberg, dann Professor der oriental. Sprachen am Akademischen Gymnasium und Pastor der Katharinenkirche in Hamburg, geb. Wernigerode 21. 2. 1683, gest. Hamburg 25. 7. 1739.

GROSSER, Samuel 30. 6. 1712

Rektor des Gymnasiums in Görlitz, geb. Paschkerwitz (Schlesien) 8. 2. 1664, gest. Görlitz 24. 6. 1736.

PAULI, Johann Arnold 30. 11. 1712

Dr. theol., Erzpriester in Memel, geb. Johannisburg (Ostpr.) 21. 2. 1682, gest. Memel 13. 3. 1741.

SCHLEGEL, Christian August 30. 11. 1712

Bibliothekar, Sekretär, Antiquar in Gotha, herzogl. sächs. Historiograph, geb. Saalfeld 30. 1. 1667, gest. Gotha 17. 10. 1722.

SLOANE, Hans 30. 11. 1712

Arzt und Sekretär der Royal Society in London, geb. Killiloagh (Down) 16. 4. 1660, gest. Chelsea 11. 1. 1753.

TEUBER, Gottfried 30. 11. 1712

Hofprediger in Zeitz, geb. Zeitz 8. 11. 1656, gest. Zeitz 13. 2. 1731.

HERTEL, Christian Gottlieb 1. 2. 1713
Professor der Mathematik an der Ritterakademie in Liegnitz, geb. Fürstenwalde 1683, gt. 17. 5. (u), gest. Liegnitz 6. 10. 1743.

SANDEN, Heinrich v. 1. 2. 1713
Professor der Physik in Königsberg, geb. Königsberg i. Pr. 28. 7. 1672, gest. Königsberg 10. 8. 1728.

BENTLEY, Richard 29. 3. 1713
Direktor des Trinity-College in Cambridge, klass. Philologe, geb. Oulton (Yorkshire) 27. 1. 1662, gest. Cambridge 14. 7. 1742.

BERNOULLI, Nikolaus 17. 5. 1713
Professor der Mathematik in Padua, Professor der Logik und der Rechte in Basel, geb. Basel 10. 10. 1687, gest. Basel 29. 11. 1759.

BARBEYRAC, Jean 7. 6. 1713
Professor der Rechte in Lausanne, dann in Groningen, geb. Béziers 15. 3. 1674, gest. Groningen 3. 3. 1744.

LEHMANN, Johann Christian 7. 6. 1713
Professor der Physik in Leipzig, geb. Bautzen 16. 6. 1675, gest. Leipzig 19. 1. 1739.

MAURICE, Antoine 7. 6. 1713
Prediger und Professor der Literatur und Geschichte in Genf, geb. Eyguinères (Provence) 22. 9. 1677, gest. Genf 13. 7. 1756.

BONNET DE SAINT-GERMAIN, Louis Frédéric 15. 11. 1713
preuß. Resident in London, geb. Genf 12. 12. 1670 (u), gest. Genf 7. 4. 1761 (u).

OLEARIUS, Johann Christoph 7. 2. 1714
Pastor und Superintendent in Arnstadt, geb. Halle 17. 9. 1668, gest. Arnstadt 31. 3. 1747.

PICTET, Bénédict 7. 2. 1714
Prediger und Professor der Theologie in Genf, geb. Genf 30. 5. 1655, gest. Genf 10. 6. 1724.

BOCRIS(IUS), Johann Heinrich 11. 7. 1714
Konrektor und Professor der Philosophie in Schweinfurt, geb. Eberbach (Franken) 19. 11. 1687, gest. Schweinfurt 18. 10. 1716.

KANTEMIR, Demeter Fürst 1. 8. 1714
ehem. Fürst der Moldau, in Rußland, geb. in der Moldau 26. 10. 1673, gest. Dmitrovka (Ukraine) 21. 8. 1723.

WECKE, Johann Konrad 12. 9. 1714
in Dresden, gest. um 1737.

ZUMBACH V. KOESFELD, Lothar 12. 9. 1714
Professor der Mathematik am Carolinum in Kassel, geb. Trier 27. 8. 1661, gest. Kassel 29. 7. 1727.

ANHALT, Heinrich 1714
Dr. med., Landphysicus und Bürgermeister in Neuruppin, geb. (Perleberg?) 1663, gest. Neuruppin 13. 3. 1737 (u).

HEISTER, Lorenz 1715
Professor der Medizin in Altdorf, dann in Helmstedt, geb. Frankfurt a. Main 18. 9. 1683, gest. Bornum bei Königslutter 18. 4. 1758.

ABICHT, Johann Georg 2. 1. 1715
Professor der oriental. Sprachen in Leipzig, Rektor des Dreifaltigkeits-Gymnasiums in Danzig, Professor der Theologie in Wittenberg, geb. Königsee (Thür.) 21. 3. 1672, gest. Wittenberg 5. 6. 1740.

BUSSIUS, August Friedrich 12. 4. 1715

Dr. med., Arzt und Bergrat in Dresden, geb. Meißen 17. 8. 1666 (u), gest. Dresden 1727, begr. 19. 6. (u).

DOPPELMAIER, Johann Gabriel 12. 4. 1715

Professor der Mathematik in Nürnberg, geb. Nürnberg 27. 9. 1677, gest. Nürnberg 1. 12. 1750.

HOMANN, Johann Baptist 12. 4. 1715

Kartograph in Nürnberg, geb. Kambach bei Mindelheim (Schwaben) 20. 3. 1664, gest. Nürnberg 1. 7. 1724.

LEUPOLD, Jakob 12. 4. 1715

Mechanicus in Leipzig, geb. Planitz bei Zwickau 25. 7. 1674, gest. Leipzig 12. 1. 1727.

MARPERGER, Bernhard Woldemar 12. 4. 1715

Oberpastor der Ägidienkirche in Nürnberg, dann Oberhofprediger in Dresden, geb. Hamburg 14. 5. 1682, gest. Dresden 28. 3. 1746.

WÜLFFER, Johann 12. 4. 1715

Oberpastor der Sebaldus-Kirche und Professor am Ägidien-Gymnasium in Nürnberg, geb. Nürnberg 7. 6. 1651, gest. Nürnberg 3. 12. 1724.

FABER, Samuel 3. 10. 1715

Rektor des Ägidien-Gymnasiums in Nürnberg, geb. Altdorf 3. 3. 1657, gest. Nürnberg 10. 4. 1716.

MICHELOTTI; Pietro Antonio 3. 10. 1715

Dr. med., Stadtarzt und Mathematiker in Venedig, geb. Drò bei Arco 1673, gest. Venedig 1. 2. 1740.

POLENI, Giovanni Marchese di 3. 10. 1715

Professor der Philosophie, Mathematik und Astronomie in Padua, geb. Venedig 23. 8. 1683, gest. Padua 14. 11. 1761.

SCHMIEDER, Siegmund 3. 10. 1715

Dr. phil. et med., Arzt in Pirna und Lommatzsch, geb. Löwenhain (Sachsen) 24. 11. 1685, gest. Lommatzsch 15. 10. 1717[1]).

LIEBKNECHT, Johann Georg 8. 10. 1716

Professor der Mathematik und Theologie in Gießen, geb. Wasungen 23. 4. 1679, gest. Gießen 17. 9. 1749.

ZÜRNER, Adam Friedrich 8. 10. 1716

Pastor in Skassa (Sachsen), Kartograph in Dresden, geb. Marieney (Vogtl.) 15. 8. 1679 (u), gest. Dresden 1742, begr. 21. 12. (u).

NEUKIRCH, Benjamin 1718

Hofrat und Hofmeister in Ansbach, 1711—1718 anwesendes Mitglied (s. OM 1711).

HASE, Theodor v. 11. 7. 1718

Oberpastor an der Liebfrauenkirche in Bremen, geb. Bremen 30. 11. 1682, gest. Bremen 25. 2. 1731

GENSEL(IUS), Johann Adam 1719

Physicus in Oedenburg, geb. Oedenburg 26. 10. 1677, gest. Oedenburg 31. 8. 1720.

---

[1]) Nach Schmieders Tode wird in den Mitgliederlisten der Kalender ein Dr. phil. et med. Sigismund Schneider in Leipzig geführt; 1736—50 heißt er Sigismund Schreiber in St. Petersburg. Diese Person ist sonst unbekannt. Es liegt wohl eine Verwechslung vor mit Dr. med. Johann Friedrich Schreiber (1705—60), der 1731 aus Halle als Feldarzt nach Rußland ging, Ehrenmitglied der Petersburger Akademie, später Generalstabsarzt und Professor am Hospital wurde.

MEUSCHEN, Johann Gerhard 8. 11. 1719

Oberhofprediger und Generalsuperintendent in Hanau, dann in Coburg, geb. Osnabrück 4. 5. 1680, gest. Coburg 15. 12. 1743.

LANGHANSEN, Christoph 29. 11. 1719

Professor der Mathematik und Theologie in Königsberg, geb. Königsberg i. Pr. 9. 11. 1691, gest. Königsberg 14. 3. 1770.

RAST, Georg Heinrich 29. 11. 1719

Professor der Mathematik in Königsberg, geb. Königsberg i. Pr. 7. 8. 1695, gest. Königsberg 29. 1. 1726.

STIEF, Christian 28. 12. 1719

Rektor des Magdalenen-Gymnasiums, dann des Elisabeth-Gymnasiums und Inspektor der evangel. Schulen in Breslau, geb. Liegnitz 14. 1. 1675, gest. Breslau 8. 6. 1751.

WAGNER, Johann Wilhelm 1720

Professor der Mathematik am Gymnasium in Hildburghausen (anwesendes Mitglied seit 1716 und wieder seit 1727, s. OM).

GOHL, Johann Daniel 1721

Kreisphysicus in Wriezen (anwesendes Mitglied seit 1711, s. OM).

HEUBEL, Johann Heinrich 12. 2. 1721

Professor des Natur- und Völkerrechts in Kiel, geb. Magdeburg um 1695, gest. Hamburg 1758, begr. 6. 12.

DITHMAR, Justus Christoph 12. 2. 1721

Professor der Geschichte in Frankfurt a. d. Oder, geb. Rotenburg a. d. Fulda 13. 3. 1677, gest. Frankfurt a. d. Oder 13. 3. 1737.

JABLONSKI, Paul Ernst 10. 7. 1721

Professor der Theologie in Frankfurt a. d. Oder, geb. Berlin 28. 12. 1693, Sohn des Mitglieds und Präsidenten Daniel Ernst J., gest. Frankfurt a. d. Oder 14. 9. 1757.

HERTENSTEIN, Johann Heinrich 12. 11. 1721

Professor der Mathematik in Straßburg, geb. Straßburg 3. 12. 1676, gest. Straßburg 16. 3. 1741.

THÜMMIG (THUMMIGIUS), Ludwig Philipp 12. 11. 1721

Professor der Philosophie in Halle, dann der Astronomie und Mathematik am Carolinum in Kassel, geb. Helmbrechts bei Kulmbach 12. 5. 1697, gest. Kassel 15. 4. 1728.

SOLBRIG, David 10. 12. 1721

Pastor und Inspektor in Seehausen (Altmark), geb. Raschau i. Erzgeb. 1658, gt. 14. 11. (u), gest. Seehausen 27. 1. 1730 (u).

REIN(H)OLD, Bernhard Heinrich 30. 3. 1722

Professor der Rechte in Frankfurt a. d. Oder, geb. Olphen (Westfalen) 9. 1. 1677, gest. Frankfurt a. d. Oder 22. 5. 1726.

BEL(IUS), Matthias 5. 11. 1722

Pastor und Rektor in Preßburg, geb. Neusohl 24. 3. 1684, gest. Preßburg 29. 8. 1749.

PITSCHMANN, Christian Gottlob 5. 11. 1722

Subrektor des Gymnasiums in Zittau, Archidiakonus, geb. Taubenheim (Sachsen) 24. 6. 1683, gest. Zittau 10. 7. 1746 (u).

STOSCH, Ferdinand 5. 11. 1722

Hofprediger und reform. Garnisonprediger in Potsdam, geb. Berlin 29. 6. 1688, gest. Potsdam 10. 12. 1727.

JUSSIEU, Antoine DE 1723

Professor der Botanik in Paris, geb. Lyon 6. 7. 1686, gest. Paris 22. 4. 1758.

WOOLHOUSE, John Thomas 1723

Augenarzt in Paris und London, geb. um 1650, gest. in England 15. 1. 1734.

ROST, Johann Leonhard 3. 2. 1723

Astronom in Nürnberg, geb Nürnberg 14. 2. 1688, gest. Nürnberg 27. 3. 1727.

BORETIUS, Matthias Ernst 9. 6. 1723

Professor der Medizin, Leibarzt und Stadtphysicus in Königsberg, geb. Lötzen (Ostpr.) 18. 5. 1694, gest. Königsberg i. Pr. 4. 10. 1738.

LIEBEZEIT, Georg Sigismund 9. 6. 1723

Stadtphysicus in Oedenburg, geb. Oedenburg 3. 11. 1690, gest. Oedenburg Dez. 1739.

SELSCHOP, Samuel 9. 6. 1723

Dr. med., Arzt in Halberstadt, geb. Havelberg 12. 8. 1690, gest. Halberstadt 22. 1. 1743 (u).

FÄSCH, Johann Rudolf 2. 9. 1723

kursächs. Ingenieur-Oberst und Architekt, geb. Basel 6. 4. 1680, gest. Dresden 1. 11. 1749.

WINSLOW (WINSLÖ), Jakob Benignus 2. 9. 1723

Professor der Chirurgie in Paris, geb. Odense (Dänemark) 17. 4. 1669, gest. Paris 3. 4. 1760.

JUNIUS, Ulrich 22. 9. 1723

Professor der Mathematik in Leipzig, geb. Ulm 17. 10. 1670, gest. Leipzig 20. 3. 1726.

SCHOETTGEN(IUS), Christian 30. 9. 1723

Rektor des Gymnasiums in Stargard, dann der Kreuzschule in Dresden, geb. Wurzen 14. 3. 1687, gest. Dresden 15. 12. 1751.

DELISLE, Guillaume 3. 11. 1723

kgl. Geograph in Paris, geb. Paris 28. 2. 1675, gest. Paris 25. 1. 1726[1]).

MARPERGER, Paul Jakob 1724

in Dresden (anwesendes Mitglied seit 1708, s. OM).

SCHEURER, Samuel 5. 1. 1724

Professor der Theologie in Bern, geb. Röthenbach (Kt. Bern) 1685, gt. 25. 8. (u), gest. Bern 20. 9. 1747 (u).

GRILLO, Johann David 24. 2. 1724

Professor der Theologie und Philologie in Frankfurt a. d. Oder, geb. (Halberstadt) 1689, gest. Frankfurt a. d. Oder 14. 5. 1766 (u).

CONSETT, Thomas 17. 5. 1724

Minister der anglikan. Gemeinde in Petersburg bis 1727, Kaplan im Fort St. George in Ost-Indien, gest. Fort St. George 21. 7. 1730.

HAUBER, Eberhard David 2. 8. 1724

Superintendent in Stadthagen, dann Pastor der Petrikirche in Kopenhagen, geb. Hohenhaslach (Württ.) 29. 5. 1695, gest. Kopenhagen 15. 2. 1765.

HIEMER, Eberhard Friedrich 2. 8. 1724

württemberg. Hofprediger, Prälat zu Hirsau, geb. Hechingen 24. 5. 1682, gest. Hirsau 5. 3. 1727.

HOLTZENDORFF, Ernst Konrad 16. 11. 1724

Generalchirurg der preuß. Armee (s. OM 1724).

---

[1]) In den Adreßkalendern seit 1726 wird der jüngere Bruder Joseph-Nicolas DELISLE (geb. Paris 4. 4. 1686, gest. Paris 11. 9. 1768), Professor d. Astronomie in Petersburg, dann Geograph d. französischen Marine und Professor d. Mathematik am Collège de France in Paris, als Mitglied geführt, ohne daß die Protokolle den Zeitpunkt seiner Wahl erkennen lassen.

JAQUEMIN, Ludwig Julius 20. 12. 1724

Hof- und Garnisonarzt in Potsdam, Kreisphysicus der Zauche, 1735—1741 Hofmedicus in Petersburg.

HENRICI, Heinrich 1725

Dr. med., Leibarzt in Dessau, anwesendes Mitglied seit 1714, Direktor (s. OM 1714).

TEICHMEIER, Hermann Friedrich 3. 1. 1725

Professor der Medizin in Jena, geb. Minden i. W. 30. 4. 1685, gest. Jena 5. 2. 1746.

HOLTZE (HOLCE), Joachim 30. 5. 1725

Pastor und Propst zu Bublitz (Pomm.), geb. Stramehl (Pomm.) 1683, gest. Bublitz 16. 2. 1742.

HERMANN, Leonhard David 20. 6. 1725

Pastor zu Massel (Schlesien), geb. Massel 27. 6. 1670, gest. Massel 1. 5. 1736.

HAVIGHORST, Johann 27. 7. 1725

Professor der Beredsamkeit, Poesie und Theologie am Gymnasium in Bremen, geb. Bremen 25. 5. 1674, gest. Bremen 1. 1. 1732.

LUPICHIUS, Sigismund 12. 9. 1725

Hofprediger des Erbprinzen v. Württemberg, Pfarrer in Ins bei Bern, geb. Spiez (Kt. Bern) 18. 1. 1680 (u), gest. Ins im Mai 1748 (u).

HENKEL, Johann Friedrich 6. 2. 1726

Bergrat, Stadt- und Landphysicus in Freiberg, geb. Freiberg 11. 8. 1679, gest. Freiberg 26. 1. 1744.

SCHWALBE, Georg Christian 6. 2. 1726

Dr. med., Leibarzt in Quedlinburg, geb. Quedlinburg 25. 2. 1691, gest. Quedlinburg 15. 8. 1761.

SALOMON, Johann Andreas 6. 2. 1726

Dr. med., Arzt in Danzig, geb. Konitz (Westpr.) 16. 12. 1675, gest. Danzig 25. 11. 1746.

GOEBEL, Johann Wilhelm v. 13. 2. 1726

Professor der Rechte in Helmstedt, geb. Höxter 25. 3. 1683, gest. Helmstedt 6. 3. 1745.

ISELIN, Johann Rudolf 13. 2. 1726

Dr. der Rechte, Vorsteher des Collegium alumnorum, dann Professor der Rechte in Basel, geb. Basel 20. 6. 1705, gest. Basel 3. 3. 1779.

ALBERTI, Michael 19. 6. 1726

Professor der Medizin in Halle, geb. Nürnberg 13. 11. 1682, gest. Halle 17. 5. 1757.

DOEDERLEIN, Johann Alexander 19. 6. 1726

Rektor in Weißenburg a. Sand, geb. Weißenburg a. Sand 11. 2. 1675, gest. Weißenburg a. Sand 23. 10. 1745.

HOFFMANN, Christian Gottfried 19. 6. 1726

Professor der Rechte in Frankfurt a. d. Oder, geb. Lauban 8. 11. 1692, gest. Frankfurt a. d. Oder 1. 9. 1735.

HOHEISEL, Daniel Friedrich 19. 6. 1726

Professor der Philosophie in Halle, geb. Danzig (10. 10. 1693), gest. Halle 19. 5. 1732 (u).

HORN, Johann Gottlob 19. 6. 1726

kursächs. Historiograph, geb. Pulsnitz 17. 12. 1680 (u), gest. Moritzburg 13. 10. 1754.

KOE(H)LER, Johann David 19. 6. 1726

Professor der Geschichte in Altdorf, dann in Göttingen, geb. Colditz (Sachsen) 18. 1. 1684 (u), gest. Göttingen 10. 3. 1755.

LEHMANN, Peter *Ambrosius* 19. 6. 1726

sächs.-polnischer Legationsrat in Hamburg, Historiker, Genealoge, Bibliograph, geb. Döbeln 1666, gt. 20. 12. (u), gest. Hamburg 31. 10. 1729.

MENCKE(N), Johann Burchard 19. 6. 1726

Professor der Rechte in Leipzig, geb. Leipzig 27. 3. 1675, gest. Leipzig 1. 4. 1732.

SPENER, Jakob Karl 19. 6. 1726

Professor der Rechte in Wittenberg, geb. Frankfurt a. Main 1. 2. 1684, gest. Wittenberg 12. 6. 1730.

BÉLIDOR, Bernard FORREST DE 17. 7. 1726

Professor der Mathematik an der Artillerieschule zu La Fère, Inspektor des Arsenals und des Mineurkorps in Paris, geb. in Katalonien um 1693, gest. Paris 8. 9. 1761.

SAHME, Arnold Heinrich 17. 7. 1726

Archidiakonus an der Altstädt. und Löbenicht-Kirche in Königsberg, geb. Königsberg i. Pr. 11. 6. 1676, gest. Königsberg i. Pr. 26. 4. 1734.

SCHENDO VAN DER BECH, Michael 17. 7. 1726

Dr. med., Oberarzt am Landhospital in Petersburg, geb. in Mazedonien, gest. um 1736.

WESTPHAL, Andreas 5. 9. 1726

Professor der Moral, Poesie, Eloquenz und Geschichte in Greifswald, geb. Anklam 1684, gt. 10. 10. (u), gest. Greifswald 23. 4. 1747.

WOCKENIUS, Franz 3. 10. 1726

Professor der Philosophie in Leipzig, dann der oriental. Sprachen in Wittenberg, geb. Ravin (Pomm.) 1685, gest. Wittenberg 18. 2. 1734.

HAUSEN, Christian August 27. 11. 1726

Professor der Mathematik in Leipzig, geb. Dresden 19. 6. 1693, gest. Leipzig 2. 5. 1743.

HERMANN, Johann Christoph 27. 11. 1726

Professor der Mathematik in Frankfurt a. d. Oder, geb. Königsberg i. Pr. . . . . ., gest. Frankfurt a. d. Oder 28. 3. 1733 (u).

EGENOLFF, Johann August 6. 3. 1727

Konrektor des Gymnasiums in Grimma, geb. Dresden 22. 2. 1683, gest. . . . . . 1729.

STOCKHAUSEN, Friedrich Wilhelm 6. 3. 1727

Dr. med., Stadtphysikus in Magdeburg, geb. Magdeburg um 1702, gest. Magdeburg um 1759.

BRUCKMANN (BRÜCKMANN), Franz Ernst 7. 5. 1727

Dr. med., Arzt in Braunschweig, geb. Marienthal bei Helmstedt 27. 9. 1697, gest. Wolfenbüttel 21. 3. 1753.

ROST, Johann Karl 17. 7. 1727

Dr. med., Stadtphysikus und Mathematiker in Nürnberg, geb. Nürnberg 24. 11. 1690, gest. Nürnberg 29. 9. 1731.

CHARISIUS, Christian Ludwig 10. 3. 1728

Professor der Medizin und Leibarzt in Königsberg, geb. Königsberg i. Pr. 21. 2. 1692, gest. Königsberg i. Pr. 24. 1. 1741.

VATER, Abraham 10. 3. 1728

Professor der Anatomie in Wittenberg, geb. Wittenberg 9. 12. 1684, gest. Wittenberg 18. 11. 1751.

MÜLLER, Johann Heinrich 5. 5. 1728

Professor der Mathematik in Altdorf, geb. Nürnberg 15. 1. 1671, gest. Altdorf 5. 3. 1731.

HEIMREICH, Ernst Friedrich Justus, 1737 Palatinatsadel als EDLER V. HEIMENTHAL 13. 7. 1728
Stadtphysikus in Schalkau (Thür.), coburg. und meiningenscher Hofarzt, Hofpfalzgraf, seit 1735 in Wien, geb. Coburg 29. 8. 1701, gest. um 1760.

CLAIRAUT, Jean Baptiste 21. 7. 1728
Professor der Mathematik in Paris, geb. . . . . ., gest. n. 11. 9. 1767.

COSCHWITZ, Georg Daniel 21. 7. 1728
Professor der Medizin in Halle, geb. Konitz (Westpr.) 18. 2. 1679, gest. Halle 8. 5. 1729.

KÖNIG, Johann Ulrich 21. 7. 1728
kursächs. Geheimsekretär u. Hofpoet, geb. Eßlingen 8. 10. 1688, gest. Dresden 14. 3. 1744.

MARCELLO, Alessandro Alvise 12. 1. 1729
Dr. med., Arzt in Venedig, geb. Venedig 24. 8. 1669, gest. Venedig 19. 6. 1747 (u).

RAU, Johann Eberhard 12. 1. 1729
Professor der Theologie und der oriental. Sprachen in Herborn, geb. Altenbach bei Hilchenbach 16. 7. 1695, gest. Herborn 24. 5. 1770 (u).

TREUER, Gottlieb Samuel 6. 4. 1729
Professor der Geschichte, Moral und Politik in Helmstedt, dann in Göttingen, geb. Jakobsdorf (Mark) 24. 12. 1683, gest, Göttingen 25. 2. 1743.

CRAMER, Melchior Konrad 15. 6. 1729
ansbach. Leibarzt und Geh. Rat, geb. Ansbach 18. 8. 1672, gest. Ansbach 28. 8. 1760.

REUSSE, Johann Hermann 5. 10. 1729
Lehns- und Regierungssekretär in Magdeburg, geb. (Harderode bei Holzminden) um 1680, gest. . . . . .

SALZMANN, Johann 5. 10. 1729
Professor der Anatomie, Pathologie und Chirurgie in Straßburg, geb. Straßburg 29. 6. 1679, gest. Straßburg 4. 2. 1738.

SCHUL(T)ZE, Johann Heinrich 5. 10. 1729
Professor der Medizin, der griech. und arab. Sprache in Altdorf und Halle, geb. Colbitz (Hzm. Magdeburg) 12. 5. 1687, gest. Halle 10. 10. 1744.

WALTHER, Samuel 5. 10. 1729
Rektor des Stadtgymnasiums in Magdeburg, geb. Wegenstedt (Altmark) 18. 2. 1679, gest. Magdeburg 10. 3. 1754.

GOTTSCHED, Johann Christoph 8. 12. 1729
Professor der Poesie, Logik und Metaphysik in Leipzig, geb. Judittenkirch (Ostpr.) 2. 2. 1700, gest. Leipzig 12. 12. 1766.

BAYER, Gottlieb Siegfried 1. 2. 1730
Professor der griech. und röm. Altertümer an der Akademie der Wissenschaften in Petersburg, geb. Königsberg i. Pr. 6. 1. 1694, gest. St. Petersburg 10./21. 2. 1738.

FISCHER, Kaspar 14. 6. 1730
Dr. med., coburg-saalfeldischer Leibarzt, geb. Gera 1719, gest. Coburg 23. 9. 1787 (u).

MICHAELIS, Christian Bendikt 14. 6. 1730
Professor der Theologie, der griech. und oriental. Sprachen in Halle, geb. Ellrich a. Harz 26. 1. 1680, gest. Halle 22. 2. 1764.

WEIDLER, Johann Friedrich 14. 6. 1730
Professor der Mathematik in Wittenberg, Astronom und Physiker, geb. Neuhausen (Thür.) 23. 4. 1691, gest. Wittenberg 30. 11. 1755.

SCHWARZ, Christian Gottlieb 19. 7. 1730
Professor der Geschichte, Eloquenz, Poesie und Moralphilosophie in Altdorf, geb. Leisnig (Sachsen) 4. 9. 1675, gest. Altdorf 24. 2. 1751.

ZELTNER, Gustav Georg 19. 7. 1730

Professor der Theologie in Altdorf, geb. Hiltpoltstein 16./17. 9. 1672, gest. Poppenreuth bei Fürth 20. 7. 1738.

FALCKENSTEIN, Johann Heinrich v. 1731

ansbach. Hofrat und Historiograph in Schwabach, geb. 6. 10. 1682, gest. Schwabach 3. 2. 1760.

LOTTER, Johann Georg 1731

Magister in Leipzig, dann Professor der Eloquenz, der griech. und röm. Altertümer in der Akademie der Wissenschaften in Petersburg, geb. Augsburg 25. 3. 1712, gest. St. Petersburg 1./12. 4. 1737.

SIEVERS, Heinrich Jakob 1731

Theologe in Lübeck, Pastor in Norrköping (Schweden), Poeta laureatus, geb. Lübeck 8. 4. 1708, gest. Linköping 8. 8. 1758.

ROUSSET DE MISSY, Jean 14. 3. 1731

Historiker, geb. Laon 26. 8. 1686, gest. Brüssel 1762.

BOURGUET, Louis 13. 6. 1731

Professor der Philosophie und Mathematik in Neuchâtel, geb. Nîmes 23. 4. 1678, gest. Neuchâtel 31. 12. 1742.

PERLITZI (PERLICIUS), Johann Daniel 13. 6. 1731

Dr. med., Stadtarzt in Schemnitz, dann Komitatsarzt in Losoncz (Ungarn), geb. Käsmark 20. 10. 1705, gest. Apathfalva 7. 4. 1778.

SEMLER, Christoph 13. 6. 1731

Archidiakonus an der Ulrichskirche in Halle, geb. Halle 2. 3. 1669, gest. Halle 9. 3. 1740 (u).

BRUCKER, Jakob 5. 9. 1731

Pfarrer in Augsburg, geb. Augsburg 22. 1. 1696, gest. Augsburg 26. 11. 1770.

LÖW, Karl Friedrich 31. 10. 1731

Dr. med., Arzt in Wien und Oedenburg, geb. Oedenburg 20. (22.) 3. 1699, gest. Oedenburg 4. (6.) 11. 1741.

GERICKE, Peter 4. 12. 1731

Professor der Anatomie, Pharmazie und Chemie in Helmstedt, geb. Stendal 4. 4. 1693, gest. Helmstedt 8. 10. 1750.

HOCKER, Johann Ludwig 4. 12. 1731

Professor am Gymnasium Illustre in Heilsbronn, ansbach. Hofprediger, geb. Leutersheim bei Ansbach 10. 8. 1670, gest. Heilsbronn 16. 4. 1746.

SUPERVILLE, Daniel v. 4. 12. 1731

Professor am Gymnasium in Stettin, dann bayreuth. Wirkl. Geh. Rat und Kanzler der Universität Erlangen, geb. Rotterdam 2. 12. 1696, gest. Rotterdam 16. 11. 1773.

BOCK, Johann Georg 1732

Professor der Poesie in Königsberg, geb. Königsberg i. Pr. 12. 5. 1698, gest. Königsberg 7. 7. 1762.

SCHILLING, Johann Jakob 1732

Professor der Philosophie und Mathematik in Duisburg, geb. Kleve 25. 4. 1702, gest. Duisburg 13. 12. 1779 (u).

TEUBER, Christian Andreas 1732

Pastor in Klein-Dedeleben, Konsistorialrat und Inspektor, geb. Neuruppin 23. 9. 1697, gest. Dedeleben bei Halberstadt 29. 6. 1755 (u).

ZUMBACH V. KOESFELD, Konrad 1732

Dr. med., Stadtarzt in Leiden, geb. Leiden 31. 5. 1697, Sohn des Mitglieds Lothar Z. v. K., gest. Leiden 15. 4. 1780.

LANGE, Johann Joachim 5. 3. 1732

Professor der Mathematik in Halle, geb. Berlin 1699, gt. 25. 5. (u), gest. Halle 18. 8. 1765.

GEELHAUSEN, Johann Jakob 12. 6. 1732

Professor der Medizin in Prag, geb. Altenkirchen (Westerwald) 25. 8. 1692, gest. Prag 16. 2. 1737.

KRANTZ (CRANTZ), Gottlob 1733

Rektor und Professor am Elisabeth-Gymnasium und Inspektor der evangel. Schulen in Breslau, geb. Hansdorf (Oberlausitz) 24. 2. 1660, gest. Breslau 25. 12. 1733.

STÜBNER, Friedrich Wilhelm 17. 6. 1733

Magister in Leipzig, geb. Bayreuth 17. 1. 1710, gest. Müncheberg (Vogtl.) 22. 8. 1736.

SEIP, Johann Philipp 7. 10. 1733

Dr. med., waldeck. Hof- und Leibarzt in Pyrmont, geb. Pyrmont 28. 11. 1686 (u), gest. Pyrmont 31. 5. 1757.

CELSIUS, Anders 10. 2. 1734

Professor der Astronomie in Uppsala, geb. Uppsala 27. 11. 1701, gest. Uppsala 25. 4. 1744.

SCHÜBLER, Johann Jakob 10. 2. 1734

Mathamatiker und Architekt in Nürnberg, geb. Nürnberg 1689, gt. 21. 2., gest. Nürnberg 11. 9. 1742.

WEICHMANN, Christian Friedrich 10. 3. 1734

braunschweig. Hof- und Konsistorialrat in Wolfenbüttel, geb. Harburg 24. 8. 1698, gest. Wolfenbüttel 4. 8. 1770 (u).

LUISCIUS, Abraham Georg 24. 6. 1734

Geh. Regierungsrat in Kleve, preuß. Resident im Haag, Lexikograph, geb. Xanten (vor 1693), gest. . . . . .

VOLBRECHT, Johann Christoph 8. 9. 1734

Bibliothekar der Wallenrod-Bibliothek in Königsberg, geb. Goslar 30. 7. 1686, gest. Bönkeim (Ostpr.) 8. 10. 1753.

MENCKE, Friedrich Otto 18. 10. 1734

sächs.-polnischer Hof- und Justizrat, Ratsherr in Leipzig, geb. Leipzig 3. 8. 1708, gest. Leipzig 14. 3. 1754.

POLACK, Johann Friedrich 1735

Professor der Mathematik, der Rechte und der Kameralwissenschaften in Frankfurt a. d. Oder, geb. Bernstadt (Oberlausitz) 25. 11. 1700, gest. Frankfurt a. d. Oder 22. 4. 1771.

WINTHER, Johann Nikolaus 1735

Pastor der evang.-luth. Alten Gemeinde in Moskau, geb. Odense (Dänemark) 1702, gest. Moskau 28. 1./8. 2. 1746.

BARATIER, Johann Philipp 31. 3. 1735

Historiker und Mathematiker, geb. Schwabach 19. 1. 1721, gest. Halle 5. 10. 1740.

RAPPOLT, Karl Heinrich 31. 3. 1735

Professor der Philosophie in Königsberg, Physiker, geb. Fischhausen (Ostpr.) 17. 6. 1702, gest. Königsberg i. Pr. 23. 10. 1753.

MAUPERTUIS, Pierre-Louis MOREAU DE 23. 6. 1735

Mathematiker und Philosoph in Paris; seit 1746 Präsident der Akademie (s. d.).

KULMUS, Johann Adam 23. 8. 1735

Dr. med., Professor und Stadtphysikus in Danzig, geb. Breslau 18. 3. 1689, gest. Danzig 30. 5. 1745.

MOIVRE, Abraham DE 23. 8. 1735

Geometer in London, geb. Vitry (Champagne) 26. 5. 1667, gest. London 27. 11. 1754.

ADELBURNER, Michael 15. 9. 1735

Mathematiker in Nürnberg, Professor in Altdorf, geb. Nürnberg 3. 2. 1702, gest. Altdorf 21. (19.) 7. 1779.

SCHLEGEL, August Christian 15. 6. 1736

fürstl. Oettingenscher Landeshauptmann.

GERDES, Daniel 8. 8. 1736

Professor der Theologie in Duisburg und Groningen, geb. Bremen 9. 4. 1698, gest. Groningen 11. 2. 1765.

LULOFS, Johann 8. 8. 1736

Professor der Astronomie in Leiden, geb. Zutphen 5. 8. 1711, gest. Leiden 4. 11. 1768.

TIMMERMANN, Johann Arnold 8. 8. 1736

Professor der Medizin in Duisburg, geb. Homberg a. Rhein 17. 8. 1693, gest. Duisburg 24. 11. 1742.

SCHMIDT, Samuel Heinrich 1737

preuß. Kriegsrat und braunschweig. Hofrat, Numismatiker, anwesendes Mitglied seit 1735 (s. OM), hat vermutlich 1737 Berlin verlassen.

HARENBERG, Johann Christoph 19. 3. 1738

Professor am Carolinum in Braunschweig, Generalephorus der Schulen im Herzogtum, Propst zu St. Lorenz, Historiker und Orientalist, geb. Langenholzen (Hannover) 28. 4. 1696, gest. St. Lorenz bei Schöningen 12. 11. 1774.

LUDOVICI, Karl Günther 19. 3. 1738

Professor der Philosophie in Leipzig, geb. Leipzig 7. 8. 1707, gest. Leipzig 5. 7. 1778.

STEINWEHR, Wolf Balthasar Adolf v. 19. 3. 1738

Professor der Philosophie in Göttingen, der Geschichte in Frankfurt a. d. Oder, geb. Deez (Neumark) 9. 8. 1704, gest. Frankfurt a. d. Oder 4. 4. 1771.

BÜCHNER, Andreas Elias 29. 10. 1738

Professor der Medizin in Erfurt und Halle, Präsident der Leopoldin.-Carolin. Akademie der Naturforscher, geb. Erfurt 9. 4. 1701, gest. Halle 29. (30.) 7. 1769.

STUSS, Johann Heinrich 29. 10. 1738

Rektor des Gymnasiums in Gotha, Historiker, geb. Grohnde (Hannover) 20. 6. 1686, gest. Gotha 6. 5. 1775.

RINK, Eucharius Gottlieb 15. 7. 1739

Professor der Rechte in Altdorf, geb. Stötteritz bei Leipzig 11. 8. 1670, gest. Altdorf 9. 2. 1745.

CARPOW, Jakob 16. 9. 1739

Rektor des Gymnasiums in Weimar, geb. Goslar 29. 9. 1699, gest. Weimar 9. 6. 1768.

MAUCLERC, Paul Emile DE 11. 11. 1739

Prediger der Französischen Gemeinde in Stettin, geb. Paris 30. 7. 1698, gest. Stettin 11. 9. 1742.

CNOLL (KNOLL), Samuel Benjamin 31. 8. 1740

Dr. med. in Halle, Missionsarzt in Tranquebar (Indien), geb. Öls (10. 8. 1705), gest. Tranquebar 26. 3. 1767 (u).

ULHOORN, Hendrik 31. 1. 1740

Chirurg, Lektor der Anatomie und Chirurgie in Amsterdam, geb. Leiden 1692, gest. Amsterdam 1749.

GESNER, Johann Matthias 14. 12. 1740

Professor der Poesie und Eloquenz in Göttingen, geb. Roth bei Nürnberg 9. 4. 1691, gest. Göttingen 3. 8. 1761.

DUMOLARD, Charles 8. 2. 1741

Schriftsteller in Paris, geb. Paris 22. 7. 1709, gest. Paris 26. 5. 1772.

FOURMONT, Etienne 8. 2. 1741

Professor der arabischen Sprache in Paris, geb. Herbelay bei Paris 23. 6. 1683, gest. Paris 19. 12. 1745.

VERBRUGGE, Otto 8. 2. 1741

Professor der Theologie in Groningen, geb. den Haag 1670, gt. 14. 12. (u), gest. Groningen 25. 9. 1745.

KLEIN, Jakob Theodor 19. 4. 1741

Stadtschreiber in Danzig, geb. Königsberg i. Pr. 15. 8. 1685, gest. Danzig 27. 2. 1759.

RÉAUMUR, René-Antoine FERCHAULT DE 19. 1. 1742

Physiker in Paris, geb. La Rochelle 28. 2. 1683, gest. Bermondière (Maine) 17. 10. 1757.

DIE AUSWÄRTIGEN MITGLIEDER

1744—1812

LESSER, Friedrich Christian — 24. 1. 1744
Pastor und Inspektor des Waisenhauses in Nordhausen, geb. Nordhausen 12. 5. 1692, gest. Nordhausen 17. 9. 1754.

CLAIRAUT, Alexis-Claude — 13. 2. 1744
Professor der Mathematik in Paris, geb. Paris 7. 5. 1713, gest. Paris 17. 5. 1765.

IKEN, Konrad — 29. 1. 1745
Oberpastor an der Stephanikirche, Professor und Rektor des Gymnasiums in Bremen, geb. Bremen 25. 12. 1689, gest. Bremen 30. 6. 1753.

KRAFFT, Georg Wolfgang — 29. 1. 1745
Professor der Mathematik in Tübingen, geb. Tuttlingen 15. 7. 1701, gest. Tübingen 18. 7. 1754 (u).

LE MONNIER, Pierre-Charles — 29. 1. 1745
Astronom in Paris, geb. Paris 23. 11. 1715, gest. Hérils (Calvados) 3. 4. 1799.

WALTZ, Johann Theophil — 29. 1. 1745
Mathematiker in Dresden, geb. Albershausen (Württ.) Okt. 1713 (u), gest. Leipzig 17. 7. 1747.

WERNSDORFF, Gottlieb — 29. 1. 1745
Professor am Gymnasium in Danzig, geb. Wittenberg 8. 8. 1717, gest. Danzig 22. 1. 1774.

BUFFON, Georges-Louis LECLERC, Comte DE — 3. 2. 1746
Intendant des Jardin du Roi, Naturforscher in Paris, geb. Montbard (Bourgogne) 7. 9. 1707, gest. Paris 16. 4. 1788.

KRÜGER, Johann Gottlob — 3. 2. 1746
Professor der Medizin in Halle und Helmstedt, geb. Halle 15. 7. 1715, gest. Braunschweig 6. 10. 1759.

TREW, Christoph Jakob — 3. 2. 1746
Dr. med., Stadtphysikus in Nürnberg, geb. Lauf bei Nürnberg 26. 4. 1695, gest. Nürnberg 18. 7. 1768.

WAITZ, Freiherr v. ESCHEN, Jakob Sigismund — 3. 2. 1746
Staatsminister in Kassel; seit 1775 EM (s. d.).

ALEMBERT, Jean LE ROND D' — 2. 6. 1746
Mathematiker und Philosoph in Paris, geb. Paris 16. 11. 1717, gest. Paris 29. 10. 1783.

LA CONDAMINE, Charles-Marie DE — 9. 6. 1746
Mathematiker und Naturforscher in Paris, geb. Paris 28. 1. 1701, gest. Paris 4. 2. 1774.

VOLTAIRE, François-Marie AROUET DE — 9. 6. 1746
geb. Châtenay bei Paris 20. 2. 1694 (Paris 21. 11. 1694), gest. Paris 30. 5. 1778.

BERNOULLI, Daniel — 30. 6. 1746
Professor der Anatomie, Botanik, Physik und Philosophie in Basel, geb. Groningen 9. 2. 1700, gest. Basel 17. 3. 1782.

BERNOULLI, Johann (II.) — 30. 6. 1746
Professor der Mathematik in Basel, geb. Basel 18. 5. 1710, gest. Basel 18. 7. 1790.

BOURDELIN, Louis-Claude 30. 6. 1746
Dr. med., Arzt, Professor der Chemie am Jardin du Roi, geb. Paris 18. 10. 1696, gest. Paris 13. 9. 1777.

BRADLEY, James 30. 6. 1746
kgl. Astronom in London, geb. Sherbourn (Gloucestershire) 1693, gest. Chalford 13. 7. 1762.

CASSINI, Jacques 30. 6. 1746
Astronom und Direktor der Sternwarte in Paris, geb. Paris 18. 2. 1677, gest. Thury-sous-Clermont (Beauvaisis) 15. 4. 1756.

CASSINI de Thury, César-François 30. 6. 1746
Astronom, Direktor der Sternwarte in Paris, geb. Paris 17. 6. 1714, Sohn des vorigen, gest. Paris 4. 9. 1784.

CERATI, Gaspare Conte 30. 6. 1746
Generalprovisor der Universität Pisa, geb. Parma 1690, gest. Florenz 19. 6. 1769.

DEPARCIEUX, Antoine 30. 6. 1746
Mathematiker in Paris, geb. Cessoux (Cevennen) 28. 10. 1703, gest. Paris 1. 9. 1768.

FOLKES, Martin 30. 6. 1746
Archäologe, Präsident der Royal Society in London, geb. London 29. 10. 1690, gest. London 28. 6. 1754.

GESNER, Johann Albrecht 30. 6. 1746
Dr. med., württemberg. Leibarzt in Stuttgart, geb. Auhausen a. d. Wörnitz 17. 9. 1695, gest. Stuttgart 10. 6. 1760.

HORREBOW, Peter Nielsen 30. 6. 1746
Professor der Astronomie in Kopenhagen, geb. Lögstör 14. 5. 1679, gest. Kopenhagen 15. 4. 1764.

LE MONNIER, Louis-Guillaume 30. 6. 1746
1. Leibarzt des Königs, Professor der Botanik am Jardin du Roi, geb. Paris 27. 6. 1717, gest. Montreuil bei Versailles 7. 9. 1799.

LINNÉ, Karl v. 30. 6. 1746
Professor der Botanik in Uppsala, geb. Råshult 23. 5. 1707, gest. Hammarby bei Uppsala 10. 1. 1778.

MARINONI, Giovanni Jacopo 30. 6. 1746
Astronom in Wien, geb. Udine 1676, gest. Wien 10. 1. 1755.

MONTESQUIEU, Charles DE SECONDAT, Baron DE 30. 6. 1746
geb. La Brède bei Bordeaux 18. 1. 1689, gest. Paris 10. 2. 1755.

VAN MUSSCHENBROECK, Petrus 30. 6. 1746
Professor der Mathematik in Utrecht, geb. Leiden 14. 3. 1692, gest. Leiden 19. 9. 1761.

NICOLE, François 30. 6. 1746
Mathematiker in Paris, geb. Paris 23. 12. 1683, gest. Paris 10. 1. 1758.

PEMBERTON, Henry 30. 6. 1746
Arzt in Oxford, geb. London 1694, gest. Oxford 9. 3. 1771.

SALLIER, Claude 30. 6. 1746
Abbé, königl. Bibliothekar, Professor der hebr. Sprache am Collège de France, geb. Saulieu (Bourgogne) 4. 4. 1685, gest. Paris 9. 6. 1761.

STIRLING, James 30. 6. 1746
Physiker in London, geb. St. Ninians (Stirling) 1692, gest. Leadhills (Schottl.) 5. 12. 1770.

CASTERA, Louis-Adrien DUPERRON (DU PERRON) DE 8. 12. 1746
französ. Resident in Warschau, geb. Paris 1705, gest. Paris 28. 8. 1752.

CRAMER, Gabriel 8. 12. 1746
Professor der Mathematik in Genf, geb. Genf 31. 7. 1704, gest. Bagnols bei Nîmes 4. 1. 1752.

KLEIST, Ewald Georg v. 8. 12. 1746
Präsident des Hofgerichts in Köslin, Dechant des Domkapitels zu Cammin, Physiker, geb. um 1705, gest. 11. 12. 1748.

SCHÜTZE, Eustasius Friedrich 8. 12. 1746
Pastor in Altona, geb. Hayn (Harz) 3. 4. 1688 a. St., gest. Altona 19. 3. 1758.

SEGNER, Johann Andreas v. 8. 12. 1746
Professor der Naturlehre und Mathematik in Göttingen und Halle, geb. Preßburg 9. 10. 1704, gest. Halle 5. 10. 1777.

ZIMMERMANN, Johannes Jakob 8. 12. 1746
Professor der Theologie in Zürich, geb. Zürich 10. 12. 1695, gest. Zürich 30. 11. 1756.

ARGENSON, Marc-Antoine-René DE VOYER, Marquis DE PAULMY D' 2. 2. 1747
Staatsminister, geb. Valenciennes 22. 11. 1722, gest. Paris 13. 8. 1787.

KEYSERLING, Hermann Karl Graf v. 16. 2. 1747
russ. Wirkl. Geh. Rat und Diplomat, Gesandter in Berlin, geb. Bliden (Kurland) 1696, gest. Warschau 19./30. 9. 1765.

OUTHIER, Réginald (Regnauld) 23. 3. 1747
Astronom in Bayeux, geb. La Marre-Jousserans (Franche-Comté) 16. 8. 1694, gest. Bayeux 12. 4. 1774.

MONCRIF, François-Augustin PARADIS DE 4. 5. 1747
Vorleser der Königin, Mitglied der Académie Française, geb. Paris 1687, gest. Paris 19. 11. 1770.

FONTAINE, Alexis 2. 11. 1747
Mathematiker in Paris, geb. Claveyson (Dauphiné) 13. 8. 1704, gest. Cuiseaux (Bourgogne) 21. 8. 1771.

GRESSET, Jean-Baptiste-Louis 2. 11. 1747
Schriftsteller, Mitglied der Académie Française, geb. Amiens 29. 8. 1709, gest. Amiens 16. 6. 1777.

PERARD, Jacques DE 21. 12. 1747
Hofprediger in Stettin, geb. Paris 29. 5. 1713, gest. Stettin 29. 6. 1766.

MAFFEI, Scipio Marchese 27. 6. 1748
Schriftsteller und Archäologe in Verona, geb. Verona 1. 6. 1675, gest. Verona 11. 2. 1755.

QUERINI, Angelo Maria (bürgerl.: Girolamo) 27. 6. 1748
Kardinal, Bischof von Brescia, geb. Venedig 30. 3. 1680, gest. Brescia 6. 1. 1759.

BAUMGARTEN, Siegmund Jakob 4. 7. 1748
Professor der Theologie in Halle, geb. Wolmirstedt 14. 3. 1706, gest. Halle 4. 7. 1757.

HEDLINGER, Johann Karl 4. 7. 1748
Medailleur, ehem. Direktor der Münze und Hofintendant in Stockholm, in Schwyz, geb. Schwyz 28. 3. 1691, gest. Schwyz 14. 3. 1771.

MORTIMER, Cromwell 12. 9. 1748
Arzt in London, Sekretär der Royal Society, gest. London 7. 1. 1752.

ZALUSKI, Joseph Andreas Graf 12. 9. 1748
Krongroßreferendar von Polen, Bischof von Kiew, geb. 7. 8. 1701, gest. Warschau 9. 1. 1774.

RAZUMOVSKIJ, Kirill Grigorjevič Graf 19. 9. 1748
Generalfeldmarschall, Hetman der Ukraine, Präsident der Akademie der Wissenschaften in Petersburg, geb. Lemeši (Ukraine) 18. 3. 1728, gest. Baturin (Ukraine) 3. 1. 1803.

HÉNAULT, Charles-Jean-François 8. 5. 1749
Kammerpräsident des Parlaments von Paris, geb. Paris 8. 2. 1685, gest. Paris 24. 11. 1770.

TRUBLET, Nicolas-Charles-Joseph 8. 5. 1749
Abbé, Mitglied der Académie Française, geb. Saint-Malo Dez. 1697, gest. Saint-Malo 14. 3. 1770.

LOBKOWITZ, Ferdinand Philipp Joseph Fürst v. 28. 8. 1749
in Prag, geb. 27. 4. 1724, gest. Prag 11. 1. 1784; 1750 vorübergehend EM.

SCHAUMBURG-LIPPE, *Wilhelm* Friedrich Ernst, regierender Graf v. 28. 8. 1749
geb. London 24. 1. 1724, gest. Haus Bergleben bei Wölpinghausen 10. 9. 1777.

BIANCONI, Giovanni Luigi 4. 9. 1749
Arzt in Perugia, geb. Bologna 30. 9. 1717, gest. Perugia 1. 1. 1781.

BILFFINGER, Georg Bernhard 4. 9. 1749
Philosoph, württ. Geh. Rat, Staatsminister, Kanzler der Universität Tübingen, geb. Kannstatt 23. 1. 1693, gest. Stuttgart 18. 2. 1750.

HALLER, Albrecht v. 4. 9. 1749
Dr. med., Professor der Medizin, Anatomie, Botanik und Chirurgie in Göttingen, geb. Bern 16. 10. 1708, gest. Bern 12. 12. 1777.

JACQUIER, P. François 4. 9. 1749
Franziskaner, Professor der Mathematik am Collegio Romano, geb. Vitry-le-François (Champagne) 7. 6. 1711, gest. Rom 3. 7. 1788.

KÖNIG, Johann *Samuel* 4. 9. 1749
Professor an der Kriegsakademie in dem Haag, Rat und Bibliothekar des Erbstatthalters, Philosoph und Mathematiker, geb. Büdingen (Hessen) 1712, gt. 31. 7. (u), gest. Zuylenstein 21. 8. 1757. Er schickt im Juli 1752 sein Diplom zurück.

LE SEUR, P. Thomas 4. 9. 1749
Franziskaner, Professor der Mathematik in Rom, geb. Rethel 1. 10. 1703, gest. Rom 26. 9. 1770.

PLOUCKET (PLOUCQUET), Gottfried 4. 9. 1749
Professor der Philologie in Tübingen, geb. Stuttgart 25. 8. 1716, gest. Tübingen 13. 9. 1790.

TERRASSON, Jean 23. 10. 1749
Abbé, Professor der griech. u. latein. Philosophie am Collège de France, geb. Lyon 1670, gest. Paris 15. 9. 1750.

CONDILLAC, Etienne BONNOT DE 4. 12. 1749
Abbé, Mitglied der Académie Française, geb. Grenoble 30. 9. 1714, gest. Flux b. Beaugency 3. 8. 1780.

FONTENELLE, Bernard LE BOUYER (LE BOVIER) DE 4. 12. 1749
Sekretär der Académie des Sciences, Mathematiker und Philosoph, geb. Rouen 11. 2. 1657, gest. Paris 9. 1. 1757.

MACCLESFIELD, George PARKER, 2. Earl of 4. 12. 1749
Astronom, geb. 1697, gest. Shirburn Castle (Oxfordshire) 17. 3. 1764.

L'ECLUSE DES LOGES, Pierre-Mathurin DE 11. 12. 1749
Abbé, Pfarrer an St. Nicolas-des-Champs in Paris, geb. Falaise (Normandie) 1716, gest. Paris um 1783.

GUASCO, Comte de Clavières, Octavien DE 11. 12. 1749
Abbé, in Paris, geb. Pinerolo 1712, gest. Verona 10. 3. 1781.

KÄSTNER, Abraham Gotthelf 5. 2. 1750

Professor der Mathematik in Leipzig und Göttingen, geb. Leipzig 27. 9. 1719, gest. Göttingen 20. 6. 1800.

TRESSAN, Louis-Elisabeth DE LA VERGNE, Marquis DE 5. 2. 1750

Generalleutnant, Oberhofmarschall des Königs Stanislaus, geb. Le Mans 4. 11. 1705, gest. Paris 31. 10. 1783.

WALMESLEY, Charles 5. 2. 1750

apostol. Vikar für Westengland, Bischof von Rama, Mathematiker, geb. Westwood 13. 1. 1722, gest. Bath 25. 11. 1797.

COTHENIUS, Christian Andreas 9. 4. 1750

Dr. med., Leibarzt in Potsdam, als OM gewählt (s. d.), aber meist als AM gezählt; wird 1760 EM.

JUAN Y SANTACILIA, Don Jorge 16. 4. 1750

span. Marineoffizier in Cadix, Kommandant der Marinearsenale, Teilnehmer an der Peruanischen Gradmessung, geb. Novelda (Valencia) 5. 1. 1713, gest. Madrid 21. 6. 1773.

ULLOA, Antonio D' 16. 4. 1750

span. Admiral und Geodät, geb. Sevilla 12. 1. 1716, gest. Isla de Leon bei Cadix 5. 7. 1795.

BEVIS, John 11. 6. 1750

Arzt und Astronom in London, geb. Old Sarum (Wiltshire) 31. 10. 1695, gest. London 6. 11. 1771.

TORRES-CASTELLANOS, Juan Manuel de 26. 9. 1750

span. Diplomat, Gesandter in Berlin, Akademiker in Madrid.

RAYNAL, Guillaume-Thomas-François 29. 10. 1750

Abbé, Historiker, geb. Saint-Genicz (Rouergue) 12. 4. 1713, gest. Paris 6. 3. 1796.

BOZE, Claude GROS DE 14. 1. 1751

Archäologe, Aufseher über das Antikenkabinett, geb. Lyon 28. 1. 1680, gest. Paris 10. 9. 1753.

LANGE, Samuel Gotthold 14. 1. 1751

Pastor in Laublingen bei Alsleben (Hzm. Magdeburg), geb. Halle 22. 3. 1711, gest. Laublingen 25. 6. 1781.

MEIER, Georg Friedrich 14. 1. 1751

Professor der Philosophie in Halle, geb. Ammendorf bei Halle 29. 3. 1718, gest. Halle 21. 6. 1777.

DIDEROT, Denis 4. 3. 1751

geb. Langres 5. 10. 1713, gest. Paris 31. 7. 1784.

TOUSSAINT, François-Vincent 4. 3. 1751

in Brüssel, seit 1764 OM (s. d.).

TRONCHIN, Théodore 11. 3. 1751

Dr. med., Präsident des Ärztekollegs in Amsterdam, Professor der Medizin in Genf, dann Leibarzt des Herzogs von Orléans, geb. Genf 24. 5. 1709, gest. Paris 30. 11. 1781.

GESNER, Johann 17. 6. 1751

Professor der Mathematik und Physik in Zürich, Chorherr, geb. Zürich 28. 3. 1709, gest. Zürich 6. 5. 1790.

ALTMANN, Johann Georg 4. 11. 1751

Professor der Moral und der griech. Sprache in Bern, dann Pfarrer zu Ins, geb. Zofingen 1695, gt. 21. 4. (u), gest. Ins bei Bern 18. 3. 1758 (u).

UNGER, Johann Friedrich v. (1776) 4. 11. 1751
Bürgermeister von Einbeck, dann von Göttingen, braunschweig. Justizrat, geb. Thurau (Hann.) 25. 6. 1714, gest. Braunschweig 8. 2. 1781.

CREUTZ, Friedrich Kasimir *Karl* Freiherr v. 23. 12. 1751
hessen-homburgischer oberster Staatsrat, Schriftsteller, geb. Homburg 24. 11. 1724, gest. Homburg 6. 9. 1770.

LALANDE, Joseph-Jerôme LE FRANÇAIS DE 23. 12. 1751
Astronom, geb. Bourg (Bresse) 11. 7. 1732, gest. Paris 4. 4. 1807.

SPRINGSFELD, Gottlob Karl 23. 12. 1751
Dr. med., Arzt in Weißenfels und Karlsbad, geb. Weißenfels 25. 7. 1714, gest. Weißenfels 13. 3. 1772.

ARNAUD, François-Thomas-Marie DE BACULARD D' 1751
in Dresden, dann in Paris, 1750 OM (s. d.).

GODIN, Louis 16. 3. 1752
Astronom, Direktor der Marineschule in Cadix, geb. Paris 28. 2. 1704, gest. Cadix 11. 9. 1760.

JALLABERT, Jean 16. 3. 1752
Professor der Mathematik und Philosophie und Stadtbibliothekar in Genf, Physiker, geb. Genf 26. 7. 1712, gest. Beguin bei Genf 11. 3. 1768.

WETTSTEIN, Johann Kaspar 16. 3. 1752
Kaplan des Prince of Wales, geb. Basel 1. 2. 1695, gest. 15. 8. 1760.

DAUBENTON (D'AUBENTON), Louis-Jean-Marie 15. 6. 1752
Naturforscher, Professor der Mineralogie am Museum für Naturgeschichte in Paris, geb. Montbard (Bourgogne) 29. 5. 1716, gest. Paris 1. 1. 1800.

DUCLOS, Charles PINEAU 15. 6. 1752
Historiograph von Frankreich, ständ. Sekretär der Académie Française, geb. Dinan (Bretagne) 12. 2. 1704, gest. Paris 26. 3. 1772.

FAGNANO DEI TOSCHI, Marchese di Sant' Onorio, Giulio Cesare 15. 6. 1752
Mathematiker in Senigallia, geb. Senigallia 6. 12. 1682, gest. Pesaro 26. 9. 1766.

MONTIGNY, Etienne MIGNOT DE 15. 6. 1752
Schatzmeister von Frankreich, Ingenieur und Geometer, geb. Paris 15. 12. 1714, gest. Paris 6. 5. 1782.

WETTSTEIN, Johann Jakob 15. 6. 1752
Professor der Geschichte am Remonstrant. Kollegium in Amsterdam, geb. Basel 5. 3. 1693, gest. Amsterdam 23. 3. 1754.

BERTRAND, Jean-*Elie* 29. 6. 1752
Pfarrer in Bern, geb. Orbe (Waadt) 1713, gt. 17. 5. (u), gest. Yverdun 1797, begr. 23. 8. (u).

DESLANDES, André-François BOUREAU- 5. 10. 1752
Generalkommissar der Marine, Mechaniker und Philosoph, geb. Pondichéry (Indien) 1690, gest. Paris 11. 4. 1757.

VENTURI, Marsilio 5. 10. 1752
Leibarzt der Königin-Witwe von Spanien.

ZINN, Johann Gottfried 5. 10. 1752
Professor der Botanik in Göttingen, geb. Schwabach 4. 12. 1727, gest. Göttingen 6. 4. 1759.

BÖHMER, Philipp Adolf 19. 10. 1752
Professor der Medizin in Halle, geb. (Halle) 25. 8. 1717, gest. Halle 1. 11. 1789.

HEE, Christen 19. 10. 1752

Professor der Mathematik in Kopenhagen, geb. Sandbjerg 5. 4. 1712, gest. Kopenhagen 12. 1. 1782.

LE FEVRE, Simon Dieudonné 1752

preuß. Ingenieur-Oberstleutnant, seit 1751 OM (s. d.); wird von 1753 ab nicht mehr in der Liste geführt.

DREYHAUPT, Johann Christoph v. 10. 5. 1753

Geh. Rat, Richter in Halle, geb. Halle 20. 4. 1699, gest. Halle 13. 12. 1768.

LUDWIG, Christian Gottlieb 10. 5. 1753

Professor der Medizin in Leipzig, geb. Brieg 30. 4. 1709, gest. Leipzig 7. 5. 1773.

PRADES, Jean Martin DE 10. 5. 1753

Abbé in Potsdam, Theologe; seit 1756 EM (s. d.).

TAFINGER, Friedrich Wilhelm 10. 5. 1753

Professor der Rechte in Tübingen, geb. Tübingen 1726, gt. 2. 11. (u), gest. Tübingen 2. 6. 1777.

CAHUSAC, Louis-Joseph-Roger DE 28. 6. 1753

Schriftsteller, geb. Carcassonne 31. 1. 1699, gest. Paris 22. 6. 1759.

KURDWANOWSKI, Jan Stefan Ligenza 28. 6. 1753

Kammerherr des Königs Stanislaus in Lunéville, Physiker, geb. Radzanow (Woiw. Sandomir) 26. 12. 1680, gest. Lunéville 21. 6. 1780.

CHABERT, Joseph-Bernard Marquis DE 28. 7. 1753

Vizeadmiral, Astronom und Kartograph, geb. Toulon 28. 2. 1724, gest. Paris 1. 12. 1805.

MARSCHALL, Friedrich Wilhelm v. 1754

ehem. preuß. Legationsrat, in Rom; seit 1750 EM (s. d.).

COLLINSON, Peter 18. 7. 1754

Botaniker in London, geb. Windermere (Westmooreland) 14. 1. 1694, gest. London 11. 8. 1768.

DAINE (D'AINE), Marius-Jean-Baptiste-Nicolas 18. 7. 1754

königl. Prokurator in Paris, geb. Paris 1729/30, gest. Paris 25. 9. 1804 (u).

HOLBACH, Paul THIERRY, Baron 18. 7. 1754

Philosoph, geb. Edesheim (Pfalz) 1723, gt. 8. 12., gest. Paris 21. 6. 1789.

MORGAGNI, Giovanni Battista 18. 7. 1754

Professor der Anatomie in Padua, geb. Forli 25. 2. 1682, gest. Padua 5. 12. 1771.

HELVETIUS, Jean-Claude-Adrien 28. 8. 1754

Dr. med., Leibarzt des Königs, geb. Paris 18. 7. 1685, gest. Paris 17. 7. 1755.

LE CAT, Claude-Nicolas 28. 8. 1754

Dr. med., Chefchirurg des Hôtel-Dieu in Rouen, geb. Brérancourt (Picardie) 6. 9. 1700, gest. Rouen 20. 8. 1768.

SOLIGNAC, Pierre-Joseph DE LA PIMPIE, Chevalier DE 28. 8. 1754

Sekretär des Königs Stanislaus in Nancy, Sekretär der Akademie von Nancy, geb. Montpellier 1687, gest. Nancy 28. 2. 1773.

TURPIN DE CRISSÉ, Lancelot Comte 28. 8. 1754

Generalleutnant, Kriegshistoriker, geb. in der Beauce 1710, gest. (als Emigrant in Deutschland) 1799.

BERTRAND, Louis 18. 9. 1754

Professor der Mathematik in Genf, geb. Genf 3. 10. 1731, gest. Genf 15. 5. 1812.

COGOLLIN, Joseph CUERS, Chevalier DE 18. 9. 1754

Schriftsteller in Nancy, geb. Toulon 1702, gest. 1. 1. 1760.

KIES, Johann 18. 9. 1754

Professor der Mathematik in Tübingen, seit 1742 OM und Astronom (s. d.).

BARROS E VASCONCELLOS, José Joaquim SOARES DE 16. 1. 1755

Astronom und Schriftsteller, geb.Setubal (Portugal) 19.3.1721, gest. Lissabon 2.11.1793.

MATY, Matthew 16. 1. 1755

Arzt in London, Sekretär der Royal Society, geb. Montfort bei Utrecht 17. 5. 1718, gest. London 2. 7. 1776.

MAYER, Andreas 16. 1. 1755

Professor der Physik und Mathematik in Greifswald, geb. Augsburg 8. 6. 1716, gest. Greifswald 20. 12. 1782.

SAUVAGES DE LA CROIX, François BOISSIER DE 16. 1. 1755

Arzt, Professor der Botanik in Montpellier, geb. Alais (Languedoc) 12. 5. 1706, gest. Montpellier 19. 2. 1767.

ROBIEN, Christophe-Paul Marquis DE 20. 2. 1755

Präsident des Parlaments der Bretagne in Rennes, Sammler, geb. Robien (Bretagne) 4. 11. 1698, gest. Rennes 5. 6. 1756.

LA CAILLE, Nicolas-Louis DE 27. 2. 1755

Abbé, Astronom, Professor am Collège Mazarin, geb. Rumigny (Champagne) 15. 3. 1713, gest. Paris 21. 3. 1762.

SECONDAT, Jean-Baptiste Baron DE 17. 4. 1755

Rat am Parlament von Bordeaux, geb. Martillac (Gironde) 1716, gest. Bordeaux 17. 6. 1796.

MONTUCLA, Jean-Etienne 3. 7. 1755

Beamter der kgl. Bauten, Mathematikhistoriker in Paris, geb. Lyon 5. 9. 1725, gest. Versailles 19. 12. 1799.

RONCALLI-PAROLINO, Francesco Conte 3. 7. 1755

Präsident des Medizin. Kollegiums in Brescia, geb. Brescia 1692, gest. Brescia 1769.

CASTILLON, Jean de 4. 9. 1755

Professor der Mathematik in Utrecht, seit 1764 OM (s. d.).

RÉMONT DE SAINTE-ALBINE, Pierre 4. 9. 1755

Zensor in Paris, geb. Paris 29. 5. 1699, gest. Paris 9. 10. 1778.

PASSIONEI, Domenico 16. 10. 1755

Kardinal, geb. Fossombrone 2. 12. 1682, gest. Frascati 5. 7. 1761.

BRANDES, Karl Philipp 23. 10. 1755

Dr. med., Arzt in Berlin, seit 1760 OM (s. d.).

ROLOFF, Christian Ludwig 23. 10. 1755

Dr. med., Arzt in Berlin, seit 1760 OM (s. d.).

MACHNITZKY, Heinrich Gottlieb 20. 11. 1755

Kriegsrat an der Kriegs- und Domänenkammer in Glogau, gest. um 1758.

HUBER, Johann Jakob 1756

Astronom in Basel, 1756 zuerst OM (s. d.).

NIVERNAIS, Louis-Jules BARBON MANCINI-MAZARINI, Duc DE 8. 4. 1756

französ. Gesandter in Berlin, Staatsminister, Schriftsteller, geb. Paris 16. 12. 1716, gest. Paris 25. 2. 1798.

LAGRANGE, Joseph-Louis Comte DE 2. 9. 1756

Professor der Mathematik an der Artillerieschule in Turin, seit 1766 OM (s. d.).

SALLE, Jacques-Antoine 2. 9. 1756

Advokat und Richter in Paris, geb. Paris 4. 6. 1712, gest. Paris 14. 10. 1778.

AEPINUS, Franz Ulrich Theodosius 1757

ord. Akademiker für Physik in Petersburg, seit 1755 OM (s. d.).

BIANCHI, Giovanni 7. 9. 1758

Naturforscher in Rimini, geb. Rimini 3. 1. 1693, gest. Rimini 3. 12. 1775.

SCHÄFFER, Jakob Christian 7. 9. 1758

luth. Pastor in Regensburg, Naturforscher, geb. Querfurt 30. 5. 1718, gest. Regensburg 5. 1. 1790.

HANSELMANN, Christian Ernst 9. 11. 1758

Archivar der Fürsten von Hohenlohe, geb. Weikersheim 8. 7. 1699, gest. Öhringen 26. 8. 1776.

CARTHEUSER, Johann Friedrich 16. 11. 1758

Professor der Chemie und Materia medica, dann der Therapie und Pathologie in Frankfurt a. d. Oder, geb. Hayn (Harz) 29. 9. 1704, gest. Frankfurt a. d. Oder 22. 6. 1777.

FRISI, Paolo 16. 11. 1758

Professor der Moral und Metaphysik in Padua, Physiker, geb. Mailand 13. 4. 1728, gest. Mailand 22. 11. 1784.

LEIDENFROST, Johann Gottlob 16. 11. 1758

Professor der Medizin in Duisburg, geb. Rosperswenda (Harz) 24. 11. 1715, gest. Duisburg 2. 12. 1794.

SPIELMANN, Jakob Reinhold 16. 11. 1758

Professor der Chemie, Botanik und Medizin in Straßburg, geb. Straßburg 31. 3. 1722, gest. Straßburg 9. 9. 1783.

BAIARDI (BAIARDO), Octavio Antonio 5. 4. 1759

Prälat in Rom, Archäologe, geb. Parma um 1690, gest. um 1765.

SILBERSCHLAG, Johann Esaias 13. 3. 1760

Pastor in Magdeburg, seit 1786 OM (s. d.).

HUBER, Johann Jakob 16. 10. 1760

Dr. med., Leibarzt in Kassel, geb. Basel 11. 9. 1707, gest. Kassel 6. 7. 1778.

CALDANI, Leopoldo Marco Antonio 23. 10. 1760

Professor der Anatomie in Bologna und Padua, geb. Bologna 21. 11. 1725, gest. Padua 30. 12. 1813. Er wurde irrtümlich 1812 nochmals zum KM gewählt.

LESSING, Gotthold Ephraim 23. 10. 1760

geb. Kamenz (Sachsen) 22. 1. 1729, gest. Braunschweig 15. 2. 1781.

LYONET, Pierre 23. 10. 1760

Dolmetscher und Sekretär der Generalstaaten im Haag, Naturforscher, geb. Maastricht 22. 7. 1707, gest. den Haag 10. 1. 1789.

MACHY, Jacques-François DE 23. 10. 1760

Apotheker und Chemiker in Paris, geb. Paris 30. 8. 1728, gest. Paris 7. 7. 1803.

ZANOTTI, Eustachio 23. 10. 1760

Professor der Astronomie in Bologna, geb. Bologna 27. 11. 1709, gest. Bologna 15. 5. 1782.

ZANOTTI, Francesco Maria 23. 10. 1760

Professor der Philosophie in Bologna, geb. Bologna 6. 1. 1692, gest. Bologna 25. 12. 1777.

ZIMMERMANN, Johann Georg 23. 10. 1760

Dr. med., Stadtphysikus in Brugg in der Schweiz, dann Leibarzt in Hannover, geb. Brugg 8. 12. 1728, gest. Hannover 7. 10. 1795.

LEHMANN, Johann Gottlob 11. 6. 1761

Professor der Chemie an der Akademie der Wissenschaften in Petersburg; seit 1754 OM (s. d.).

HELVETIUS, Claude-Adrien 5. 1. 1764
Philosoph, geb. Paris im Jan. 1715, gest. Paris 26. 12. 1771.

JAUCOURT, Louis Chevalier DE 5. 1. 1764
Schriftsteller, geb. Paris 27. 9. 1704, gest. Compiègne 3. 2. 1779.

BOURGELAT, Claude 28. 6. 1764
Veterinärmediziner in Lyon, geb. Lyon 27. 3. 1712, gest. Lyon 3. 1. 1799.

EXPILLY, Jean-Joseph D' 28. 6. 1764
Abbé in Paris, geb. Saint-Rémy (Provence) 1719, gest. in Italien 1793.

WATELET, Claude-Henri 28. 6. 1764
Dichter und Zeichner, Mitglied der Académie Française, geb. Paris 1718, gest. Paris 12. 1. 1786.

EULER, Leonhard 29. 5. 1766
Professor der Mathematik an der Akademie der Wissenschaften in Petersburg; seit 1741 OM. (s. d.).

EULER, Johann Albrecht 29. 5. 1766
Professor der Physik u. ständ. Sekretär der Akademie der Wissenschaften in Petersburg; seit 1754 OM. (s. d.).

DAVILA, Don Pedro Franco 10. 9. 1767
Direktor des Naturhistor. Museums in Madrid, geb. Guyaquil (Peru) 1715, gest. Madrid 1785.

KATHARINA II., Kaiserin VON RUSSLAND 10. 9. 1767
geb. Stettin 2. 5. 1729, gest. St. Petersburg 6./17. 11. 1796.

SOZZY, Louis-François DE 14. 4. 1768
Advokat am Parlament von Paris.

ÉLIE-DE BEAUMONT, Jean-Baptiste-Jacques 28. 4. 1768
Advokat am Parlament von Paris, geb. Carentan Okt. 1732, gest. Paris 10. 1. 1786.

MESSIER, *Charles*-Joseph 9. 9. 1769
Astronom, geb. Badonviller (Lothringen) 26. 6. 1730, gest. Paris 12. 4. 1817; seit 1812 EM.

FAGNANO DEI TOSCHI, Giovanni Francesco 29. 6. 1772
Archidiakonus in Senigallia, geb. Senigallia 1715, Sohn des Mitglieds Giulio Cesare F., gest. Senigallia 1797.

REZZONICO DELLA TORRE, Antonio Giuseppe Conte 26. 8. 1773
Sekretär der Akademie der Künste in Parma, geb. Como 11. 8. 1742, gest. Neapel 23. 6. 1796.

MELANDERHJELM, Daniel MELANDER, 1778 geadelt als 31. 12. 1773
Professor der Astronomie in Uppsala, dann Sekretär der Akademie der Wissenschaften in Stockholm, geb. Stockholm 29. 10. 1726, gest. Stockholm 8. 1. 1810.

VILLOISON, Jean-Baptiste-Gaspard D'ANSSE DE 22. 7. 1774
klass. Philologe, Mitglied der Académie des inscriptions, geb. Corbeil (Isle de France) 5. 3. 1750, gest. Paris 26. 4. 1805.

SPALLANZANI, Lazaro 18. 1. 1776
Professor der Anatomie in Pavia, geb. Scandiano 12. 1. 1729, gest. Pavia 12. 2. 1799.

TOALDO, Giuseppe 7. 7. 1776
Professor der Astronomie, Geographie und Meteorologie in Padua, geb. Pianezzo bei Vicenza 11. 7. 1719, gest. Padua 11. 11. 1797.

DOMAŠNEV (DOMASCHNEW), Sergej Gerasimovič 13. 2. 1777
Direktor der Akademie der Wissenschaften in Petersburg, geb. 24. 9. 1743, gest. Moskau 29. 8. 1795.

LORGNA, Antonio Maria 20. 2. 1777

Mathematiker in Verona, geb. Cerea bei Verona 22. 10. 1735, gest. Verona 28. 5. 1796.

RAULIN, Joseph 10. 4. 1777

Dr. med., Arzt in Paris, geb. Aiguetinte bei Auch 19. 3. 1708, gest. Paris 12. 4. 1784.

CASATI, Christoforo Conte 23. 9. 1779

Historiker und Jurist in Mailand, geb. Mailand 2. 6. 1724, gest. Mailand 1804.

ROMÉ DE LISLE, Jean-Baptiste-Louis 1. 3. 1780

Kristallograph in Paris, geb. Gray (Franche-Comté) 26. 8. 1736, gest. Paris 7. 3. 1790.

BARATIER DE SAINT-AUBAN, Antoine 19. 6. 1780

Generalleutnant, geb. Viviers (Vivarais) 4. 7. 1713, gest. Paris 5. 9. 1783.

SCARPA, Antonio 22. 6. 1780

Professor der Anatomie in Pavia, geb. Motta (Friaul) 13. 6. 1747, gest. Pavia 31. 10. 1832; 1812 als AM bestätigt.

BARTHEZ, Paul-Joseph 22. 6. 1780

Professor der Medizin in Montpellier, geb. Montpellier 11. 12. 1734, gest. Montpellier 15. 10. 1806.

SELIS, Nicolas-Joseph 29. 11. 1781

Professor am Collège in Amiens, dann Professor der latein. Poesie in Paris, geb. Paris 27. 4. 1737, gest. Paris 9. 2. 1802.

LANDRIANI, Marsilio Chevalier 1. 4. 1783

Physiker, Hofmarschall des Herzogs Albert von Sachsen-Teschen in Wien, geb. Mailand 1. 10. 1751, gest. Wien 13. 3. 1815 (u); 1812 in den Listen ausgelassen.

CRELL, Lorenz (Florenz) Friedrich v. 3. 1. 1784

Professor der Philosophie und Medizin in Helmstedt, dann Professor der Chemie in Göttingen, geb. Helmstedt 21. 1. 1744, gest. Göttingen 7. 6. 1816; seit 1812 EM.

PREVOST, Pierre 1784

Physiker in Genf, seit 1780 OM (s. d.), seit 1812 EM.

RIVAROL, Antoine Comte DE 14. 7. 1785

Schriftsteller in Paris, geb. Bagnols (Languedoc) 26. 6. 1753, gest. Berlin 13. 4. 1801.

GARVE, Christian 14. 9. 1786

Philosoph in Breslau, geb. Breslau 7. 1. 1742, gest. Breslau 1. 12. 1798.

MAGELHAENS (MAGELLAN), Joao Hyacintho de 2. 11. 1786

Augustiner, Chemiker in London, geb. Lissabon 4. 11. 1722, gest. Islington bei London 7. 2. 1790.

BORN, Ignaz Edler v. 21. 11. 1786

Hofrat bei der Hofkammer für Münz- und Bergwesen in Wien, geb. Karlsburg (Siebenbürgen) 26. 12. 1742, gest. Wien 24. 7. 1791.

CONDORCET, Marie-Jean-Antoine Marquis DE 21. 11. 1786

Mathematiker, Sekretär der Académie des sciences in Paris, geb. Ribemont bei St. Quentin 17. 9. 1743, gest. Paris 28. 3. 1794; am 25. 1. 1793 von König Friedrich Wilhelm II. aus der Akademie ausgestoßen.

EBERHARD, Johann August 21. 11. 1786

Professor der Philosophie in Halle, geb. Halberstadt 31. 8. 1738, gest. Halle 5./6. 1. 1809.

FORSTER, Johann Reinhold 21. 11. 1786

Professor der Naturgeschichte in Halle, geb. Dirschau 22. 10. 1729, gest. Halle 9. 12. 1798.

HEYNE, Christian Gottlieb 21. 11. 1786

Professor der Beredsamkeit und der oriental. Sprachen in Göttingen, geb. Chemnitz 25. 9. 1729, gest. Göttingen 14. 7. 1812; 1812 als AM bestätigt.

BONNET, Charles 7. 12. 1786

Advokat in Genf, Physiker, geb. Genf 13. 3. 1720, gest. Genthod bei Genf 20. 5. 1793.

FORSTER, Johann *George* Adam 7. 12. 1786

Professor der Naturgeschichte in Wilna und Mainz, geb. Nassenhuben bei Danzig 26. 11. 1754, gest. Paris 10. 1. 1794.

JACQUIN, Nikolaus Joseph Freiherr v. (1806) 7. 12. 1786

Professor der Botanik in Wien, Direktor der Schönbrunner Gärten, geb. Leiden 16. 2. 1727, gest. Wien 26. 10. 1817; seit 1812 EM.

KANT, Immanuel 7. 12. 1786

Professor der Philosophie in Königsberg, geb. Königsberg 22. 4. 1724, gest. Königsberg 12. 2. 1804.

VOLTA, Alessandro Conte 7. 12. 1786

Professor der Physik in Pavia, geb. Como 19. 2. 1745, gest. Pavia 5. 3. 1827; 1812 als AM bestätigt.

WIELAND, Christoph Martin 7. 12. 1786

in Weimar, geb. Bieberach 5. 9. 1733, gest. Weimar 20. 1. 1813; 1812 bei der Neueinteilung der Mitglieder ausgelassen.

LAGRANGE, Joseph-Louis Comte DE 20. 2. 1787

Mathematiker in Paris, seit 1756 AM, seit 1766 OM (s. d.).

HERDER, Johann Gottfried 27. 7. 1787

Superintendent in Weimar, geb. Mohrungen (Ostpr.) 25. 8. 1744, gest. Weimar 18. 12. 1803.

DELAMBRE, Jean-Baptiste-Joseph 27. 7. 1787

Astronom in Paris, geb. Amiens 19. 9. 1749, gest. Paris 19. 8. 1822; 1812 als AM bestätigt.

ADELUNG, Johann Christoph 26. 9. 1787

Oberbibliothekar in Dresden, geb. Spantekow (Pomm.) 8. 8. 1732 (u), gest. Dresden 10. 9. 1806.

VAN MARUM, Martinus 26. 9. 1787

Dr. med., Direktor des Museums, Bibliothekar und Sekretär der Gesellschaft der Wissenschaften in Haarlem, geb. Groningen 20. 3. 1750, gest. Haarlem 26. 12. 1837; wurde 1812 in der Mitgliederliste vergessen und erst 1833 als AM bestätigt.

PÜTTER, Johann Stephan 26. 9. 1787

Professor der Staatswissenschaften in Göttingen, geb. Iserlohn 25. 6. 1725, gest. Göttingen 12. 8. 1807.

RUMFORD, Benjamin THOMPSON, seit 1790 Graf v. 14. 10. 1787

bayerischer Generalleutnant, Physiker, in München; geht 1799 nach England, 1802 nach Paris; geb. Rumford 26. 3. 1753, gest. Auteuil bei Paris 21. 8. 1814; 1812 in den Listen ausgelassen.

MEYER, Johann Karl Friedrich 23. 1. 1788

Hofapotheker in Stettin, geb. Stettin 17. 10. 1739, gest. Stettin 20. 2. 1811.

BENECKENDORFF, Karl Friedrich v. 4. 2. 1788

Regierungspräsident a. D., nationalökonomischer Schriftsteller, auf Blumenfelde (Neumark), geb. Blumenfelde . . . . ., gest. Blumenfelde 1788.

CAMPER, Pieter 9. 8. 1788

Professor der Anatomie in Franeker, geb. Leiden 11. 5. 1722, gest. den Haag 7. 4. 1789.

GEORGI, Johann Gottlieb 9. 8. 1788

ord. Akademiker für Chemie in Petersburg, geb. Wachholzhagen bei Treptow a. d. Rega 31. 12. 1729, gest. St. Petersburg 27. 10./8. 11. 1803.

HERSCHEL, Friedrich Wilhelm 9. 8. 1788

Astronom in Slough bei Windsor, geb. Hannover 15. 11. 1738, gest. Slough 25. 8. 1822; 1812 als AM bestätigt.

MÜLLER, Friedrich Christoph 9. 8. 1788

Pastor in Schwelm, Astronom, geb. Allendorf 8. 10. 1751, gest. Schwelm 10. 4. 1808.

SCHWAB, Johann Christoph 9. 8. 1788

Professor der Logik und Metaphysik an der Karlsschule in Stuttgart, später Mitglied des Oberstudienrats, geb. Ilsfeld (Württ.) 10. 12. 1743, gest. Stuttgart 15. 4. 1821; 1812 in den Listen ausgelassen, 1819 als EM bestätigt.

DALBERG, *Karl* Theodor Anton Maria Freiherr v. 26. 9. 1788

Koadjutor des Erzbischofs von Mainz, dann Kurfürst und Kurerzkanzler, Fürst-Primas des Rheinbundes, Großherzog von Frankfurt, Erzbischof von Regensburg, geb. Herrnsheim 8. 2. 1744, gest. Regensburg 10. 2. 1817; seit 1812 EM.

VAN KINSBERGEN, Jan Hendrik, seit 1810 Graf 6. 4. 1789

Vizeadmiral, dann Marschall der niederländ. Flotte, Senator des Kaiserreichs, geb. Doesburg a. d. Ijssel 1. 5. 1735, gest. Welgelegen bei Apeldoorn 24. 5. 1819; seit 1812 EM.

L'HUILLIER, Simon Antoine Jean 14. 5. 1789

Professor der Mathematik in Genf, geb. Genf 24. 4. 1750, gest. Genf 28. 3. 1840 (u); seit 1812 EM.

GONZAGA-CASTIGLIONE, Luigi Fürst 27. 7. 1789

geb. Venedig 22. 5. 1745, gest. Wien 10. 9. 1819; seit 1812 EM.

MÜLLER, Johannes v. 28. 1. 1790

Staatsreferendar in Mainz, dann in der Staatskanzlei in Wien und 1. Kustos in der Hofbibliothek; seit 1804 OM (s. d.).

ROBERT, François 28. 1. 1790

königl. Geograph in Paris, geb. La Chermele (Bourgogne) 1737, gest. Heiligenstadt 3. 5. 1819; seit 1812 EM.

PERRONET, Jean-Rodolphe 4. 11. 1790

Wegeingenieur, Generalinspektor der Salinen, geb. Suresne bei Paris 25. 10. 1708, gest. Paris 27. 2. 1794.

GIOENI, Giuseppe, a. d. Hause der Herzöge von Angio 26. 9. 1791

Professor der Naturgeschichte in Catania, geb. Catania 12. 5. 1747, gest. Neapel 6. 12. 1822; 1812 in den Listen ausgelassen.

KRATZENSTEIN, Christian Gottlieb 26. 9. 1791

Professor der Physik in Kopenhagen, geb. Wernigerode 30. 1. 1723, gest. Kopenhagen 7. 7. 1795.

SCHEIBEL, Johann Ephraim 26. 9. 1791

Rektor des Friedrichs-Gymnasiums und Inspektor der protestant. Schulen in Breslau, Mathematiker und Astronom, geb. Breslau 5. 9. 1736, gest. Breslau 31. 5. 1809.

STANISLAUS AUGUST (PONIATOWSKI), König VON POLEN 6. 10. 1791

geb. 7. 1. 1732, gest. St. Petersburg 12./23. 2. 1798.

TRALLES, Bernhard Ludwig 6. 10. 1791

Dr. med., Arzt und Schriftsteller in Breslau, geb. Breslau 1. 3. 1708, gest. Breslau 7. 2. 1797.

CHAMBRIER D'OLEIRES, Jean Pierre, Baron 5. 1. 1792
preuß. Diplomat, Gesandter in Turin und Bern, geb. Neuchâtel 4. 10. 1753, gest. Neuchâtel 30. 12. 1822; seit 1812 EM.

SPIESS, Philipp Ernst 5. 1. 1792
ansbach. Archivar in Bayreuth, geb. Ettenstedt (Franken) 27. 5. 1734, gest. Bayreuth 5. 3. 1794.

KLEIN, Ernst Ferdinand 29. 3. 1792
Professor der Rechte in Halle, seit 1789 OM; seit 1800 wieder OM (s. d.).

ANHALT, Friedrich Graf v. 24. 9. 1792
russ. Generalleutnant und Generaladjutant, Hauptdirektor des I. Kadettenkorps, Präsident der Freien Ökonom. Gesellschaft, geb. Kleckewitz (Anhalt) 21. 5. 1732, gest. St. Petersburg 22. 5./2. 6. 1794.

BIRKENSTOCK, Johann Melchior Edler v. 24. 9. 1792
Direktor des Schul- und Erziehungsdepartements in Wien, geb. Heiligenstadt (Eichsfeld) 11. 5. 1738, gest. Wien 30. 10. 1809.

GREN, Friedrich Albert Karl 24. 9. 1792
Professor der Medizin in Halle, geb. Bernburg 1. 5. 1760, gest. Halle 26. 11. 1798.

WENDEBORN, Gebhard Friedrich August 24. 9. 1792
Prediger der deutschen Gemeinde in London, geb. Wolfsburg 20. 4. 1742, gest. Hamburg 24. 5. 1811.

SCHLIEFFEN, Martin Ernst v. 1793
Generalleutnant, seit 1791 EM (s. d.); seit 1812 wieder EM.

GOLICYN (GALLITZIN), Dmitrij Aleksejevič Fürst 16. 1. 1793
russ. Diplomat, geb. 15. 5. 1734, gest. Braunschweig 17. 3. 1803.

FERGUSON, Adam 10. 9. 1793
Professor der Moralphilosophie in Edinburgh, geb. Logieraith (Perth) 20. 6. 1723, gest. Saint-Andrews 22. 2. 1816; seit 1812 EM.

FUSS, Nikolaus 10. 9. 1793
ord. Akademiker für Mathematik in Petersburg, ständiger Sekretär der Akademie der Wissenschaften, geb. Basel 29. 1. 1755, gest. St. Petersburg 23. 12. 1825/4. 1. 1826; 1812 als AM bestätigt.

TREMBLEY, Jean 10. 9. 1793
Mathematiker in Genf, seit 1794 OM (s. d.).

ANCORA, Gaetano D' 12. 1. 1794
Professor der griech. Sprache in Neapel, geb. Neapel 8. 10. 1757, gest. Neapel 4. 3. 1816; seit 1812 EM.

GIOVANE, Juliane Herzogin, geb. Freiin v. MUDERSBACH 12. 1. 1794
Oberhofmeisterin der Erzherzogin Marie Luise, Dichterin und Schriftstellerin, geb. Würzburg . . . . ., gest. Ofen im August 1805.

SINCLAIR, Sir John 12. 1. 1794
Präsident des Landwirtschaftsamts (1793—1798, 1806—1813), geb. Thurso Castle (Caithness) 10. 5. 1754, gest. Edinburgh 21. 12. 1835; seit 1812 EM.

SOJMONOV, Petr Aleksandrovič 3. 4. 1794
russ. Senator und Präsident des Kommerzkollegiums, geb. 9. 1. 1747, gest. 2. 1. 1800.

BOUFLERS, Stanislas Marquis DE 1800
in Paris, seit 1795 OM (s. d.); wird 1812 EM.

VEGA, Georg Freiherr v. 4. 8. 1800

kaiserl. Oberstleutnant, Mathematiker, geb. Zagoritze (Krain) 23. 3. 1754, gest. Nußdorf bei Wien 26. 9. 1802.

ZACH, Franz Xaver Freiherr v. 4. 8. 1800

Direktor der Sternwarte auf dem Seeberg bei Gotha, geb. Preßburg 4. 6. 1754, gest. Paris 2. 9. 1832; seit 1812 EM.

DELONNES, Ange-Bernard IMBERT- 22. 10. 1801

Chirurg in Paris, geb. Vaqueyras (Avignon) 1749, gest. Paris 23. 8. 1818 (u); seit 1812 EM.

KLUEGEL, Georg Simon 27. 1. 1803

Professor der Mathematik und Physik in Halle, geb. Hamburg 19. 8. 1739, gest. Halle 4. 8. 1812; wird 1812 AM.

TYCHSEN (TÜCHSEN), Olaus (Oluff) Gerhard 2. 8. 1803

Oberbibliothekar in Rostock, geb. Tondern 1734, gt. 15. 12. (u), gest. Rostock 30. 12. 1815; seit 1812 EM.

HAUY, René-Just 7. 8. 1804

Professor der Mineralogie in Paris, geb. Saint-Just (Beauvaisis) 28. 2. 1743, gest. Paris 3. 6. 1822; seit 1812 EM.

MONRO, Alexander 7. 8. 1804

Professor der Anatomie in Edinburgh, geb. Edinburgh 20. 5. 1733, gest. Edinburgh 2. 10. 1817; seit 1812 EM.

GOYON D'ARZAC, Guillaume-Henri-Charles Vicomte DE 23. 8. 1804

in Paris, seit 1794 OM (s. d.).

DENINA, Giacomo-Maria *Carlo* 1805

kaiserl. Bibliothekar in Paris, seit 1782 OM (s. d.); 1812 EM.

HERRMANN, Franz Johann Benedikt 23. 1. 1806

russ. Oberberghauptmann, Chef der Ural-Bergbauverwaltung in Jekaterinburg, ord. Akademiker für Mineralogie in Petersburg, geb. Mariahof (Steiermark) 14. 3. 1755, gest. St. Petersburg 31. 1./12. 2. 1815; seit 1812 EM.

BANKS, Sir Joseph 5. 8. 1806

Präsident der Royal Society in London, geb. Revesby-Abbey (London) 13. 2. 1743, gest. London 19. 6. 1820; seit 1812 EM.

CUVIER, Jean-Léopold-Nicolas-Frédéric gen. *Georges*, Baron 5. 8. 1806

Professor der vergl. Anatomie am Naturhistor. Museum und der Naturgeschichte am Collège de France in Paris; Zoologe und Paläontologe, geb. Montbéliard 23. 8. 1769, gest. Paris 13. 5. 1832; 1812 als AM bestätigt.

GOETHE, Johann Wolfgang v. 5. 8. 1806

geb. Frankfurt a. Main 28. 8. 1749, gest. Weimar 22. 3. 1832; 1812 als AM bestätigt.

HINDENBURG, Karl Friedrich 5. 8. 1806

Professor der Mathematik in Leipzig, geb. Dresden 13. 7. 1741, gest. Leipzig 17. 3. 1808.

ZOËGA, Georg 5. 8. 1806

Archäologe, dänischer Generalkonsul in Rom, geb. Dahler bei Tondern 20. 12. 1755, gest. Rom 10. 2. 1809.

TREMBLEY, Jean 12. 3. 1807

Mathematiker in Genf, seit 1793 AM, seit 1794 OM (s. d.).

DARU, Pierre-Antoine-Bruno Comte 15. 8. 1808

Staatssekretär und Minister, Mitglied des Instituts, geb. Montpellier 12. 1. 1767, gest. Becheville bei Meulan 5. 9. 1829; seit 1812 EM.

JACOBI, Friedrich Heinrich 15. 8. 1808

Philosoph, Präsident der Bayerischen Akademie der Wissenschaften in München, geb. Düsseldorf 25. 1. 1743, gest. München 10. 3. 1819; 1812 als AM bestätigt.

LAPLACE, Pierre-Simon Comte, dann Marquis DE 15. 8. 1808

Mathematiker und Astronom, geb. Beaumont-en-Auge (Normandie) 28. 3. 1749, gest. Paris 5. 3. 1827; 1812 als AM bestätigt.

WERNER, Gottlob 15. 8. 1808

Professor der Mineralogie in Freiberg, geb. Wehrau (Sachsen) 25. 9. 1760, gest. Dresden 30. 6. 1817; 1812 als AM bestätigt.

PERCY, Pierre-François Baron DE 21. 3. 1809

Leibarzt Napoleons I., geb. Montagney (Franche-Comté) 28. 10. 1754, gest. Paris 18. 2. 1825; seit 1812 EM.

LODER, Ferdinand Justus *Christian* v. 12. 10. 1809

kgl. preuß. Leibarzt, Professor der Medizin und kaiserl. Leibarzt in Moskau, geb. Riga 28. 4./9. 5. 1753, gest. Moskau 4./16. 4. 1832; wurde auf Wunsch des Königs als korrespondierendes Mitglied aufgenommen, obwohl es diese Gattung noch nicht gab; seit 1812 EM.

GAUSS, Karl Friedrich 18. 7. 1810

Professor der Mathematik in Göttingen, geb. Braunschweig 30. 4. 1777, gest. Göttingen 23. 2. 1855; 1812 als AM bestätigt.

SCHNEIDER, Johann Gottlob 18. 7. 1810

Professor der alten Sprachen in Frankfurt a. d. Oder. dann Oberbibliothekar der Universität Breslau, geb. Kollmen (Sachsen) 18. 1. 1750, gest. Breslau 12. 1. 1822; 1812 als AM bestätigt.

DIE AUSWÄRTIGEN MITGLIEDER

seit 1812

(die Angehörigen der phil.-hist. Klasse nach 1830 sind durch * vor dem Namen hervorgehoben)

HUMBOLDT, Karl *Wilhelm* Freiherr v. phil. 25. 6. 1812
aoM und OM seit 1808 (s. d.), in diplomat. Diensten von Berlin abwesend; 1819 wieder OM.

Aus der Zahl der alten auswärtigen Mitglieder wurden am 16. 7. 1812 als AM der neuen Art bestätigt:

SCARPA, Antonio (1780) phys.
VOLTA, Alessandro Conte (1786) phys.
CUVIER, Georges Baron (1806) phys.
WERNER, Gottlob (1808) phys.
LAGRANGE, Joseph Louis Comte de (1756 AM, 1766 OM, 1787 wieder AM) math.
HERSCHEL, Friedrich Wilhelm (1786) math.
DELAMBRE, Jean-Baptiste-Joseph (1787) math.
FUSS, Nikolaus (1793) math.
KLUEGEL, Georg Simon (1803) math.
LAPLACE, Pierre-Simon Comte, 1817 Marquis de (1808) math.
GAUSS, Karl Friedrich (1810) math.
*GOETHE, Johann Wolfgang v. (1806) phil.
JACOBI, Friedrich Heinrich (1808) phil.
HEYNE, Christian Gottlieb (1786); er war an diesem Tage bereits tot hist.-phil.
SCHNEIDER, Johann Gottlob (1810) hist.-phil.

Ferner wurden am 16. 7. 1812 folgende hinzugewählte Mitglieder bestätigt:

BERTHOLLET, *Claude*-Louis Comte phys.
Dr. med., Chemiker, geb. Talloires (Savoyen) 9. 11. 1748, gest. Arcueil (Seine) 6. 11. 1822.

BLUMENBACH, Johann Friedrich phys.
Professor der Medizin in Göttingen, geb. Gotha 11. 5. 1752, gest. Göttingen 22. 1. 1840.

DAVY, Sir Humphry phys.
Professor der Chemie an der Royal Institution, Präsident der Royal Society, geb. Penzance (Cornwall) 17. 12. 1778, gest. Genf 29. 5. 1829.

JUSSIEU, Antoine-Laurent DE phys.
Professor der Botanik am Naturhistor. Museum und an der Med. Fakultät in Paris, geb. Lyon 12. 4. 1748, gest. Paris 17. 9. 1836.

BESSEL, Friedrich Wilhelm math.
o. Professor der Astronomie und Direktor der Sternwarte in Königsberg, geb. Minden i. W. 22. 7. 1784, gest. Königsberg i. Pr. 14. 3. 1846.

STEWART, Dugald — phil.
Professor der Philosophie in Edinburgh, geb. Edinburgh 22. 11. 1753, gest. Edinburgh 11. 6. 1828.

*SILVESTRE DE SACY, Antoine Isaac Baron — hist.-phil.
Professor der persischen Sprache am Collège de France, Konservator der Handschriften der Kaiserl. (Königl.) Bibliothek, Rektor der Universität, geb. Paris 21. 9. 1758, gest. Paris 21. 2. 1838.

VISCONTI, Ennio Quirino — hist.-phil.
Professor der Archäologie und Konservator der Altertümer in Paris, geb. Rom 1. 11. 1751, gest. Paris 7. 2. 1818.

In der Folge wurden gewählt und bestätigt:

VOSS, Johann Heinrich — hist.-phil. 14. 5. 1814
o. Professor der klass. Philologie in Heidelberg, geb. Sommersdorf (Meckl.) 20. 2. 1751, gest. Heidelberg 29. 3. 1826.

PFAFF, Johann Friedrich — math. 2. 9. 1817
o. Professor der Mathematik in Halle, geb. Stuttgart 22. 12. 1765, gest. Halle 21. 4. 1825; seit 1812 KM.

SÖMMERING, Samuel Thomas v. — phys. 19. 8. 1818
Anatom in München, geb. Thorn 25. 1. 1755, gest. Frankfurt a. Main 2. 3. 1830.

*HERMANN, Johann *Gottfried* Jakob — hist.-phil. 3. 9. 1820
o. Professor der klass. Philologie in Leipzig, geb. Leipzig 28. 11. 1772, gest. Leipzig 31. 12. 1838; seit 1812 KM.

*SCHLEGEL, August *Wilhelm* v. — hist.-phil. 18. 4. 1822
o. Professor für Sanskrit in Bonn, geb. Hannover 8. 9. 1767, gest. Bonn 12. 5. 1845.

BERZELIUS, Johann Jakob Freiherr (1835) — phys. 28. 6. 1825
Chemiker, ständiger Sekretär der Akademie der Wissenschaften in Stockholm, geb. Västerlösa bei Linköping 29. 8. 1779, gest. Stockholm 7. 8. 1848; seit 1812 KM.

ARAGO, Dominique-*François*-Jean — phys. 4. 1. 1828
Direktor der Sternwarte in Paris, geb. Estagel bei Perpignan 26. 2. 1786, gest. Paris 2. 10. 1853.

POISSON, Siméon-*Denis* — 11. 1. 1830
Professor der Mathematik und Mechanik an der Fac. des sciences und der Ecole polytechn. in Paris, geb. Pithiviers (Beauce) 21. 6. 1781, gest. Paris 25. 4. 1840; seit 1812 KM.

OLBERS, Heinrich *Wilhelm* Matthäus — 14. 12. 1830
Arzt und Astronom in Bremen, geb. Arbergen bei Bremen 11. 10. 1758, gest. Bremen 2. 3. 1840; seit 1812 KM.

*HEEREN, *Arnold* Hermann Ludwig — 11. 1. 1831
o. Professor der Geschichte in Göttingen, geb. Arbergen bei Bremen 25. 10. 1760, gest. Göttingen 6. 3. 1842; seit 1812 KM.

*COUSIN, Victor — 7. 5. 1832
Direktor der Ecole Normale in Paris, Philosoph, geb. Paris 28. 11. 1792, gest. Cannes 13. 1. 1867.

*GRIMM, *Jacob* Ludwig Karl — 7. 5. 1832
o. Professor der Philologie in Göttingen, seit 1837 in Kassel; seit 1826 KM, seit 1841 OM (s. d.).

*JACOBS, Christian *Friedrich* Wilhelm 7. 5. 1832

Oberbibliothekar und Direktor der Kunstsammlungen in Gotha, geb. Gotha 6. 10. 1764, gest. Gotha 30. 3. 1847; seit 1812 KM.

*LETRONNE, Jean-Antoine 7. 5. 1832

Professor der Geschichte und Archäologie am Collège de France, Direktor der Königl. Bibliothek, geb. Paris 2. 1. 1787, gest. Paris 14. 12. 1848; seit 1821 KM.

*LOBECK, Christian August 7. 5. 1832

o. Professor der alten Literatur und Beredsamkeit in Königsberg, geb. Naumburg a. d. Saale 5. 6. 1781, gest. Königsberg i. Pr. 25. 8. 1860.

*SCHELLING, Friedrich Wilhelm Joseph v. 7. 5. 1832

o. Professor der Philosophie in München, Präsident der Bayerischen Akademie der Wissenschaften, seit 1842 OM (s. d.).

VAN MARUM, Martinus 1832

AM seit 1787, bei der Neueinteilung 1812 vergessen; wird jetzt nicht EM, sondern AM.

*RITTER, August *Heinrich* 13. 2. 1834

o. Professor der Philosophie in Kiel und Göttingen, seit 1832 OM (s. d.).

BROWN, Robert 20. 3. 1834

Botaniker, Kustos am Britischen Museum, geb. Montrose 21. 12. 1773, gest. London 10. 6. 1858; seit 1812 KM.

CAUCHY, *Augustin*-Louis Baron DE 5. 4. 1836

Professor der Mathematik an der Ecole polytechn., der math. Astronomie an der Universität Paris, geb. Paris 11. 8. 1789, gest. Sceaux 23. 5. 1857.

JACOBI, Karl Gustav Jakob 5. 4. 1836

o. Professor der Mathematik in Königsberg, seit 1829 KM, seit 1844 OM (s. d.).

HERSCHEL, Sir *John* Frederick William 1. 2. 1839

Astronom in Slough bei Windsor, geb. Slough 7. 3. 1792, Sohn des Mitglieds Friedrich Wilhelm H., gest. London 12. 5. 1871; seit 1827 KM.

*WILSON, Horace Hayman 21. 4. 1839

Professor für Sanskrit in Oxford, geb. London 26. 9. 1786, gest. Oxford 8. 5. 1860; seit 1837 KM.

*GUIZOT, François-Pierre-Guillaume 14. 12. 1840

Minister des Auswärtigen, Präsident der Académie des sciences morales et politiques, Historiker, geb. Nîmes 4. 10. 1787, gest. Val-Richer (Normandie) 12. 9. 1874.

FARADAY, Michael 28. 6. 1842

Professor der Chemie an der Royal Institution, geb. Newington Butts (Surrey) 22. 9. 1791, gest. Hampton Court bei London 25. 8. 1867; seit 1833 KM.

GAY-LUSSAC, Louis-Joseph 28. 6. 1842

Professor der Chemie am Naturhistor. Museum, an der Fac. des sciences und an der Ecole polytechn. in Paris, geb. Saint-Léonard (Limousin) 6. 12. 1778, gest. Paris 9. 5. 1850; seit 1812 KM.

BREWSTER, Sir David 11. 3. 1846

Professor der Physik in Edinburgh, geb. Jedburgh (Schottland) 11. 12. 1781, gest. Allerly bei Melrose 10. 2. 1868; seit 1827 KM.

*CREUZER, Georg *Friedrich* 11. 3. 1846

emer. o. Professor der Philologie und alten Geschichte in Heidelberg, geb. Marburg 10. 3. 1771, gest. Heidelberg 16. 2. 1858.

*WELCKER, Friedrich Gottlieb 11. 3. 1846

o. Professor der klass. Philologie und Archäologie in Bonn, geb. Grünberg (Hessen) 4. 11. 1784, gest. Bonn 17. 12. 1868.

*EICHHORN, Karl Friedrich 15. 4. 1847

in Ammern bei Tübingen, seit 1832 OM (s. d.), 1847 zunächst EM.

BIOT, Jean-Baptiste 27. 2. 1850

Professor der Physik am Collège de France, der physikal. Astronomie an der Fac. des sciences, geb. Paris 21. 4. 1774, gest. Paris 3. 2. 1862; seit 1820 KM.

*HASE, Karl *Benedikt* 18. 5. 1850

Professor der vergl. Grammatik und Konservator der Handschriften der Bibliothek in Paris, geb. Sulza (Thür.) 11. 5. 1780, gest. Paris 21. 3. 1864; seit 1812 KM.

*RAWLINSON, Sir Henry Creswicke 18. 5. 1850

Archäologe und Orientalist, Mitglied des Rats von Indien, Präsident der Geograph. Society, geb. Chadlington (Oxfordshire) 11. 4. 1810, gest. London 5. 3. 1895.

TIEDEMANN, Friedrich 15. 7. 1854

o. Professor der Anatomie in Heidelberg, geb. Kassel 23. 8. 1781, gest. München 22. 1. 1861; seit 1812 KM.

LIEBIG, Johann *Justus* Freiherr v. 15. 8. 1855

o. Professor der Chemie in München, Präsident der Bayerischen Akademie der Wissenschaften, geb. Darmstadt 12. 5. 1803, gest. München 18. 4. 1873; seit 1833 KM.

THENARD, Louis-*Jacques* Baron DE 15. 8. 1855

Professor der Chemie am Collège de France, an der Fac. des sciences und der Ecole polytechn. in Paris, geb. La Louptière bei Nogent-s.-S. 4. 5. 1777, gest. Paris 21. 6. 1857; seit 1812 KM.

WÖHLER, Friedrich 15. 8. 1855

o. Professor der Chemie und Medizin in Göttingen, geb. Eschersheim bei Frankfurt a. M. 31. 7. 1800, gest. Göttingen 23. 9. 1882; seit 1833 KM.

DIRICHLET, Peter *Gustav* LEJEUNE- 17. 1. 1856

o. Professor der Mathematik in Göttingen, seit 1832 OM (s. d.), 1855 EM.

*BUNSEN, Christian Karl Josias Freiherr v. 24. 8. 1857

ehem. preuß. Diplomat, Archäologe, in Heidelberg und Bonn, geb. Korbach (Waldeck) 25. 8. 1791, gest. Bonn 28. 11. 1860; seit 1835 EM.

*THIERSCH, *Friedrich* Wilhelm v. 27. 4. 1858

o. Professor der klass. Philologie in München, Präsident der Bayerischen Akademie der Wissenschaften, geb. Kirchscheidungen a. d. Unstrut 17. 6. 1784, gest. München 25. 2. 1860; seit 1825 KM.

NEUMANN, Franz Ernst 18. 8. 1858

o. Professor der Physik und Mineralogie in Königsberg, geb. Joachimsthal (Mark) 11. 9. 1798, gest. Königsberg i. Pr. 23. 5. 1895; seit 1833 KM.

WEBER, Ernst Heinrich 5. 8. 1859

o. Professor der Anatomie und Physiologie in Leipzig, geb. Wittenberg 24. 6. 1795, gest. Leipzig 26. 1. 1878; seit 1827 KM.

BAER, Karl Ernst v. 31. 1. 1861

ord. Akademiker der Anatomie und Physiologie in Petersburg, geb. Piep (Estland) 17./28. 2. 1792, gest. Dorpat 16./28. 11. 1876; seit 1834 KM.

BUNSEN, *Robert* Wilhelm 3. 3. 1862

o. Professor der Chemie in Heidelberg, geb. Göttingen 31. 3. 1811, gest. Heidelberg 16. 8. 1899; seit 1846 KM.

*CURTIUS, Ernst 3. 3. 1862
o. Professor der klass. Philologie in Göttingen, seit 1852 OM (s. d.), seit 1856 EM; 1868 wieder OM.

*MIKLOSICH, *Franz* Xaver Ritter v. 24. 3. 1862
o. Professor der slavischen Philologie in Wien, geb. Luttenberg (Steiermark) 20. 11. 1813, gest. Wien 7. 3. 1891.

*BÖHMER, Johann Friedrich 21. 5. 1862
Stadtbibliothekar in Frankfurt a. Main, Historiker, geb. Frankfurt a. Main 22. 4. 1795, gest. Frankfurt a. Main 22. 10. 1863; seit 1845 KM.

*BRANDIS, Christian August 21. 5. 1862
o. Professor der Philosophie in Bonn, geb. Hildesheim 13. 2. 1790, gest. Bonn 24. 7. 1867; seit 1832 KM.

*LAPPENBERG, Johann Martin 21. 5. 1862
Archivar des Hamburger Senats, Historiker, geb. Hamburg 30. 7. 1794, gest. Hamburg 28. 11. 1865; seit 1845 KM.

REGNAULT, Henri-*Victor* 11. 7. 1863
Direktor der Porzellanmanufaktur in Sèvres, Physiker und Chemiker, geb. Aachen 21. 7. 1810, gest. Auteuil bei Paris 19. 1. 1878; seit 1847 KM.

WEBER, *Wilhelm* Eduard 11. 7. 1863
o. Professor der Physik in Göttingen, geb. Wittenberg 24. 10. 1804, gest. Göttingen 23. 6. 1891; seit 1834 KM.

MARTIUS, Karl Friedrich *Philipp* v. 11. 7. 1864
o. Professor der Botanik in München, geb. Erlangen 17. 4. 1794, gest. München 13. 12. 1868; seit 1832 KM.

HANSEN, Peter Andreas 24. 3. 1866
Direktor der Sternwarte in Gotha, geb. Tondern 8. 12. 1795, gest. Gotha 28. 3. 1874; seit 1832 KM.

RIEMANN, Georg Friedrich *Bernhard* 24. 3. 1866
o. Professor der Mathematik in Göttingen, geb. Breselenz (Hann.) 17. 9. 1826, gest. Selasca (Lago Maggiore) 20. 7. 1866; seit 1859 KM.

ARGELANDER, *Friedrich* Wilhelm August 19. 3. 1870
o. Professor der Astronomie in Bonn, geb. Memel 22. 3. 1799, gest. Bonn 17. 2. 1875; seit 1836 KM.

KIRCHHOFF, Gustav *Robert* 19. 3. 1870
o. Professor der Physik in Heidelberg, seit 1861 KM, seit 1875 OM (s. d.).

HELMHOLTZ, *Hermann* Ludwig Ferdinand 1. 6. 1870
o. Professor der Physik in Heidelberg, seit 1857 KM, 1871 OM (s. d.).

*DIEZ, Christian *Friedrich* 11. 3. 1872
o. Professor der roman. Philologie in Bonn, geb. Gießen 15. 3. 1794, gest. Bonn 29. 5. 1876; seit 1845 KM.

*LASSEN, Christian 28. 6. 1872
o. Professor der altindischen Sprache und Literatur in Bonn, geb. Bergen (Norwegen) 22. 10. 1800, gest. Bonn 8. 5. 1876; seit 1846 KM.

*FLEISCHER, Heinrich Lebrecht 20. 4. 1874
o. Professor der oriental. Sprachen in Leipzig, geb. Schandau a. d. Elbe 21. 2. 1801, gest. Leipzig 10. 2. 1888; seit 1851 KM.

KOPP, *Hermann* Franz Moritz 13. 5. 1874
o. Professor der Chemie in Heidelberg, geb. Hanau 30. 10. 1817, gest. Heidelberg 20. 2. 1892; seit 1867 KM.

*ROSSI, Giovanni Battista DE 9. 7. 1875.
Archäologe in Rom, geb. Rom 23. 2. 1823, gest. Rom 20. 9. 1894; seit 1853 KM.

CHASLES, Michel 15. 3. 1876
Professor der Geodäsie an der Ecole polytechn., der Geometrie an der Fac. des sciences in Paris, geb. Epernon 15. 11. 1793, gest. Paris 18. 12. 1880; seit 1859 KM.

LIOUVILLE, Joseph 15. 3. 1876
Professor der Mathematik an der Ecole polytechn., am Collège de France und an der Fac. des sciences in Paris, geb. Saint-Omer 24. 3. 1809, gest. Paris 8. 9. 1882; seit 1839 KM.

*POTT, August Friedrich 17. 8. 1877
o. Professor der allgem. Sprachwissenschaft in Halle, geb. Nettelrede (Hann.) 14. 11. 1802, gest. Halle 5. 7. 1887; seit 1850 KM.

DARWIN, *Charles* Robert 2. 12. 1878
Naturforscher in Down (Kent), geb. Shrewsbury 12. 2. 1809, gest. Down (Kent) 19. 4. 1882; seit 1863 KM.

OWEN, Sir (1884) Richard 2. 12. 1878
Oberaufseher der naturhistor. Abteilung des Britischen Museums, geb. Lancaster 20. 7. 1804, gest. London 16. 12. 1892; seit 1836 KM.

AIRY, Sir George Biddell 8. 2. 1879
Direktor der Observatoriums Greenwich, geb. Alnwick (Northumberland) 27. 7. 1801, gest. London 4. 1. 1892; seit 1834 KM.

DUMAS, *Jean-Baptiste* André 16. 8. 1880
Professor der Chemie, ständiger Sekretär der Académie des sciences, geb. Alais (Gard) 15. 7. 1800, gest. Cannes 11. 4. 1884; seit 1834 KM.

HERMITE, Charles 2. 1. 1884
Professor der Mathematik an der Ecole polytechn. und der Fac. des sciences in Paris, geb. Dieuze (Meurthe) 24. 12. 1822, gest. Paris 14. 1. 1901; seit 1859 KM.

KEKULÉ V. STRADONITZ, Friedrich *August* 2. 3. 1885
o. Professor der Chemie in Bonn, geb. Darmstadt 7. 9. 1829, gest. Bonn 13. 7. 1896; seit 1875 KM.

*BOEHTLINGK, Otto v. 18. 6. 1885
ord. Akademiker für Sanskrit der Akademie der Wissenschaften zu Petersburg, in Leipzig, geb. St. Petersburg 30. 5./11. 6. 1815, gest. Leipzig 1. 4. 1904; seit 1855 KM.

*ROTH, Walter *Rudolf* v. 15. 5. 1889
o. Professor der Indologie und allgem. Religionsgeschichte in Tübingen, geb. Stuttgart 3. 4. 1821, gest. Tübingen 24. 6. 1895; seit 1861 KM.

KOELLIKER, Rudolf *Albert* v. 16. 3. 1892
o. Professor der Anatomie in Würzburg, geb. Zürich 6. 7. 1817, gest. Würzburg 2. 11. 1905; seit 1873 KM.

*BRUNN, Heinrich Ritter v. 13. 3. 1893
o. Professor der Archäologie in München, geb. Wörlitz (Anhalt) 23. 1. 1822, gest. Schliersee 23. 7. 1894; seit 1866 KM.

*ZELLER, *Eduard* Gottlob 14. 1. 1895
in Stuttgart und Zürich, seit 1864 KM, seit 1872 OM (s. d.), 1894 EM.

PETTENKOFER, *Max* Joseph v. 4. 4. 1898

emer. Professor der Hygiene in München, Präsident der Bayerischen Akademie der Wissenschaften, geb. Lichtenheim bei Neuburg a. d. Donau 3. 12. 1818, gest. München 10. 2. 1901.

STOKES, Sir George Gabriel 22. 5. 1899

Mathematiker in London, geb. Skreen (Irland) 13. 8. 1819, gest. London 1. 2. 1903; seit 1859 KM.

BERTHELOT, Pierre-Eugène-*Marcellin* 5. 3. 1900

Chemiker in Paris, geb. Paris 25. 10. 1827, gest. Paris 18. 3. 1907.

GEGENBAUR, Karl 5. 3. 1900

o. Professor der Anatomie in Heidelberg, geb. Würzburg 21. 8. 1826, gest. Heidelberg 14. 6. 1903; seit 1884 KM.

HITTORF, Johann *Wilhelm* 5. 3. 1900

o. Professor der Physik in Münster, geb. Bonn 27. 3. 1824, gest. Münster i. W. 28. 11. 1914; seit 1884 KM.

KELVIN, William THOMSON, Lord 5. 3. 1900

Professor der theoret. Physik in Glasgow, geb. Belfast 26. 6. 1824, gest. Netherhall, Largs (Schottland) 17. 12. 1907; seit 1871 KM.

PFLÜGER, *Eduard* Friedrich Wilhelm 5. 3. 1900

o. Professor der Physiologie in Bonn, geb. Hanau 7. 6. 1829, gest. Bonn 16. 3. 1910; seit 1873 KM.

SUESS, Eduard 5. 3. 1900

o. Professor der Geologie und Präsident der Akademie der Wissenschaften in Wien, geb. London 20. 8. 1831, gest. Marz bei Oedenburg 26. 4. 1914.

*BUECHELER, Franz 5. 3. 1900

o. Professor der klass. Philologie (Latinist) in Bonn, geb. Rheinberg 3. 6. 1837, gest. Bonn 3. 5. 1908; seit 1882 KM.

*HAYM, *Rudolf* Theodor 5. 3. 1900

o. Professor der Literaturgeschichte in Halle, geb. Grünberg (Schlesien) 5. 10. 1821, gest. St. Anton a. Arlberg 27. 8. 1901.

*IMHOOF-BLUMER, Friedrich 5. 3. 1900

Numismatiker in Winterthur, geb. Winterthur 11. 5. 1838, gest. Winterthur 26. 4. 1920; seit 1879 KM.

*MÜLLER, Friedrich *Max* 5. 3. 1900

Professor der vergl. Sprachwissenschaft in Oxford, geb. Dessau 6. 12. 1823, gest. Oxford 28. 10. 1900; seit 1865 KM.

*NÖLDEKE, *Theodor* Eduard Bernhard 5. 3. 1900

o. Professor der oriental. Sprachen in Straßburg, geb. Harburg a. d. Elbe 2. 3. 1836, gest. Karlsruhe i. B. 25. 12. 1930; seit 1878 KM.

*PARIS, *Gaston*-Bruno-Paulin 5. 3. 1900

Professor der Philosophie und Direktor des Collège de France, geb. Avenay (Marne) 9. 8. 1839, gest. Cannes 6. 3. 1903; seit 1882 KM.

*SICKEL, Friedrich Adolf *Theodor* Ritter v 5. 3. 1900

Historiker, geb. Aken a. d. Elbe 18. 12. 1828, gest. Meran 21. 4. 1908; seit 1876 KM.

*VILLARI, Pasquale 5. 3. 1900

Professor der Geschichte in Florenz, geb. Neapel 3. 10. 1827, gest. Florenz 6. 12. 1917.

*LILIENCRON, *Rochus* Wilhelm Traugott Heinrich Ferdinand Freiherr v. 14. 1. 1901
Germanist in Schleswig, ehem. Redakteur der Allgem. Deutschen Biographie, geb. Plön 8. 12. 1820, gest. Koblenz 5. 3. 1912; 1908 EM.

*DELISLE, *Léopold*-Victor 16. 11. 1902
Direktor der Bibliothèque Nationale in Paris, Historiker, geb. Valognes (Marne) 24. 10. 1826, gest. Chantilly 21. 7. 1910; seit 1867 KM.

HOOKER, Sir Joseph Dalton 29. 5. 1904
Botaniker, geb. Halesworth (Suffolk) 30. 6. 1817, Sohn des Mitglieds Sir William Jackson H., gest. Sunningdale (Berkshire) 10. 12. 1911; seit 1854 KM.

SCHIAPARELLI, Giovanni Virginio 17. 10. 1904
Direktor der Sternwarte in Mailand, geb. Savigliano 14. 3. 1835, gest. Mailand 4. 7. 1910; seit 1879 KM.

BAEYER, Johann Friedrich Wilhelm *Adolf* Ritter v. 12. 8. 1905
o. Professor der Chemie in München, geb. Berlin 31. 10. 1835, Sohn des Mitglieds Johann Jakob B., gest. Starnberg 20. 8. 1917; seit 1884 KM.

*JAGIĆ, Vatroslav v. (1908) 25. 9. 1908
emer. o. Professor der slavischen Philologie in Wien, geb. Varasdin 6. 7. 1838, gest. Wien 5. 8. 1923; seit 1880 KM.

*KABBADIAS, Panagiotis 25. 9. 1908
Generalephoros der Königl. Museen und Altertümer in Athen, geb. Kothreas (Kephallenia) 1. 5. 1852, gest. Athen 21. 7. 1928; seit 1887 KM.

*WEIL, Henri 25. 9. 1908
Professor der klass. Philologie in Paris, geb. Frankfurt a. Main 26. 8. 1818, gest. Paris 5. 11. 1909; seit 1896 KM.

RAYLEIGH, John William STRUTT, 3. Baron 6. 4. 1910
Physiker, Direktor des Davy-Faraday-Laboratoriums in London, geb. Langford Grove (Essex) 12. 11. 1842, gest. Witham (Essex) 30. 6. 1919; seit 1896 KM.

*SCHUCHARDT, Hugo 15. 9. 1912
o. Professor der roman. Philologie in Graz, geb. Gotha 4. 2. 1842, gest. Graz 21. 4. 1927.

RÖNTGEN, Wilhelm Conrad v. 22. 12. 1920
emer. o. Professor der Physik in München, geb. Lennep 27. 3. 1845, gest. München 10. 2. 1923; seit 1896 KM.

Gemäß Statutenänderung vom 26. 11. 1925 wurden folgende Ehrenmitglieder, weil sie zuvor ordentliche Mitglieder gewesen waren, in die Kategorie der auswärtigen Mitglieder übergeführt:

*LEHMANN, Maximilian (*Max*) Ludwig Eduard, emer. o. Professor in Göttingen (OM 1887).

*LENZ, Max (OM 1896), wurde im gleichen Jahr wieder OM.

BRANCA, *Wilhelm* Karl Franz v., o. Professor der Geologie in München (OM 1899).

*HEUSLER, Andreas, o. Professor der Germanistik in Basel (OM 1907).

*WÖLFFLIN, Heinrich, Kunsthistoriker in Zürich (OM 1910).

WILLSTÄTTER, Richard, o. Professor der Chemie in München (OM 1914).

*DRAGENDORFF, Hans, o. Professor der Archäologie in Freiburg (OM 1916).

CARATHÉODORY, Konstantin, o. Professor der Mathematik in München (OM 1919).

Als Letzter wurde zum AM gewählt und bestätigt:

*AMIRA, *Karl* Konrad Ferdinand Maria v. 5. 12. 1925
o. Professor der Rechtsgeschichte in München, geb. Aschaffenburg 8. 3. 1848, gest. München 22. 6. 1930; seit 1900 KM.

Fernerhin wurden durch Ausscheiden aus der Zahl der OM zu AM:

HELLMANN, Gustav (1911) 6. 10. 1931
in Meran; 1931 OM.

HEIDER, Karl (1918) 1. 4. 1933
in Deutsch-Feistritz.

HELLMANN, Gustav 1. 4. 1935
in Meran; 1937 OM.

SCHLENK, Wilhelm (1922) 1. 10. 1935
o. Professor der Chemie in Tübingen.

*JAEGER, Werner (1924) 1. 10. 1936
Professor der klass. Philologie in Chicago; genießt seit 14. 2. 1950 die Rechte eines OM.

SCHRÖDINGER, Erwin (1929) 12. 11. 1936
Professor der Physik in Oxford, dann in Dublin; genießt seit 14. 2. 1950 die Rechte eines OM.

FICKER, Heinrich v. (1926) 1. 10. 1937
Direktor der Zentralanstalt für Meteorologie in Wien; genießt seit 10. 10. 1949 die Rechte eines OM.

PRANDTL, Ludwig 6. 11. 1937
o. Professor der Physik in Göttingen, durch Ablehnung der Wahl zum OM (s. d.).

DIE EHRENMITGLIEDER

seit 1812

Auf Grund der Statuten vom 24. 1. 1812 wurden aus dem alten Mitgliederbestand als Ehrenmitglieder übernommen:

1. Ordentliche Mitglieder:

ACHARD, François Charles (Franz Karl), in Kunern (Schlesien), OM 1776.
BORGSTEDE, Albrecht August Heinrich v., OM 1798. 12. 3. 1812
VERDY DU VERNOIS, Adrien-Marie-François de, OM 1792.
WOLF, Friedrich August, OM 1808. 16. 4. 1812
OLTMANNS, Jabbo, OM 1810 (nicht nach Berlin übergesiedelt; wird erst 1825 OM). 5. 7. 1812

2. Außerordentliche Mitglieder:

KOTZEBUE, *August* Friedrich Ferdinand v. (1803).
KNOBELSDORFF, Friedrich *Wilhelm* Ernst v. (1804).
LEHNDORFF, August Adolf Leopold Graf v. (1806).

3. Altes Ehrenmitglied:

LUCCHESINI, Girolamo Marquis, Staatsminister a. D. (1786).

4. Auswärtige Mitglieder (Ehrenmitglieder):

PREVOST, Pierre (1780 OM, 1784 AM).
DENINA, Carlo (1782 OM, 1805 AM).
CRELL, Lorenz (Florenz) Friedrich v. (1784).
JACQUIN, Nikolaus Joseph Freiherr v. (1786).
DALBERG, Karl Freiherr v. (1788).
GONZAGA-CASTIGLIONE, Luigi Fürst (1789).
VAN KINSBERGEN, Jan Hendrik Graf (1789).
L'HUILLIER, Simon (1789).
ROBERT, François (1790).
SCHLIEFFEN, Martin Ernst v. (1791).
CHAMBRIER D'OLEIRES, Jean Pierre Baron (1792).
FERGUSON, Adam (1793).
ANCORA, Gaetano D' (1794).
SINCLAIR, Sir John (1794).
BOUFLERS, Stanislas Marquis de (1795 OM, 1800 AM).
ZACH, Franz Xaver Freiherr v. (1800).
DELONNES, Ange-Bernard IMBERT- (1801).
TYCHSEN, Olaus Gerhard (1803).
HAUY, René-Just (1804).

MONRO, Alexander (1804).
BANKS, Sir Joseph (1806).
HERRMANN, Franz Johann Benedikt (1806).
DARU, Pierre-Antoine-Bruno Comte (1808).
PERCY, Pierre-François Baron de (1809).
LODER, Ferdinand Justus Christian v. (1809).

Übergangen wurden folgende Mitglieder:

CALDANI, Leopoldo Marco Antonio (1760), wurde irrtümlich als KM neugewählt.

MESSIER, Charles (1769). Die Auslassung wurde bereits am 3. 12. 1812 von Paris aus durch A. v. Humboldt beanstandet.

LANDRIANI, Marsilio Chevalier (1783). Er starb 1815.

WIELAND, Christoph Martin (1786). Er starb 1813.

RUMFORD, Benjamin THOMPSON, Graf v. (1787). Er starb 1814.

VAN MARUM, Martinus (1787). Dieses Versehen wurde erst 1832 bemerkt, worauf v. M. AM wurde.

SCHWAB, Johann Christoph (1788). Er brachte sich 1819 in Erinnerung und wurde fortan berücksichtigt.

GIOENI, Giuseppe (1791). Er starb 1822.

Weiterhin wurden gewählt und bestätigt:

DIEZ, Heinrich Friedrich v. 14. 5. 1814
preuß. Diplomat, geb. Bernburg 2. 9. 1751, gest. Berlin 7. 4. 1817.

HOFFMANNSEGG, Johann Centurius (HOFFMANN), Graf v. 3. 5. 1815
Botaniker und Forschungsreisender, geb. Rammenau (Oberlausitz) 25. 5. 1766, gest. Dresden 13. 12. 1849.

CLARKE, Edward Daniel [1] (22. 6. 1815)
Professor der Mineralogie in Cambridge, Reisender, geb. Willingdon (Sussex) 5. 6. 1769, gest. London 9. 3. 1822.

DODWELL, Edward [1] (22. 6. 1815)
Archäologe, geb. 1767, gest. Rom 13. 5. 1832.

GELL, Sir William [1] (22. 6. 1815)
Archäologe, geb. 1777, gest. Neapel 4. 2. 1836.

HAMILTON, William Richard [1] (22. 6. 1815)
Unterstaatssekretär des Auswärtigen in London, brit. Gesandter in Neapel, geb. London 9. 1. 1777, gest. London 11. 7. 1859.

KNIGTH, Richard Payne [1] (22. 6. 1815)
Numismatiker, geb. London 1750, gest. London 28. 4. 1824.

LEAKE, William Martin [1] (22. 6. 1815)
brit. Offizier, Archäologe, geb. 1777, gest. Brighton 6. 1. 1860.

STROMEYER, Friedrich 19. 8. 1818
o. Professor der Chemie in Göttingen, geb. Göttingen 2. 8. 1776, gest. Göttingen 18. 8. 1835.

---

[1]) Da das Datum der kgl. Bestätigung nicht festzustellen war, wird ausnahmsweise das Wahldatum gegeben.

MINUTOLI, Heinrich Freiherr MENU v. 5. 5. 1820

preuß. Generalleutnant, Forschungsreisender, geb. Genf 12. 5. 1772, gest. Berlin 16. 9. 1846.

THAER, *Albrecht* Daniel 1. 1. 1821

in Möglin (OM seit 1804, s. d.).

STEIN ZUM ALTENSTEIN, *Karl* Sigismund Franz Freiherr v. [1] (28. 3. 1822)

preuß. Minister für geistl., Unterrichts- und Medizinalangelegenheiten, geb. Ansbach 7. 10. 1770, gest. Berlin 14. 5. 1840.

MÜFFLING, Friedrich Ferdinand *Karl* Freiherr v. 23. 6. 1823

Chef des Generalstabs, Präsident des Staatsrats, Generalfeldmarschall, geb. Halle 12. 6. 1775, gest. Erfurt 16. 1. 1851.

STEIN, Heinrich Friedrich *Karl* Freiherr v. und zum 18. 6. 1827

geb. Nassau 25. 10. 1757, gest. Kappenberg (Westf.) 29. 7. 1831.

HISINGER, Wilhelm 4. 1. 1828

Hüttenwerksbesitzer, Chemiker und Mineraloge, geb. Elfstorpsbruk (Örebro) 23. 12. 1766, gest. Skinskatteberg 28. 6. 1852.

LINDENAU, Bernhard August v. 4. 1. 1828

sächsischer Staatsminister, Astronom, geb. Altenburg (Thür.) 11. 6. 1779, gest. Altenburg 21. 5. 1854.

SCHLOTHEIM, Ernst Friedrich Freiherr v. 4. 1. 1828

Oberhofmarschall in Gotha, Geologe, geb. Almenhausen (Thür.) 2. 4. 1764, gest. Gotha 28. 3. 1832.

STERNBERG, Kaspar Maria Graf v. 4. 1. 1828

Präsident des Vaterländischen Museums in Prag, geb. Prag 6. 1. 1761, gest. Brzezina (Böhmen) 20. 12. 1838.

JACQUIN, Joseph Franz Freiherr v. 11. 1. 1830

Direktor des Botanischen Gartens in Wien, geb. Schemnitz 7. 2. 1766, Sohn des Mitglieds Nikolaus Joseph v. J., gest. Wien 9. 12. 1839.

BUNSEN, Christian Karl Josias 7. 1. 1835

preuß. Ministerresident in Rom, Archäologe; seit 1857 AM (s. d.).

SERRADIFALCO, Domenico Lo Faso Pietrasanta, Duca di 29. 7. 1836

Präsident der Kommission für die Altertümer und Schönen Künste in Palermo, geb. Palermo 21. 2. 1783, gest. Florenz 15. 2. 1863.

MÜNSTER, Georg Graf v. 4. 1. 1837

Paläontologe in Bayreuth, geb. 17. 2. 1776, gest. Bayreuth 23. 12. 1844.

PROKESCH UND OSTEN, Anton Freiherr (1845) und Graf (1871) v. 14. 3. 1839

österreich. Diplomat, Historiker, geb. Graz 10. 12. 1795, gest. Wien 26. 10. 1876.

LUYNES, Honoré D'ALBERT, Duc DE 14. 12. 1840

Archäologe, geb. Paris 15. 12. 1802, gest. Rom 14. 12. 1867.

BONAPARTE, Prinz von CANINO, Charles-Lucien 27. 3. 1843

Zoologe, geb. Paris 24. 5. 1803, gest. Paris 29. 7. 1857.

WHEATON, Henry 30. 9. 1843

Gesandter der Vereinigten Staaten von Nordamerika in Berlin, geb. Providence (Rhode Island) 27. 11. 1785, gest. Roxburgh (Mass.) 11. 3. 1848.

---

[1] Da das Datum der kgl. Bestätigung nicht festzustellen war, wird ausnahmsweise das Wahldatum gegeben.

MERIAN-THURNEYSEN, Peter 8. 3. 1845

Professor der Physik in Basel, geb. Basel 22. 12. 1795, gest. Basel 8. 2. 1883.

RÜHLE v. LILIENSTERN, Johann Jakob Otto August 6. 5. 1846

Generalinspekteur des Militär-Erziehungs- und Bildungswesens in Preußen, geb. Berlin 16. 4. 1780, gest. Salzburg 1. 7. 1847.

EICHHORN, Karl Friedrich 1. 1. 1847

in Ammern bei Tübingen, wird noch 1847 AM (OM seit 1832, s. d.).

DAVOUD-OGHLOU (später DAVOUD-PASCHA), Garabet Artin 24. 6. 1847

türkischer Legationssekretär und Geschäftsträger in Berlin, Rechtshistoriker; geb. Konstantinopel (1815), gest. Biarritz 4. 11. 1873.

SPINELLI, Principe di San Giorgio, Domenico 18. 5. 1850

Sammler und Archäologe in Neapel, geb. Frasso 1788, gest. Neapel 10. 4. 1863.

RADOWITZ, Joseph Maria v. 27. 6. 1853

Generalinspekteur des Militär-Erziehungs- und Bildungswesens in Preußen, geb. Blankenburg a. Harz 6. 2. 1797, gest. Berlin 25. 12. 1853.

SCHARNHORST, Heinrich *Wilhelm* Gebhard v. 27. 6. 1853

preuß. General der Infanterie, geb. Hannover 16. 2. 1786, gest. Bad Ems 13. 6. 1854.

WIED, Maximilian Prinz zu 15. 8. 1853

Forschungsreisender, geb. Neuwied 23. 9. 1782, gest. Neuwied 3. 2. 1867.

ČICHAČEV (TSCHICHATSCHEW), Petr Aleksandrovič 22. 8. 1853

Forschungsreisender, geb. Gatčina bei Petersburg 1808, gest. Florenz 13. 10. 1890.

MAI, Angelo 22. 7. 1854

Bibliothekar der Vatikan. Bibliothek, Kardinal, geb. Schilpario (Bergamo) 7. 3. 1781, gest. Albano 9. 9. 1854; seit 1822 KM.

SCHULZE, *Johannes* Karl Hartwig 22. 7. 1854

Vortragender Rat im Ministerium für geistl., Unterrichts- und Medizinal-Angelegenheiten, Direktor der Unterrichtsabteilung, geb. Bruel (Meckl.) 15. 1. 1786, gest. Berlin 20. 2. 1869.

STILLFRIED-RATTONITZ, Graf v. Alcantara (1858), *Rudolf* Maria Bernhard v. 22. 7. 1854

preuß. Oberzeremonienmeister, geb. Hirschberg (Schles.) 14. 8. 1804, gest. Silbitz (Schles.) 9. 8. 1882.

HOOKER, Sir William Jackson 15. 8. 1855

Direktor des Botanischen Gartens in Kew bei London, geb. Norwich 6. 7. 1785, gest. Torquay 26. 9. 1872; seit 1834 KM.

SABINE, Sir (1869) Edward 15. 8. 1855

Präsident der Royal Society, geb. Dublin 14. 10. 1788, gest. Richmond 26. 6. 1883.

DIRICHLET, Peter *Gustav* LEJEUNE- 1. 10. 1855

o. Professor der Mathematik in Göttingen, OM seit 1832 (s. d.), wird 1856 AM.

TEMMINCK, Coenraad Jacob 10. 12. 1855

Direktor des Naturhistorischen Reichsmuseums in Leiden, geb. Amsterdam 31. 3. 1778, gest. Leiden 30. 1. 1858.

SALM-HORSTMAR, Friedrich, Fürst und Rheingraf zu 19. 3. 1856

Agrikulturchemiker, geb. Coesfeld (Westf.) 11. 3. 1799, gest. Coesfeld 27. 3. 1865.

CURTIUS, Ernst 1. 4. 1856

o. Professor der klass. Philologie in Göttingen, OM seit 1852 (s. d.), wird 1862 AM und 1868 wieder OM.

RÂDHAKÂNTA Bahâdura, Radscha Çrî 27. 4. 1858

Sanskritforscher, gest. Kalkutta 19. 4. 1867.

MOLTKE, *Helmuth* Karl Bernhard Freiherr, 1870 Graf v. 2. 6. 1860
Chef des Generalstabs, Generalfeldmarschall, geb. Parchim (Meckl.) 26. 10. 1800, gest. Berlin 24. 4. 1891.

BETHMANN-HOLLWEG, Moritz *August* v. 21. 7. 1862
Minister für geistl., Unterrichts- und Medizinal-Angelegenheiten, geb. Frankfurt a. Main 8. 4. 1795, gest. Schloß Rheineck bei Andernach 14. 7. 1877.

BONCOMPAGNI LUDOVISI, Baldassarre Principe 21. 7. 1862
Mathematikhistoriker, geb. Rom 10. 5. 1821, gest. Rom 13. 4. 1894.

PRINGSHEIM, Nathanael 1. 7. 1864
o. Professor der Botanik in Jena, OM seit 1860 (s. d.) und wieder 1868.

BAEYER, Johann Jakob 27. 5. 1865
Generalleutnant, Präsident des Zentralbüros der Europ. Gradmessung, Präsident des Geodät. Instituts, geb. Müggelheim bei Berlin 5. 11. 1794, gest. Berlin 11. 9. 1885.

HANSSEN, Georg 1. 4. 1869
o. Professor der Nationalökonomie in Göttingen, OM seit 1862 (s. d.).

FRIEDLÄNDER, Eduard *Julius* Theodor 10. 2. 1875
Numismatiker, OM seit 1872 (s. d.).

MALMSTEN, Carl Johann 15. 12. 1880
Professor der Mathematik in Uppsala, geb. Uddetorp bei Skara 9. 4. 1814, gest. Uppsala 11. 2. 1886.

PEDRO II., Kaiser VON BRASILIEN (1831—1889) 18. 10. 1882
geb. Rio de Janeiro 2. 12. 1825, gest. Paris 5. 12. 1891.

CRAWFORD AND BALCARRES, James Ludovic LINDSAY, 26. bzw. 9. Earl of 30. 7. 1883
Astronom, geb. Saint-Germain-en-Laye 28. 7. 1847, gest. London 31. 7. 1913.

IBAÑEZ, Marquez de Mulhacén, Don Carlos 1. 4. 1887
Präsident der internationalen Erdmessung, geb. Barcelona 14. 4. 1825, gest. Nizza 29. 1. 1891.

BOLTZMANN, Ludwig 29. 6. 1888
Professor der Physik in Graz, München, Wien und Leipzig, 1888 zum OM gewählt (s. d.).

LEHMANN, Maximilian (*Max*) Ludwig Eduard 1. 10. 1888
o. Professor der Geschichte in Marburg, Leipzig und Göttingen, OM 1887 (s. d.), wird 1925 durch Statutenänderung AM.

ZELLER, *Eduard* Gottlob 1. 10. 1894
in Stuttgart und Zürich, KM seit 1864, OM 1872 (s. d.); wird 1895 AM.

OSKAR II., König VON SCHWEDEN und (bis 1905) NORWEGEN 14. 9. 1897
geb. Stockholm 21. 1. 1829, gest. Stockholm 8. 12. 1907.

ALTHOFF, *Friedrich* Theodor 5. 3. 1900
Ministerialdirektor der I. Unterrichtsabteilung (Kunst und Wissenschaft), geb. Dinslaken a. Rh. 19. 2. 1839, gest. Steglitz bei Berlin 20. 10. 1908.

FALK, Paul Ludwig *Adalbert* 5. 3. 1900
Oberlandesgerichtspräsident in Hamm, 1872—1879 Minister für geistl., Unterrichts- und Medizinal-Angelegenheiten, geb. Metschkau (Schles.) 10. 8. 1827, gest. Hamm (Westf.) 7. 7. 1900.

GOSSLER, *Gustav* Heinrich Konrad v. 5. 3. 1900
Oberpräsident der Provinz Westpreußen, 1881—1891 Minister für geistl., Unterrichts- und Medizinal-Angelegenheiten, geb. Naumburg a. d. Saale 13. 4. 1838, gest. Danzig 29. 9. 1902.

HOHENLOHE-SCHILLINGSFÜRST, Prinz v. Ratibor und Corvey, Chlodwig Fürst zu 5. 3. 1900
Reichskanzler und preuß. Ministerpräsident (1894—1900), geb. Rotenburg a. d. Fulda 31. 3. 1819, gest. Ragaz 6. 7. 1901.

LERCHENFELD auf Köfering und Schönberg, Hugo Graf v. und zu 5. 3. 1900
bayerischer Gesandter in Berlin, geb. Berlin 13. 10. 1843, gest. Köfering 28. 6. 1925.

SCHÖNE, *Richard* Kurt Theophilus 5. 3. 1900
Vortrag. Rat für Kunstangelegenheiten im Ministerium, Generaldirektor der Königl. Museen, geb. Dresden 5. 2. 1840, gest. Berlin 5. 3. 1922.

WENTZEL, geb. HECKMANN, Marie Elisabeth (*Elise*) 5. 3. 1900
geb. Berlin 20. 3. 1833, gest. Berlin 4./5. 2. 1914.

STUDT, Konrad v. (1906) 17. 3. 1900
Minister für geistl., Unterrichts- und Medizinal-Angelegenheiten (1899—1907), geb. Schweidnitz 5. 10. 1838, gest. Berlin 29. 10. 1921.

WHITE, Andrew Dickson 12. 12. 1900
Botschafter der Verein. Staaten von Nordamerika in Berlin, geb. Homer (New York) 7. 11. 1832, gest. Ithaca (New York) 4. 11. 1918.

KOHLRAUSCH, *Friedrich* Wilhelm Georg 1. 4. 1905
in Marburg, KM seit 1884, OM seit 1895 (s. d.).

LILIENCRON, Rochus Freiherr v. 1. 9. 1908
in Berlin, AM seit 1901 (s. d.).

BÜLOW, Bernhard Fürst v. 31. 1. 1910
ehem. Reichskanzler, in Rom, geb. Klein-Flottbek bei Altona 3. 5. 1849, gest. Rom 28. 10. 1929.

WÖLFFLIN, Heinrich 1. 4. 1912
o. Professor der Kunstgeschichte in München, OM seit 1910 (s. d.); wird 1925 durch Statutenänderung AM.

SCHMIDT-OTT, Friedrich 2. 3. 1914
Ministerialdirektor der Abteilung für Kunst und Wissenschaft, 1917 Minister für geistl. und Unterrichts-Angelegenheiten; Präsident der Notgemeinschaft der Deutschen Wissenschaft, geb. Potsdam 4. 6. 1860.

TROTT ZU SOLZ, August v. 2. 3. 1914
Minister für geistl., Unterrichts- und Medizinal-Angelegenheiten (1909—1917), geb. Imshausen bei Bebra 29. 12. 1855, gest. Imshausen 27. 10. 1938.

VALENTINI, Rudolf v. 2. 3. 1914
Chef des Geh. Zivilkabinetts, geb. Krussow (Uckermark) 1. 10. 1855, gest. Hameln 18. 12. 1925.

LENZ, *Max* Albert Wilhelm 1. 5. 1914
o. Professor der Geschichte in Hamburg, seit 1896 OM (s. d.); wird 1925 durch Statutenänderung AM und durch Rückkehr nach Berlin OM.

WILLSTÄTTER, *Richard* Martin 1. 4. 1916
o. Professor der Chemie in München, OM seit 1914 (s. d.); wird 1925 durch Statutenänderung AM.

BRANCA, *Wilhelm* Karl Franz v. 6. 5. 1918
o. Professor der Geologie in München, OM seit 1899 (s. d.); wird 1925 durch Statutenänderung AM.

HEUSLER, Andreas 1. 10. 1919
o. Professor der nordischen Philologie in Basel, OM seit 1907 (s. d.); wird 1925 durch Statutenänderung AM.

CARATHÉODORY, Konstantin — Juli 1920

Professor der Mathematik in Athen und München, OM 1919 (s. d.); wird 1925 durch Statutenänderung AM.

DRAGENDORFF, Hans — 1. 4. 1922

o. Professor der Archäologie in Freiburg, OM seit 1916 (s. d.); wird 1925 durch Statutenänderung AM.

BODE, Wilhelm v. — 9. 12. 1925

Generaldirektor der Königl. Museen, Kunsthistoriker, geb. Calvörde (Braunschweig) 10. 12. 1845, gest. Berlin 1. 3. 1929.

MILLER, Oskar v. — 27. 4. 1929

Ingenieur, Schöpfer des Deutschen Museums in München, geb. München 7. 5. 1855, gest. München 9. 4. 1934.

SCHWEITZER, Albert — 2. 7. 1929

Dr. med., Arzt in Lambarene (Gabun), Kulturphilosoph, geb. Kaysersberg (Elsaß) 14. 1. 1875.

SCHURMAN, Jacob Gould — 11. 12. 1929

Botschafter der Verein. Staaten von Nordamerika, geb. Freetown (Pr. Edward-Isl.) 22. 5. 1854, gest. New York 12. 8. 1942.

BOSCH, Carl — 20. 6. 1936

Chemiker, Vorsitzender des Aufsichts- und Verwaltungsrats der I. G. Farbenindustrie, geb. Köln 27. 8. 1874, gest. Heidelberg 26. 4. 1940.

DÖRPFELD, Wilhelm — 24. 1. 1939

Archäologe, geb. Barmen 26. 12. 1853, gest. Leukas 25. 4. 1940.

TODT, Fritz — 24. 1. 1939

Generalinspektor für das deutsche Straßenwesen, geb. Pforzheim 4. 9. 1891, gest. (durch Flugzeugabsturz) 8. 2. 1942.

HÓMAN, Valentin (Bálint) v. — 5. 7. 1939

Professor der mittl. Geschichte in Budapest, Generaldirektor des Ungarischen Nationalmuseums, zeitweilig Kultusminister, geb. Budapest 29. 12. 1885.

HILBERT, David — 7. 5. 1942

emer. o. Professor der Mathematik in Göttingen, geb. Königsberg i. Pr. 23. 1. 1862, gest. Göttingen 14. 2. 1943; seit 1913 KM.

LENARD, Philipp — 1. 6. 1942

emer. o. Professor der Physik in Heidelberg, geb. Preßburg 7. 6. 1862, gest. Messelhausen (Kr. Tauberbischofsheim) 20. 5. 1947; seit 1909 KM.

FILOW, Bogdan — 5. 4. 1943

Professor der Archäologie in Sofia, Präsident der Bulgarischen Akademie der Wissenschaften, zeitweilig Ministerpräsident und Minister der auswärtigen Angelegenheiten, geb. Stara Zagora 28. 3./10. 4. 1883[1]), gest. Sofia Febr. 1945.

---

[1]) Der hier vorliegende Umrechnungsfehler konnte nicht geklärt werden.

DIE KORRESPONDIERENDEN MITGLIEDER

seit 1812

(die Korrespondenten der phil.-hist. Klasse nach 1830 sind durch * vor dem Namen hervorgehoben)

Am 25. 6. 1812 wurden die ersten korrespondierenden Mitglieder aller vier Klassen vom Plenum der Akademie gewählt.

Für die Physikalische Klasse[1]):

ACKERMANN, Jakob Fidelis
o. Professor der Anatomie und Physiologie in Heidelberg, geb. Rüdesheim 23. 4. 1765, gest. bei Rüdesheim 28. 10. 1815.

ALBERS, Johann Abraham
Dr. med., Arzt in Bremen, geb. Bremen 20. 3. 1772, gest. Bremen 24. 3. 1821.

AUTENRIETH, Johann Hermann Ferdinand
o. Professor der Medizin und Kanzler der Universität Tübingen, geb. Stuttgart 20. 10. 1772, gest. Tübingen 2. 5. 1835.

BALBIS, Giovanni Battista
Professor der Botanik in Turin und Lyon, geb. Moretta (Piemont) 17. 11. 1765, gest. Lyon 13. 2. 1831.

BARTON, Benjamin Smith
Professor der Medizin in Philadelphia, geb. Lancaster (Pennsylvania) 10. 2. 1766, gest. Philadelphia 19. 12. 1815.

BECHSTEIN, Johann Matthäus
Direktor der Forstlehranstalt Dreißigacker bei Meiningen, geb. Waltershausen 11. 7. 1757, gest. Dreißigacker 23. 2. 1822.

BERZELIUS, Johann Jakob
Chemiker in Stockholm; 1825 AM (s. d.).

BRERA, Valeriano Luigi
Professor der Medizin in Pavia, geb. Pavia 15. 9. 1772, gest. Venedig 4. 10. 1840.

BROWN, Robert
Botaniker, Kustos am Britischen Museum; 1834 AM (s. d.).

BRUGMANS, Sebaldus Justinus
Professor der Botanik in Leiden, geb. Franeker 24. 3. 1763, gest. Leiden 22. 7. 1819.

BRUGNATELLI, Luigi Vincenzo
Professor der Chemie in Pavia, geb. Pavia 14. 2. 1761, gest. Pavia 24. 8. 1818.

BUCHOLZ, Christian Friedrich
Professor der Medizin in Erfurt, geb. Eisleben 19. 9. 1770, gest. Erfurt 9. 6. 1818.

---

[1]) Leopoldo CALDANI in Padua wurde irrtümlich gewählt; er war bereits seit 1760 AM und hätte nun EM werden müssen. Er starb 1813.

DESFONTAINES, René LOUICHE-

Professor der Botanik am Jardin des Plantes und am Naturhistor. Museum in Paris, geb. Tremblay (Bretagne) 14. 2. 1750, gest. Paris 16. 11. 1833.

DESGENETTES, *René*-Nicolas DUFRICHE, Baron

Generalsanitätsinspekteur der Armee, Professor der Medizin an der Med. Fakultät in Paris, geb. Alençon 23. 5. 1762, gest. Paris 3. 2. 1837.

FLORMANN, Arvid Henrik

Professor der Anatomie und Chirurgie in Lund, geb. Tosterup (Schonen) 4. 9. 1761, gest. Lund 21. 1. 1840.

GAY-LUSSAC, Louis-Joseph

Professor der Chemie am Naturhistor. Museum, an der Fac. des sciences und an der Ecole polytechn. in Paris; 1842 AM (s. d.).

GILBERT, Ludwig Wilhelm

o. Professor der Physik in Leipzig, geb. Berlin 12. 8. 1769, gest. Leipzig 7. 3. 1824.

HAUSMANN, Johann Friedrich Ludwig

Professor der Technologie und Bergwissenschaft in Göttingen, Geologe, geb. Hannover 22. 2. 1782, gest. Göttingen 26. 12. 1859.

HELLWIG, Johann Christian Ludwig

Professor der Mathematik und der Naturwissenschaften am Collegium Carolinum in Braunschweig, geb. Garz (Pomm.) 8. 11. 1743, gest. Braunschweig 10. 9. 1831.

HILDEBRANDT, Georg Friedrich

o. Professor der Medizin, Chemie und Physik in Erlangen, geb. Hannover 5. 6. 1764, gest. Erlangen 23. 3. 1816.

HUTH, *Johann* Simon *Gottfried* Sigismund

o. Professor der Mathematik und Astronomie in Dorpat, geb. Roßlau a. d. Elbe 2. 5. 1763, gest. Dorpat 28. 2./12. 3. 1818.

KIELMEYER, Karl Friedrich v.

o. Professor der Chemie, Botanik und Pharmazie in Tübingen, geb. Bebenhausen (Württ.) 22. 10. 1765, gest. Tübingen 24. 9. 1844.

LA METHERIE, Jean-Claude DE

Professor der Physik am Collège de France in Paris, Redakteur des Journal de Physique, geb. Clayette (Mâconnais) 4. 9. 1743, gest. Paris 1. 7. 1817.

LARREY, *Dominique*-Jean Baron

Chefchirurg der Großen Armee, Inspekteur des Obersten Gesundheitsrats, geb. Baudéan (Bigorre) 8. 7. 1766, gest. Lyon 25. 7. 1842.

LATREILLE, Pierre-*André*

Professor der Entomologie am Naturhistor. Museum in Paris, geb. Brive-la-Gaillarde (Limousin) 29. 11. 1762, gest. Paris 6. 2. 1833.

LINK, Heinrich Friedrich

o. Professor der Botanik in Breslau; 1815 OM (s. d.).

MERREM, Blasius

Professor der Ökonomie, Kameralwissenschaft und Botanik in Marburg, geb. Bremen 4. 2. 1761, gest. Marburg 23. 2. 1824.

MOHS, *Friedrich* Karl Christian

Professor der Mineralogie in Graz, Freiberg und Wien, geb. Gernrode 29. 1. 1773, gest. Agordo (Tirol) 29. 9. 1839.

MOLL, Karl Maria Ehrenbert Freiherr v.

Mineraloge, Sekretär der math.-phys. Klasse der Bayerischen Akademie der Wissenschaften in München, geb. Thalgau (Salzburg) 21. 12. 1760, gest. Augsburg 1. 2. 1838.

VAN MONS, Jean Baptiste

Professor der Chemie und Physik an der Zentralschule in Brüssel, dann Professor der Chemie und Agronomie in Löwen, geb. Brüssel 11. 11. 1765, gest. Löwen 6. 9. 1842.

PFAFF, Christoph Heinrich

o. Professor der Chemie in Kiel, geb. Stuttgart 2. 3. 1773, gest. Kiel 23. 4. 1823.

RICHARD, Louis-*Claude*-Marie

Professor der Botanik an der Med. Fakultät in Paris, geb. Versailles 19. 9. 1754, gest. Paris 6. 6. 1821.

ROSENMÜLLER, Johann Christian

o. Professor der Anatomie in Leipzig, geb. Heßburg bei Hildburghausen 25. 5. 1771, gest. Leipzig 28./29. 2. 1820.

SCHRADER, Heinrich Adolf

o. Professor der Botanik in Göttingen, geb. Alfeld (Hann.) 1. 1. 1767, gest. Göttingen 22. 10. 1836.

SCHREGER, Bernhard Nathanael Gottlieb

o. Professor der Chirurgie in Erlangen, geb. Zeitz 6. 6. 1766, gest. Erlangen 8. 10. 1825.

STEPHAN, Christian *Friedrich*

Direktor des Forst-Instituts, Professor der Botanik an der Mediko-chirurg. Akademie und Inspektor des Botanischen Gartens in Petersburg, geb. Leipzig 1757, gt. 17. 2., gest. St. Petersburg 17./29. 12. 1814.

SWARTZ, Olof

Professor der Botanik und Naturgeschichte am Karolin. Institut in Stockholm, geb. Norrköping 21. 9. 1760, gest. Bergiilund 19. 9. 1818.

TENORE, Michele

Direktor des Botanischen Gartens in Neapel, geb. Neapel 5. 5. 1781, gest. Neapel 19. 7. 1861.

THENARD, Louis-Jacques, 1824 Baron de

Professor der Chemie am Collège de France, an der Fac. des sciences und an der Ecole polytechn. in Paris; 1855 AM (s. d.).

TIEDEMANN, Friedrich

o. Professor der Anatomie in Heidelberg; 1854 AM (s. d.).

TILESIUS VON TILENAU, Wilhelm Gottlob

ao. Akademiker für Naturgeschichte in Petersburg; später in Mühlhausen (Thür.) und Leipzig, geb. Mühlhausen (Thür.) 17. 7. 1769, gest. Mühlhausen 17. 5. 1857.

TREVIRANUS, Gottfried Reinhold

Dr. med., Arzt in Bremen, geb. Bremen 4. 2. 1776, gest. Bremen 16. 2. 1837.

TROMMSDORFF, Johann Bartholomäus

Professor der Pharmazie in Erfurt, Direktor der Akademie der Wissenschaften, geb. Erfurt 8. 5. 1770, gest. Erfurt 8. 3. 1837.

VASSALLI-EANDI, Antonio Maria

Professor der Physik und Direktor der Sternwarte in Turin, geb. Turin 30. 1. 1761, gest. Turin 5. 7. 1825.

VAUQUELIN, Nicolas-Louis

Professor der Chemie an der Med. Fakultät, am Naturhistor. Museum, am Collège de France und an der Ecole de pharmacie in Paris, geb. Saint-André d'Hébertot (Normandie) 16. 5. 1763, gest. daselbst (Calvados) 14. 11. 1829.

VIBORG, Erik Nissen

Direktor und Professor der Veterinärschule in Kopenhagen, geb. Bedsted (Schleswig) 5. 4. 1759, gest. Kopenhagen 25. 9. 1822.

WIEDEMANN, Christian Rudolf Wilhelm

o. Professor der Medizin in Kiel, geb. Braunschweig 7. 11. 1770, gest. Kiel 21. 12. 1840.

ZIMMERMANN, Eberhard August Wilhelm v.

Naturforscher in Braunschweig, geb. Ülzen (Hann.) 17. 8. 1743, gest. Braunschweig 3./4. 7. 1815.

Für die Mathematische Klasse:

BRUNACCI, Vincenzo

Professor der Mathematik in Pavia, geb. Pisa 3. 3. 1768, gest. Pavia 16. 6. 1818.

BÜRG, Johann Tobias

Adjunkt an der Sternwarte in Wien, geb. Wien 24. 12. 1766, gest. Wiesenau bei Klagenfurt 25. 11, 1834.

KRAMP, Christian

o. Professor der Mathematik in Straßburg, geb. Straßburg 10. 7. 1760, gest. Straßburg 14. 5. 1826.

LE GENDRE, Adrien-Marie

Professor der Mathematik an der Normalschule in Paris, geb. Paris 18. 9. 1752, gest. Paris 9. 1. 1833.

MONGE, Comte de Péluse, Gaspard

Geometer, Mitbegründer und Direktor der Ecole polytechn. in Paris, geb. Beaune (Bourgogne) 10. 5. 1746, gest. Paris 28. 7. 1818.

OLBERS, Heinrich *Wilhelm* Matthäus

Dr. med., Arzt und Astronom in Bremen; 1830 AM (s. d.).

ORIANI, Barnaba

Direktor der Sternwarte in Mailand, geb. Garegnano bei Mailand 17. 7. 1752, gest. Mailand 12. 11. 1832.

PFAFF, Johann Friedrich

o. Professor der Mathematik in Halle; 1817 AM (s. d.).

PFLEIDERER, Christoph Friedrich v.

o. Professor der Mathematik und Physik in Tübingen, geb. Kirchheim u. T. (Württ.) 20. 10. 1736, gest. Tübingen 27. 9. 1821.

PIAZZI, Giuseppe

Professor der Mathematik und Direktor der Sternwarte in Palermo und Neapel, geb. Ponte (Veltlin) 16. 7. 1746, gest. Neapel 22. 7. 1826.

POISSON, Siméon-*Denis*

Professor der Mathematik und Mechanik an der Fac. des sciences und der Ecole polytechn. in Paris; 1830 AM (s. d.).

PRONY, Gaspard-Clair-François-*Marie* RICHE, Baron (1828) DE

Professor der Mechanik an der Ecole polytechn., Direktor der Brücken- und Wegebauschule, Generalinspektor der Brücken und Chausseen, geb. Chamelet (Lyonnais) 22. 7. 1755, gest. Asnières (Seine) 29. 7. 1839.

Für die Philosophische Klasse:

BOUTERWEK, *Friedrich* Ludwig
o. Professor der Philosophie in Göttingen, geb. Oker a. Harz 15. 4. 1766, gest. Göttingen 9. 8. 1828.

*DELBRÜCK, Johann Friedrich *Ferdinand*
Reg.-Rat und ao. Professor der klass. Philologie in Königsberg; Schulrat in Düsseldorf, o. Professor der schönen Literatur und Philosophie in Bonn, geb. Magdeburg 12. 4. 1772, gest. Bonn 25. 1. 1848.

*FRIES, Jakob Friedrich
o. Professor der Philosophie in Heidelberg und Jena, geb. Barby a. d. Elbe 23. 8. 1773, gest. Jena 10. 8. 1843.

*GERANDO, Joseph-Marie Baron DE
Professor des Staats- und Verwaltungsrechts an der Jur. Fakultät in Paris, Mitglied des Staatsrats, geb. Lyon 29. 2. 1772, gest. Paris 10. 11. 1842 (u).

MAINE DE BIRAN, François-Pierre-Gonthier
Politiker und Philosoph in Paris, geb. Bergerac (Périgord) 29. 11. 1766, gest. Paris 16. 7. 1824.

RIDOLFI, Angelo
Professor der Rechtswissenschaft in Bologna, dann der deutschen Sprache und Literatur in Padua, geb. Verona 25. 5. 1752, gest. Padua 20. 2. 1825.

*TYDEMAN, Meinard
emer. Professor der Rechtswissenschaft in Leiden, geb. Zwolle 20. 3. 1741, gest. Leiden 1. 2. 1825.

VILLERS, *Charles*-François Dominique DE
Professor der französ. Literatur in Göttingen, geb. Bolchen (Lothr.) 4. 11. 1765, gest. Göttingen 26. 2. 1815.

Für die Historisch-philologische Klasse:

*AVELLINO, Francesco Maria
Professor der Rechtswissenschaft und Direktor des Bourbon. Museums in Neapel, Numismatiker, geb. Neapel 14. 8. 1788, gest. Neapel 10. 1. 1850.

BARBIÉ DU BOCAGE, Jean-Denis
Geograph und Archäologe in Paris, geb. Paris 28. 4. 1760, gest. Paris 28. 12. 1825.

*BEIGEL, Georg Wilhelm Sigismund
Oberbibliothekar in Dresden, geb. Ippersheim (Franken) 25. 9. 1753, gest. Dresden 25. 1. 1837.

*BÖTTIGER, Karl August
Oberaufseher des Antiken-Museums in Dresden, geb. Reichenbach (Vogtl.) 8. 6. 1760, gest. Dresden 17. 11. 1835.

DOBROVSKY, Joseph
Slavist in Prag und Brünn, geb. Györmet (Ungarn) 17. 8. 1753, gest. Brünn 6. 1. 1829.

EBELING, *Christoph* Ludwig *Daniel* Friedrich
Professor der Geschichte und der griech. Sprache am Akadem. Gymnasium und Stadtbibliothekar in Hamburg, geb. Garmissen bei Hildesheim 20. 11. 1741, gest. Hamburg 30. 6. 1817.

*HASE, Karl *Benedikt*
Professor der vergl. Grammatik und Konservator der Handschriften der Kgl. Bibliothek in Paris; 1850 AM (s. d.).

*HEEREN, *Arnold* Hermann Ludwig
o. Professor der Geschichte in Göttingen; 1831 AM (s. d.).

HEINDORF, Ludwig Friedrich
o. Professor der klass. Philologie in Breslau, geb. Berlin 21. 9. 1774, gest. Halle 23. 6. 1816.

HERMANN, Johann *Gottfried* Jakob
o. Professor der klass. Philologie in Leipzig; 1820 AM (s. d.).

*VAN HEUSDE, Philipp Willem
Professor der Geschichte, Altertumskunde, Beredsamkeit und der griech. Sprache in Utrecht, geb. Rotterdam 17. 6. 1778, gest. Genf 28. 7. 1839.

*JACOBS, Christian *Friedrich* Wilhelm
Oberbibliothekar und Direktor der Kunstsammlungen in Gotha; 1832 AM (s. d.).

*KÖHLER, Heinrich Karl Ernst
Bibliothekar der Eremitage, ord. Akademiker für griech. u. röm. Literatur u. Altertümer in Petersburg, geb. Wechselburg (Sachsen) 15. 8. 1765, gest. St. Petersburg 22. 1./3. 2. 1838.

LAMBERTI, Luigi
Professor am Brera-Kolleg und Direktor der öffentl. Brera-Bibliothek in Mailand, geb. Reggio (Emilia) 27. 5. 1756, gest. Mailand 4. 12. 1813.

*LINDE, Samuel Gottlieb
Direktor der öffentl. Bibliothek und Professor der Philologie an der Universität in Warschau, geb. Thorn 28. 4. 1771, gest. Warschau 27. 7./8. 8. 1847.

MILLIN DE GRANDMAISON, Aubin-Louis
Konservator des Antiken- und Medaillenkabinetts der Bibliothèque Nationale in Paris, geb. Paris 19. 7. 1759, gest. Paris 14. 8. 1818.

MORELLI, Giacomo (Jacopo)
Bibliothekar der Markus-Bibliothek in Venedig, geb. Venedig 14. 4. 1745, gest. Venedig 5. 5. 1819.

MÜNTER, *Friedrich* Karl Heinrich
Professor der Theologie in Kopenhagen, Bischof von Seeland, Altertumsforscher, geb. Gotha 14. 10. 1761, gest. Kopenhagen 9. 4. 1830.

*QUATREMÈRE, Etienne-Marc
Professor der griech. Sprache in Rouen, Professor der oriental. Sprachen am Collège de France in Paris, geb. Paris 12. 7. 1782, gest. Paris 18. 9. 1857.

SCHLICHTEGROLL, Adolf Heinrich *Friedrich* v.
Direktor der Hofbibliothek und Sekretär der Bayerischen Akademie der Wissenschaften in München, geb. Waltershausen 8. 12. 1765, gest. München 4. 12. 1822.

*SIMONDE DE SISMONDI, Jean Charles Léonard
Historiker und Nationalökonom in Genf, geb. Genf 9. 5. 1773, gest. Genf 25. 6. 1842.

VATER, Johann Severin
o. Professor der Theologie und der morgenländ. Sprachen in Königsberg und Halle, geb. Altenburg 27. 5. 1771, gest. Halle 15. 3. 1826.

WILKEN, Friedrich
o. Professor der Geschichte in Heidelberg; 1819 OM (s. d.).

Weiterhin wurden gewählt:

*HAMMER-PURGSTALL, Joseph Freiherr v. (1835) h.-ph. 17. 3. 1814
Hofrat im Ministerium des Auswärigen in Wien, Orientalist, Präsident der Akademie der Wissenschaften, geb. Graz 9. 6. 1774, gest. Wien 23. 11. 1856.

KAUSCH, Johann Joseph phys. 17. 3. 1814
Dr. med., Wirkl. Geh. Medizinalrat in Liegnitz, geb. Löwenberg (Schles.) 16. 11. 1751, gest. Liegnitz 10. 3. 1825.

WAHLENBERG, Göran phys. 17. 3. 1814
Professor der Botanik in Uppsala, geb. Skarphyttans bruk (Värmland) 1. 10. 1780, gest. Uppsala 22. 3. 1851.

*BRÖNDSTED, Peter Oluf (Ole) h.-ph. 22. 6. 1815
Professor der klass. Philologie und Archäologie in Kopenhagen, Direktor des Antiken-Kabinetts, geb. Fruering (Jütland) 17. 11. 1780, gest. Kopenhagen 26. 6. 1842.

GAZIS (GAZES), Anthimos h.-ph. 22. 6. 1815
Archimandrit, Mitglied des griech. Areopags, geb. Meliai (Miliä, Thess.) 1758, gest. Syra 22. 12. 1828.

*MUSTOXIDIS (MUSTOXIDES), Andreas h.-ph. 22. 6. 1815
Historiograph von Korfu, Direktor der Volksbildung in Griechenland, geb. Korfu 1785, gest. Wien 29. 7. 1860.

ACCUM, Friedrich Christian phys. 21. 12. 1815
Professor der Chemie und Mineralogie in London, dann am Gewerbeinstitut und an der Bauakademie in Berlin, geb. Bückeburg 29. 3. 1769, gest. Berlin 28. 6. 1838.

CHLADNI, *Ernst* Florens Friedrich phys. 21. 12. 1815
Physiker (auf dem Gebiet der Akustik) in Wittenberg, geb. Wittenberg 30. 11. 1756, gest. Breslau 4. 4. 1827.

WOLTMANN, Reinhard math. 26. 6. 1817
Wasserbaudirektor in Hamburg, geb. Axstedt (Hann.) Dez. 1757, gest. Hamburg 20. 4. 1837.

*GÖSCHEN, Johann Friedrich Ludwig h.-ph. 26. 6. 1817
o. Professor der Rechte in Berlin und Göttingen, geb. Königsberg i. Pr. 16. 2. 1778, gest. Göttingen 24. 9. 1837.

CONFIGLIACHI, Pietro phys. 25. 6. 1818
Professor der Physik in Pavia, geb. Mailand 7. 11. 1777, gest. Pavia 23. 6. 1844.

NITZSCH, Christian Ludwig phys. 25. 6. 1818
Professor der Naturgeschichte in Halle, geb. Beucha (Sachsen) 3. 9. 1782, gest. Halle 16. 8. 1837.

SEEBECK, *Thomas* Johann phys. 25. 6. 1818
Dr. med., Physiker in Nürnberg; 1819 OM (s. d.).

*FURIA, Francesco DEL h.-ph. 4. 2. 1819
großherzogl. Bibliothekar in Florenz, Philologe, geb. Florenz 28. 12. 1777, gest. Florenz 19. 10. 1856.

CONDE, José Antonio phil. 9. 12. 1819
Vorstand der Escorial-Bibliothek, Historiker und Orientalist, geb. Paraleja (Cuenca) 1765, gest. Madrid 12. 6. 1820.

*KUMAS, Konstantinos phil. 9. 12. 1819
Direktor des Kollegiums in Smyrna, dann des griech. Gymnasiums in Triest, geb. Larissa 1777, gest. Triest 13. 5. 1836.

BIOT, Jean-Baptiste phys. 1. 6. 1820
Professor der Physik am Collège de France, der physikal. Astronomie an der Fac. des sciences in Paris; 1850 AM (s. d.).

JAMESON, Robert phys. 1. 6. 1820

Professor der Naturgeschichte in Edinburgh, Mineraloge, geb. Leith 11. 7. 1774, gest. Edinburgh 19. 4. 1854.

KUNTH, Karl Sigismund phys. 1. 6. 1820

Botaniker in Paris; 1830 OM (s. d.).

OERSTED, Hans Christian phys. 23. 11. 1820

Professor der Physik in Kopenhagen, geb. Rudköbing 14. 8. 1772, gest. Kopenhagen 9. 3. 1851.

HALMA, Nicolas math. 16. 8. 1821

Abbé, Mathematiker und Mathematikhistoriker in Paris, geb. Sedan 31. 12. 1755, gest. Paris 4. 6. 1828.

*CATTANEO, Gaetano h.-ph. 16. 8. 1821

Vorstand des Münzkabinetts in Mailand, geb. Soncino bei Pavia 20. 9. 1771, gest. Triest 10. 9. 1841.

*CLARAC, Charles-Othon-Frédéric-Jean-Baptiste Comte DE h.-ph. 16. 8. 1821

Direktor des Antikenmuseums des Louvre, geb. Paris 16. 6. 1777, gest. Paris 20. 1. 1847.

*JOMARD, Edme-François h.-ph. 16. 8. 1821

Geograph und Ägyptologe in Paris, geb. Versailles 22. 11. 1777, gest. Paris 22. 9. 1862.

*LETRONNE, Jean-Antoine h.-ph. 16. 8. 1821

Professor der Geschichte und Archäologie am Collège de France, Direktor der Königl. Bibliothek in Paris; 1832 AM (s. d.).

SPRENGEL, *Kurt* Polycarp Joachim phys. 28. 2. 1822

Professor der Medizin und Botanik in Halle, geb. Boldekow bei Anklam 3. 8. 1766, gest. Halle 15. 3. 1833.

*LANG, Karl Heinrich Ritter v. h.-ph. 28. 2. 1822

ehem. Direktor des Bayer. Reichsarchivs, Historiker in Ansbach, geb. Balgheim b. Nördlingen 7. 7. 1764, gest. bei Ansbach 26. 3. 1835.

*MAI, Angelo h.-ph. 28. 2. 1822

Bibliothekar der Vatikan. Bibliothek, 1838 Kardinal; 1854 EM (s. d.)

THORLACIUS, Börge h.-ph. 28. 2. 1822

Professor der klass. Philologie in Kopenhagen, geb. Kolding 1. 5. 1775, gest. Kopenhagen 8. 10. 1829.

ENCKE, Johann Franz math. 5. 6. 1823

Vizedirektor der Sternwarte auf dem Seeberg bei Gotha; 1825 OM (s. d.).

*MÜLLER, Karl *Otfried* h.-ph. 5. 6. 1823

o. Professor der klass. Philologie in Göttingen, geb. Brieg 28. 8. 1797, gest. Athen 1. 8. 1840.

*MEIER, Moritz Hermann Eduard h.-ph. 17. 6. 1824

o. Professor der Altertumswissenschaft in Greifswald und Halle, geb. Groß-Glogau (Oberschles.) 1. 1. 1796, gest. Halle 5. 12. 1855.

*SCHÖMANN, Georg Friedrich h.-ph. 17. 6. 1824

o. Professor der klass. Philologie in Greifswald, geb. Stralsund 28. 6. 1793, gest. Greifswald 25. 3. 1879.

*REMUSAT, Jean-Pierre-*Abel* h.-ph. 9. 6. 1825

Professor am Collège de France in Paris, Sinologe, geb. Paris 5. 9. 1788, gest. Paris 4. 6. 1832.

*THIERSCH, *Friedrich* Wilhelm h.-ph. 9. 6. 1825

o. Professor der klass. Philologie in München, Präsident der Bayerischen Akademie der Wissenschaften; 1858 AM (s. d.).

EHRENBERG, Christian Gottfried phys. 13. 4. 1826
Dr. med., Forschungsreisender; 1827 OM (s. d.).

OLFERS, *Ignaz* Franz Werner Maria v. phys. 13. 4. 1826
preuß. Diplomat; 1837 OM (s. d.).

SAVIGNY, Marie-*Jules*-César LELORGNE DE phys. 13. 4. 1826
Entomologe in Paris, geb. Provins (Brie champ.) 5. 4. 1779, gest. Gally (Seine-et-Oise) 5. 10. 1851.

SERRES, Pierre-*Marcel*-Toussaint DE phys. 13. 4. 1826
Professor der Geologie und Mineralogie in Montpellier, geb. Montpellier 3. 11. 1783, gest. Montpellier 22. 7. 1862.

BOHNENBERGER, Johann Gottlieb Friedrich v. math. 22. 6. 1826
Professor der Mathematik und Astronomie in Tübingen, geb. Simmolzheim (Schwarzwald) 5. 6. 1765, gest. Tübingen 19. 4. 1831.

CARLINI, Francesco math. 22. 6. 1826
Direktor der Sternwarte in Mailand, geb. Mailand 8. 1. 1783, gest. Crodo 29. 8. 1862.

FOURIER, Jean-Baptiste-*Joseph* Baron DE math. 22. 6. 1826
Professor der Mathematik an der Ecole polytechn. in Paris, geb. Auxerre 21. 3. 1768, gest. Paris 16. 5. 1830.

IVORY, Sir (1831) James math. 22. 6. 1826
Professor der Mathematik am Mil. College in Sandhurst, geb. Dundee 1765, gest. London 21. 9. 1842.

SCHUMACHER, Heinrich Christian math. 22. 6. 1826
Direktor der Sternwarte in Altona, zugleich Professor der Astronomie in Kopenhagen, geb. Bramstedt (Holstein) 3. 9. 1780, gest. Altona 28. 12. 1850.

*GESENIUS, Heinrich Friedrich *Wilhelm* h.-ph. 22. 6. 1826
o. Professor der Theologie in Halle, Semitist, geb. Nordhausen 3. 2. 1786, gest. Halle 23. 10. 1842.

*GRIMM, *Jacob* Ludwig Karl h.-ph. 22. 6. 1826
Professor der Philologie in Göttingen; 1832 AM, 1841 OM (s. d.).

AMPÈRE, *André*-Marie phys. 13. 12. 1827
Professor der Mathematik am Collège de France in Paris, geb. Lyon 20. 1. 1775, gest. Marseille 10. 6. 1836.

BREWSTER, Sir (1832) David phys. 13. 12. 1827
Professor der Physik in Edinburgh; 1846 AM (s. d.).

BROGNIART, Alexandre phys. 13. 12. 1827
Chemiker, Direktor der Porzellanmanufaktur in Sèvres, Professor der Mineralogie am Naturhistor. Museum, geb. Paris 5. 2. 1770, gest. Paris 7. 10. 1847.

CANDOLLE, Augustin-*Pyramus* DE phys. 13. 12. 1827
Professor der Botanik in Genf, geb. Genf 4. 2. 1778, gest. Genf 9. 9. 1841.

CARUS, Karl Gustav phys. 13. 12. 1827
Dr. med., Direktor der Med.-chir. Akademie in Dresden, geb. Leipzig 3. 1. 1789, gest. Dresden 28. 7. 1869.

DALTON, John phys. 13. 12. 1827
Professor der Mathematik und Naturphilosophie in Manchester, geb. Eaglesfield (Cumberl.) 6. 9. 1766, gest. Manchester 27. 7. 1844.

DULONG, Pierre-Louis phys. 13. 12. 1827
Professor der Physik und Studiendirektor des Ecole polytechn. in Paris, geb. Rouen 12. 2. 1785, gest. Paris 19. 7. 1838.

ELIE DE BEAUMONT, Jean-Baptiste-Armand-Louis-*Léonce* phys. 13. 12. 1827
Professor der Geologie am Collège de France und an der Ecole des mines, Inspecteur gén. des mines, Geodät, geb. Canon (Calvados) 25. 9. 1798, gest. daselbst 21. 9. 1874.

FREIESLEBEN, Johann Karl phys. 13. 12. 1827
Rat beim preuß. Oberberg- und -hüttenamt, dann Berghauptmann und Chef des sächs. Berg- und Hüttenwesens, geb. Freiberg 14. 6. 1774, gest. Nieder-Auerbach (Vogtl.) 20. 3. 1846.

GMELIN, Leopold phys. 13. 12. 1827
o. Professor der Medizin in Heidelberg, geb. Göttingen 2. 8. 1788, gest. Heidelberg 13. 4. 1853.

HANSTEEN, Christopher phys. 13. 12. 1827
Professor der Astronomie in Christiania, geb. Christiania 26. 9. 1784, gest. Christiania 15. 4. 1873.

HERSCHEL, Sir (1838) *John* Frederick William phys. 13. 12. 1827
Astronom in Slough bei Windsor; 1839 AM (s. d.).

KRUSENSTERN, Adam Johann v. phys. 13. 12. 1827
russ. Admiral, Direktor des Seekadettenkorps, Forschungsreisender, geb. Haggud (Estland) 8./19. 11. 1770, gest. Ass (Estland) 12./24. 8. 1846.

WEBER, Ernst Heinrich phys. 13. 12. 1827
o. Professor der Anatomie und Physiologie in Leipzig; 1859 AM (s. d.).

*HAMAKER, Hendrik Arent h.-ph. 12. 2. 1829
Professor der klass. und oriental. Sprachen in Leiden, geb. Amsterdam 25. 2. 1789, gest. Neerlangbroek 7. 10. 1835.

*HORMAYR, Joseph Freiherr v. h.-ph. 12. 2. 1829
Vorstand des Bayerischen Reichsarchivs, Historiker, geb. Innsbruck 20. 1. 1782, gest. München 5. 10. 1848.

BERTHIER, Pierre phys. 10. 12. 1829
Inspecteur gén. des mines in Paris, geb. Nemours 3. 7. 1782, gest. Nemours 24. 8. 1861.

ESCHSCHOLTZ, Johann Friedrich phys. 10. 12. 1829
o. Professor der Anatomie in Dorpat, geb. Dorpat 1./12. 11. 1793, gest. Dorpat 7./19. 5. 1831.

POHL, Johann Emanuel phys. 10. 12. 1829
o. Professor der Medizin in Wien, geb. Kamnitz (Böhmen) 22. 2. 1782, gest. Wien 22. 5. 1834.

FLAUTI, Vincenzo math. 10. 12. 1829
Professor der Mathematik in Neapel, geb. Neapel 4. 4. 1782, gest. Neapel 21. 6. 1863.

JACOBI, Karl Gustav Jakob math. 10. 12. 1829
o. Professor der Mathematik in Königsberg; 1836 AM, 1844 OM (s. d.).

MOEBIUS, August Ferdinand math. 10. 12. 1829
o. Professor der Mathematik in Leipzig, geb. Pforta 17. 11. 1790, gest. Leipzig 26. 9. 1868.

*FREYTAG, Georg Wilhelm h.-ph. 10. 12. 1829
o. Professor der oriental. Sprachen in Bonn, geb. Lüneburg 19. 9. 1788, gest. Bonn 16. 11. 1861.

*KOSEGARTEN, Hans Gottfried *Ludwig* h.-ph. 10. 12. 1829
o. Professor der oriental. Sprachen in Greifswald, geb. Altenkirchen (Rügen) 10. 9. 1792, gest. Greifswald 18. 8. 1860.

*NEUMANN, Karl Friedrich h.-ph. 10. 12. 1829

Professor der chines. und armen. Sprache in München, geb. Reichmannsdorf bei Bamberg 28. 12. 1793, gest. Berlin 17. 3. 1870.

*BLARAMBERG, Johann v. h.-ph. 18. 3. 1830

Chef des Zollbezirks Odessa, Archäologe, geb. 1772, gest. Odessa 31. 12. 1831/12. 1. 1832.

FISCHER, Friedrich Ernst Ludwig 19. 1. 1832

Direktor des Botanischen Gartens in Petersburg, geb. Halberstadt 20. 11. 1782, gest. St. Petersburg 5./17. 6. 1854.

FISCHER V. WALDHEIM, Johann *Gotthelf* 19. 1. 1832

Professor der Naturgeschichte in Moskau, geb. Waldheim (Sachsen) 15. 10. 1771, gest. Moskau 6./18. 10. 1853.

GERGONNE, Joseph-Diez 19. 1. 1832

Professor der Mathematik in Montpellier, geb. Nancy 19. 6. 1771, gest. Montpellier 4. 4. 1859.

HANSEN, Peter Andreas 19. 1. 1832

Direktor der Sternwarte auf dem Seeberg, dann in Gotha; 1866 AM (s. d.)

LEDEBOUR, Karl Christian Friedrich 19. 1. 1832

o. Professor der Botanik in Dorpat, geb. Stralsund 8. 6. 1785, gest. München 22. 6. 1851.

LIBRI-CARUCCI della Sommaja, Guglielmo Brutus Icilius Timoleone Conte 19. 1. 1832

Professor der Mathematik am Collège de France in Paris bis 1848, geb. Florenz 2. 1. 1803, gest. Villa Fiesole 28. 9. 1869.

MARTIUS, Karl Friedrich *Philipp* v. 19. 1. 1832

o. Professor der Botanik in München; 1864 AM (s. d.).

OTTO, Adolf Wilhelm 19. 1. 1832

o. Professor der Anatomie in Breslau, geb. Greifswald 3. 8. 1786, gest. Breslau 14. 1. 1845.

PLANA, *Giovanni* Antonio Amedeo Baron (1848) 19. 1. 1832

Professor der Astronomie und Direktor der Sternwarte in Turin, geb. Voghera 8. 11. 1781, gest. Turin 20. 1. 1864.

PONCELET, Jean-Victor 19. 1. 1832

Brigadegeneral, Kommandant der Ecole polytechn., Mathematiker, geb. Metz 1. 7. 1788, gest. Paris 22. 12. 1867.

PONTÉCOULANT, Philippe-Gustave DOULCET DE 19. 1. 1832

Oberst der Artillerie, Astronom, geb. Paris 21. 6. 1795 (u), gest. Paris 21. 7. 1874.

PURKYNJE, Johann Evangelista 19. 1. 1832

o. Professor der Physiologie und Pathologie in Breslau und Prag, geb. Libochowitz (Böhm.) 17. 12. 1787, gest. Prag 28. 7. 1869.

QUETELET, Lambert *Adolphe* Jacques 19. 1. 1832

Direktor der Sternwarte und Professor der Astronomie an der Kriegsschule in Brüssel, geb. Gent 22. 2. 1796, gest. Brüssel 17. 2. 1874.

STRUVE, Friedrich Georg *Wilhelm* 19. 1. 1832

o. Professor der Astronomie und Direktor der Sternwarte in Dorpat, dann ord. Akademiker in Petersburg und Direktor des Observatoriums Pulkovo, geb. Altona 15. 4. 1793, gest. St. Petersburg 11./23. 11. 1864.

WALLICH, Nathanael 19. 1. 1832

Superintendent der Brit.-Ostind. Kompanie in Indien, dann in London, Botaniker, geb. Kopenhagen 28. 1. 1786, gest. London 28. 4. 1854.

*BRANDIS, Christian August 12. 4. 1832
o. Professor der Philosophie in Bonn, zeitweilig kgl. Kabinettsrat in Athen; 1862 AM (s. d.).

*GERHARD, Friedrich Wilhelm *Eduard* 12. 4. 1832
Archäologe in Rom, 1835 OM (s. d.).

*GRAFF, Eberhard Gottlieb 12. 4. 1832
o. Professor der german. Philologie in Königsberg; 1833 OM (s. d.).

*GRIMM, *Wilhelm* Karl 12. 4. 1832
o. Professor der Philologie in Göttingen; seit 1837 in Kassel, 1841 OM (s. d.).

*RAOUL-ROCHETTE, Desiré-Raoul ROCHETTE, genannt 12. 4. 1832
Professor der Archäologie in Paris, geb. Saint-Amand (Cher) 8. 3. 1789, gest. Paris 8. 9. 1854.

*IKONOMOS (OIKONOMOS), Konstantinos 13. 12. 1832
Archipresbyter in Petersburg und Athen, geb. Zarizani (Thessalien) 8. 9. 1780, gest. Athen 8./20. 3. 1857.

*CHAMBRAY, Georges Marquis DE 20. 6. 1833
Maréchal-de-camp, Kriegshistoriker, geb. Paris 23. 10. 1783, gest. Breteuil (Eure) 7. 4. 1848.

FARADAY, Michael 20. 6. 1833
Professor der Chemie in London; 1842 AM (s. d.).

LIEBIG, Johann *Justus*, 1845 Freiherr v. 20. 6. 1833
o. Professor der Chemie in Gießen und München; 1855 AM (s. d.).

NEUMANN, Franz Ernst 20. 6. 1833
o. Professor der Physik und Mineralogie in Königsberg; 1858 AM (s. d.).

WÖHLER, Friedrich 20. 6. 1833
o. Professor der Medizin und Chemie in Göttingen; 1855 AM (s. d.).

BAER, Karl Ernst v. 13. 2. 1834
o. Professor der Zoologie in Königsberg, dann ord. Akademiker für Anatomie und Physiologie in Petersburg; 1861 AM (s. d.).

FUCHS, Johann Nepomuk 13. 2. 1834
o. Professor der Mineralogie in München, geb. Mattenzell (Bayr. Wald) 15. 5. 1774, gest. München 5. 3. 1856.

GAUDICHAUD-BEAUPRÉ, Charles 13. 2. 1834
Botaniker und Forschungsreisender, geb. Angoulême 4. 9. 1789, gest. Paris 16. 1. 1854.

GMELIN, Christian Gottlob 13. 2. 1834
o. Professor der Chemie und Pharmazie in Tübingen, geb. Tübingen 12. 10. 1792, gest. Tübingen 13. 5. 1860.

HOOKER, Sir (1836) William Jackson 13. 2. 1834
Direktor des Botanischen Gartens in Kew bei London; 1855 EM (s. d.).

LINDLEY, John 13. 2. 1834
Professor der Botanik in London, geb. Catton bei Norwich, 5. 2. 1799, gest. London 1. 11. 1865.

RATHKE, Martin *Heinrich* 13. 2. 1834
o. Professor der Physiologie in Dorpat und Königsberg, geb. Danzig 25. 8. 1793, gest. Königsberg i. Pr. 15. 9. 1860.

SAINT-HILAIRE, Augustin-François-César PROUVANSAL DE, genannt *Auguste* DE 13. 2. 1834
Botaniker und Forschungsreisender, geb. Orléans 4. 10. 1799, gest. La Turpinière (Loiret) 30. 9. 1853.

SCHLECHTENDAL, Dietrich Franz Leonhard v. 13. 2. 1834
o. Professor der Botanik in Halle, geb. Xanten 27. 11. 1794, gest. Halle 12. 10. 1866.

TREVIRANUS, Ludolph Christian 13. 2. 1834
o. Professor der Botanik in Rostock, Breslau und Bonn, geb. Bremen 18. 9. 1799, gest. Bonn 6. 5. 1864.

VIGORS, Nicholas Aylward 13. 2. 1834
Zoologe in London, geb. Old-Leighlin (Irland) 1785, gest. London 26. 10. 1840.

WEBER, *Wilhelm* Eduard 13. 2. 1834
o. Professor der Physik in Göttingen, zeitweilig in Leipzig; 1863 AM (s. d.).

*ROSELLINI, Ippolito 13. 2. 1834
Professor der oriental. Sprachen in Pisa, Ägyptologe, geb. Pisa 13. 8. 1800, gest. Pisa 4. 6. 1843.

AIRY, George Biddell 5. 6. 1834
Direktor des Observatoriums Greenwich; 1879 AM (s. d.).

CHEVREUL, Michael-*Eugène* 5. 6. 1834
Professor der Chemie am Naturhistor. Museum in Paris, Direktor der Gobelin-Manufaktur, geb. Angers 1. 9. 1786, gest. Paris 9. 4. 1889.

DUMAS, *Jean-Baptiste*-André 5. 6. 1834
Professor der Chemie an der Fac. des sciences in Paris, zeitweilig Minister für Ackerbau und Handel; 1880 AM (s. d.).

*FRÄHN, Christian Martin 4. 12. 1834
ord. Akademiker für oriental. Altertümer in Petersburg, geb. Rostock 23. 5. 1782, gest. St. Petersburg 16./28. 8. 1851.

*REUVENS, Caspar Jacob Christian 4. 12. 1834
Professor der alten Geschichte und Archäologie in Leiden, geb. den Haag 22. 2. 1793, gest. Rotterdam 26. 7. 1835.

*ROSEN, *Friedrich* August 4. 12. 1834
Sanskritist in London, geb. Hannover 2. 9. 1805, gest. London 12. 9. 1837.

BECQUEREL, *Antoine*-César 19. 2. 1835
Professor der Physik am Naturhistor. Museum in Paris, geb. Châtillon-s.-Loing (Gâtinois) 7. 3. 1788, gest. Paris 18. 1. 1878.

DÖBEREINER, Johann Wolfgang 19. 2. 1835
o. Professor der Chemie, Pharmazie und Technologie in Jena, geb. Bug bei Hof 15. 12. 1780, gest. Jena 24. 3. 1849.

DUFRÉNOY, Ours-Pierre-*Armand* PETIT- 19. 2. 1835
Professor der Mineralogie an der Ecole des mines, Direktor der Ecole des ponts et chaussee, Inspecteur gén. des mines, geb. Sevran (Seine-et-Oise) 5. 9. 1792, gest. Paris 20. 3. 1857.

GRAHAM, Thomas 19. 2. 1835
Professor der Chemie in London, Master of the mint, geb. Glasgow 20. 12. 1805, gest. London 16. 9. 1869.

LA RIVE, *Auguste*-Arthur DE 19. 2. 1835
Professor der Physik in Genf, geb. Genf 9. 10. 1801, gest. Marseille 27. 11. 1873.

NOBILI, Leopoldo 19. 2. 1835
Professor der Physik in Florenz, geb. Trassilico (Emilia) 1784, gest. Florenz 17. 8. 1835.

STURM, Jacques-Charles-François 19. 2. 1835
Professor der Mathematik an der Ecole polytechn., der Mechanik an der Fac. des sciences in Paris, geb. Genf 29. 9. 1803, gest. Paris 18. 12. 1855.

BRONGNIART, *Adolphe*-Théodore 7. 5. 1835

Professor der Botanik am Naturhistor. Museum in Paris, geb. Paris 14. 1. 1801, Sohn des Mitglieds Alexandre B., gest. Paris 18. 2. 1876.

RICHARD, Achille 7. 5. 1835

Professor der Botanik und Naturgeschichte an der Med. Fakultät in Paris, geb. Paris 23. 4. 1794, gest. Paris 5. 10. 1852.

*COOPER, Charles Purton 18. 2. 1836

Rechtsgelehrter in London, geb. 1793, gest. Boulogne-s.-mer 26. 3. 1873.

*NAVARRETE, Martin Fernandez de 18. 2. 1836

Direktor der Akademie für Geschichte in Madrid, geb. Abalos 9. 11. 1765, gest. Madrid 8. 10. 1844.

*PALGRAVE, Sir Francis 18. 2. 1836

Historiker in London, geb. London Juli 1788, gest. Hampstead bei London 6. 7. 1861.

*PEYRON, Vittore Amadeo 18. 2. 1836

Professor der oriental. Sprachen in Turin, geb. Turin 2. 10. 1785, gest. Turin 27. 4. 1870.

*ROSS, Ludwig 18. 2. 1836

Professor der Archäologie in Athen und Halle, geb. Altekoppel bei Bornhöved (Holstein) 22. 7. 1806, gest. Halle 6. 8. 1859.

*SCHMELLER, Joseph Andreas 18. 2. 1836

o. Professor der deutschen Philologie in München, geb. Tirschenreuth 6. 8. 1785, gest. München 27. 7. 1852.

AGASSIZ, Jean-*Louis*-Rodolphe 24. 3. 1836

Professor der Naturgeschichte in Neuchâtel, dann der Geologie und Zoologie in Cambridge, Mass. (USA.), geb. Motier (Kt. Freiburg) 28. 5. 1807, gest. New York 14. 12. 1873.

ARGELANDER, *Friedrich* Wilhelm August 24. 3. 1836

Professor der Astronomie in Helsingfors und Bonn 1870; AM (s. d.).

BOWDITSCH, Nathaniel 24. 3. 1836

Trustee des Athenaeums in Boston, Präsident der Boston Mechanic Institution und der American Academy of science, geb. Salem (Mass.) 26. 3. 1773, gest. Boston 16. 3. 1838.

DUGÈS, *Antoine*-Louis 24. 3. 1836

Professor der Zoologie in Montpellier, geb. Landrecies (Nord) 10. 12. 1797, gest. Montpellier 2. 5. 1838.

MELLONI, Macedonio 24. 3. 1836

Physiker in Paris, Direktor des Konservatoriums der Künste und Gewerbe in Neapel und des meteorolog. Observatoriums auf dem Vesuv, geb. Parma 11. 4. 1798, gest. Portici 11. 8. 1854.

OWEN, Richard 24. 3. 1836

Konservator am College of surgeons, Professor der Anatomie und Physiologie an der Royal Institution in London; 1878 AM (s. d.).

VALENCIENNES, Achille 24. 3. 1836

Präparator und Professor der Zoologie am Naturhistor. Museum in Paris, geb. Paris 9. 8. 1794, gest. Paris 13. 4. 1865.

*BORGHESI, Bartolomeo Conte 23. 6. 1836

Archäologe, geb. Savignano bei Rimini 11. 7. 1781, gest. San-Marino 16. 4. 1860.

*GEEL, Jacobus 23. 6. 1836

Universitätsbibliothekar in Leiden, geb. Amsterdam 12. 11. 1789, gest. Scheveningen 11. 11. 1862.

*GEIJER, Erik Gustav 23. 6. 1836

Professor der Geschichte in Uppsala, geb. Ransäters bruk (Värmland) 12. 1. 1783, gest. Stockholm 23. 4. 1847.

*KOPITAR, Bartholomäus 23. 6. 1836

Kustos an der Hofbibliothek in Wien, Slavist, geb. Repnje (Krain) 23. 8. 1780, gest. Wien 11. 8. 1844.

*MADVIG, Johann Nicolai 23. 6. 1836

Professor der latein. Sprache und Literatur in Kopenhagen, geb. Svaneke 7. 8. 1804, gest. Kopenhagen 12. 12. 1886.

*MAGNUSEN, Finn (eigentl. Magnusson, Finnur) 23. 6. 1836

Geheimarchivar in Kopenhagen, Altertumsforscher, geb. Skálholt (Island) 27. 8. 1781, gest. Kopenhagen 24. 12. 1847.

*ORELLI, Kaspar v. 23. 6. 1836

Professor der klass. Philologie in Zürich, geb. Zürich 13. 2. 1787, gest. Zürich 6. 1. 1849.

AMICI, Giovanni Battista 1. 12. 1836

Professor der Astronomie in Modena und Florenz, geb. Modena 25. 3. 1786, gest. Florenz 10. 4. 1864.

*BURNOUF, Eugène 16. 2. 1837

Professor für Sanskrit am Collège de France in Paris, geb. Paris 12. 8. 1801, gest. Paris 28. 5. 1852.

*HAUGHTON, Sir Graves Champney 16. 2. 1837

Sanskritforscher in London, geb. Dublin 1788, gest. Saint-Cloud bei Paris 28. 8. 1849.

*WILSON, Horace Hayman 16. 2. 1837

Professor für Sanskrit in Oxford; 1839 AM (s. d.).

*REIFFENBERG, Frédéric Auguste Ferdinand Thomas Baron de [1]) 7. 12. 1837

Konservator an der Kgl. Bibliothek in Brüssel, geb. Mons 14. 11. 1795, gest. St. Josse-ten-Noode bei Brüssel 18. 4. 1850.

*COSTA DE MACEDO, Joaquim José DA 15. 2. 1838

Generalsekretär der Akademie der Wissenschaften in Lissabon, geb. Lissabon 25. 4. 1777, gest. Golegã (Portugal) 15. 3. 1867.

PREŠL, Karl Borživoj 3. 5. 1838

Professor der Naturgeschichte und Kustos am Böhm. Museum in Prag, geb. Prag 17. 2. 1794, gest. Prag 2. 10. 1852.

RUDBERG, Fredrik 3. 5. 1838

Professor der Physik in Uppsala, geb. Norrköping 30. 8. 1800, gest. Uppsala 14. 6. 1839.

LAMÉ, Gabriel 20. 12. 1838

Professor der Physik an der Ecole polytechn., der Mathematik an der Universität Paris, Ingenieur en chef des mines, geb. Tours 22. 7. 1795, gest. Paris 1. 5. 1870.

GÖPPERT, Heinrich Robert 6. 6. 1839

o. Professor der Medizin und Botanik in Breslau, geb. Sprottau 25. 7. 1800, gest. Breslau 18. 5. 1884.

HAMILTON, Sir William Rowan 6. 6. 1839

kgl. Astronom von Irland, Präsident der Irischen Akademie, geb. Dublin 3./4. 8. 1805, gest. Dublin 2. 9. 1865.

---

[1]) Am 7. 12. 1837 wurde ferner der Archivbeamte in Brüssel Victor COREMANS gewählt; er wurde jedoch bereits am 8. 2. 1838 als dieser Ehrung unwürdig gestrichen.

KUMMER, *Ernst* Eduard 6. 6. 1839
Lehrer der Mathematik in Liegnitz, dann o. Professor in Breslau; 1855 OM (s. d.).

MORIN, *Arthur*-Jules 6. 6. 1839
Divisionsgéneral, Direktor des Konservatoriums der Künste und Gewerbe in Paris, geb. Paris 19. 10. 1795, gest. Paris 7. 2. 1880.

OHM, George Simon 6. 6. 1839
Professor der Physik an der Polytechn. Schule in Nürnberg, dann in München, geb. Erlangen 16. 3. 1787, gest. München 7. 7. 1854.

PAMBOUR, François-Marie DE GUYONNEAU, Comte DE GRANDMAISON DE 6. 6. 1839
Ingenieur in Paris, geb. 1795, gest. Tours 19. 2. 1878.

BRANDT, Johann Friedrich 19. 12. 1839
ord. Akademiker für Zoologie und Direktor des Zoolog. Museums in Petersburg, geb. Jüterbog 25. 5. 1802, gest. Merreküll (Estland) 3./15. 6. 1879.

LIOUVILLE, Joseph 19. 12. 1839
Professor der Mathematik an der Ecole polytechn., am Collège de France und an der Fac. des sciences in Paris; 1876 AM (s. d.).

PRINSEP, James 13. 2. 1840
Physiker und Chemiker in London, geb. London 29. 8. 1799, gest. London 22. 4. 1840.

*MILLINGEN, James 13. 2. 1840
Archäologe in Florenz, geb. London 18. 1. 1774, gest. Florenz 1. 10. 1845.

*PICKERING, John 13. 2. 1840
Staatsanwalt in Boston, Philologe, geb. Salem (Mass.) 7. 2. 1777, gest. Boston 5. 5. 1846.

*ŠAFAŘIK (SCHAFFARIK), Paul Joseph 13. 2. 1840
Bibliothekar in Prag, Slavist, geb. Kobeljarowo (Fekete-Patak) 13. 5. 1795, gest. Prag 26. 6. 1861.

*HERMANN, Karl Friedrich 5. 11. 1840
o. Professor der klass. Philologie und Archäologie in Marburg und Göttingen, geb. Frankfurt a. Main 4. 8. 1804, gest. Göttingen 31. 12. 1855.

*PERTZ, Georg Heinrich 5. 11. 1840
Historiker, Historiograph des Welfenhauses in Hannover; 1843 OM (s. d.).

FECHNER, Gustav Theodor 25. 3. 1841
o. Professor der Physik in Leipzig, geb. Groß-Särchen (Nd.-Lausitz) 19. 4. 1801, gest. Leipzig 18. 11. 1887.

KÄMTZ, Ludwig Friedrich 25. 3. 1841
o. Professor der Physik in Halle und Dorpat, ord. Akademiker und Direktor des Physikal. Zentralobservatoriums in Petersburg, geb. Treptow a. d. Rega 11. 1. 1801, gest. St. Petersburg 8./20. 12. 1867.

SEFSTRÖM, Nils Gabriel 25. 3. 1841
Mitglied des Bergkollegiums, Direktor des Mineralienkabinetts und der Probierkammer in Stockholm, geb. Ilsbo (Hälsingland) 2. 6. 1787, gest. Stockholm 30. 11. 1845.

SIEBOLD, *Karl* Theodor Ernst v. 25. 3. 1841
o. Professor der Physiologie und vergl. Anatomie in Erlangen, Freiburg, Breslau und München, geb. Würzburg 16. 2. 1804, gest. München 7. 4. 1885.

WAGNER, Friedrich Johannes Heinrich *Rudolf* 25. 3. 1841
o. Professor der Zoologie in Göttingen, geb. Bayreuth 30. 6. 1805, gest. Göttingen 13. 5. 1864.

BAILY, Francis 3. 2. 1842
Astronom in London, Präsident der Astron. Society, geb Newbury (Berkshire) 28. 4. 1774, gest. London 30. 8. 1844.

DECHEN, Ernst *Heinrich* Karl v. 3. 2. 1842
Geh. Oberbergrat, Berghauptmann in Bonn, geb. Berlin 25. 3. 1800, gest. Bonn 15. 2. 1889.

ESCHRICHT, Daniel Friedrich 7. 4. 1842
Professor der Physiologie in Kopenhagen, geb. Kopenhagen 18. 3. 1798, gest. Kopenhagen 22. 2. 1863.

HAIDINGER, *Wilhelm* Karl, 1865 Ritter v. 7. 4. 1842
Bergrat in Wien, Direktor der Geolog. Reichsanstalt, geb. Wien 5. 2. 1795, gest. Dornbach bei Wien 19. 3. 1871.

*JULIEN, Aignan-*Stanislas* 14. 4. 1842
Professor der oriental. Sprachen am Collège de France in Paris, geb. Orléans 21. 9. 1799, gest. Paris 13. 2. 1873.

*WAITZ, Georg 14. 4. 1842
o. Professor der Geschichte in Kiel und Göttingen; 1875 OM (s. d.).

RETZIUS, Anders Adolf 8. 12. 1842
Professor der Anatomie am Karolin. Institut in Stockholm, geb. Lund 13. 10. 1796, gest. Stockholm 18. 4. 1860.

RICHELOT, *Friedrich* Julius 8. 12. 1842
o. Professor der Mathematik in Königsberg, geb. Königsberg i. Pr. 6. 11. 1808, gest. Königsberg 31. 3. 1875.

*ORTI-MANARA, Giovanni Girolamo Conte 22. 12. 1842
Podestà von Verona, Archäologe, geb. Verona 13. 6. 1803, gest. Verona 16. 7. 1858.

*SPENGEL, Leonhard 22. 12. 1842
o. Professor der klass. Philologie in München, geb. München 24. 9. 1803, gest. München 8. 11. 1880.

MOSER, *Ludwig* Ferdinand 16. 2. 1843
o. Professor der Physik in Königsberg, geb. Berlin 22. 8. 1805, gest. Königsberg i. Pr. 22. 2. 1880.

*LABUS, Giovanni 2. 3. 1843
k. k. Antiquar in Mailand, Epigraphiker, geb. Brescia 10. 4. 1775, gest. Mailand 6. 10. 1853.

*BRAUN, August *Emil* 3. 8. 1843
Sekretär des Archäolog. Instituts in Rom, geb. Gotha 19. 4. 1809, gest. Rom 11. 9. 1856.

*GÖTTLING, Karl Wilhelm 9. 5. 1844
o. Professor der klass. Philologie in Jena, geb. Jena 19. 1. 1793, gest. Jena 20. 1. 1869.

*LEEMANNS, Conradus 9. 5. 1844
Direktor des Altertumsmuseums, dann auch des Ethnograph. Reichsmuseums in Leiden, geb. Zalt-Bommel 28. 4. 1809, gest. Leiden 14. 10. 1893.

*LEPSIUS, Karl *Richard* 9. 5. 1844
Ägyptologe, in Ägypten; 1850 OM (s. d.).

*MARMORA, Alberto Conte DELLA 9. 5. 1844
sardin. Generalleutnant, Kriegshistoriker, geb. Turin 7. 4. 1789, gest. Turin 1. 5. 1863.

DANIELL, John Frederick 23. 1. 1845
Professor der Chemie am Kings College in London, geb. London 12. 3. 1790, gest. London 13. 3. 1845.

MULDER, Gerardus Johannes 23. 1. 1845
Professor der Chemie in Utrecht, geb. Utrecht 27. 12. 1802, gest. Utrecht 27. 4. 1880.

SEEBECK, Ludwig Friedrich Wilhelm *August* 23. 1. 1845
Direktor der Techn. Bildungsanstalt in Dresden, geb. Jena 27. 12. 1805, Sohn des Mitglieds Thomas Johann S., gest. Dresden 19. 3. 1849.

STUDER, *Bernhard* Rudolf 23. 1. 1845
o. Professor der Geologie in Bern, geb. Büren (Kt. Bern) 21. 8. 1794, gest. Bern 2. 5. 1887.

*BANCROFT, George 27. 2. 1845
Staatsmann und Diplomat, Historiker, geb. Worcester (Mass.) 3. 10. 1800, gest. Washington 17. 1. 1891.

*BERGK, Wilhelm *Theodor* 27. 2. 1845
o. Professor der klass. Philologie in Marburg, Freiburg und Halle, geb. Leipzig 22. 5. 1812, gest. Ragaz 20. 7. 1881.

*BÖHMER, Johann Friedrich 27. 2. 1845
Stadtbibliothekar in Frankfurt a. Main; 1862 AM (s. d.).

*CAVEDONI, Celestino 27. 2. 1845
Professor der Hermeneutik, Bibliothekar und Konservator des Medaillenkabinetts in Modena, geb. Levizzano Rangone bei Modena 17. 5. 1795, gest. Modena 26. 11. 1865.

*DAHLMANN, Friedrich Christoph 27. 2. 1845
o. Professor der Geschichte in Bonn, geb. Wismar 13. 5. 1785, gest. Bonn 5. 12. 1860.

*DIEZ, Christian *Friedrich* 27. 2. 1845
o. Professor der roman. Philologie in Bonn; AM 1872 (s. d.).

*GERVINUS, Georg Gottfried 27. 2. 1845
Professor der Geschichte in Heidelberg, geb. Darmstadt 20. 5. 1805, gest. Heidelberg 18. 3. 1871.

*GUÉRARD, Benjamin-Edme-Charles 27. 2. 1845
Historiker in Paris, geb. Montbard (Côte d'Or) 15. 3. 1797, gest. Paris 10. 3. 1854.

*HILDEBRAND, Bror Emil 27. 2. 1845
schwedischer Reichsantiquar, geb. Flerohopps järnbruk (Kalmar) 22. 2. 1806, gest. Stockholm 30. 8. 1884.

*KEMBLE, John Mitchell 27. 2. 1845
Altertumsforscher in Cambridge, geb. London 2. 4. 1807, gest. Dublin 26. 3. 1857.

*LAPPENBERG, Johann Martin 27. 2. 1845
Archivar in Hamburg; AM 1862 (s. d.).

*LEHRS, Karl 27. 2. 1845
o. Professor der klass. Philologie in Königsberg, geb. Königsberg i. Pr. 14. 1. 1802, gest. Königsberg 9. 6. 1878.

*LENORMANT, Charles 27. 2. 1845
Professor der Archäologie am Collège de France in Paris, geb. Paris 1. 6. 1802, gest. Athen 24. 11. 1859.

*MOLBECH, Christian 27. 2. 1845
Professor der Literaturgeschichte in Kopenhagen, geb. Sorö 8. 10. 1783, gest. Kopenhagen 23. 6. 1857.

*PALACKÝ, Franz 27. 2. 1845
Landeshistoriograph von Böhmen, geb. Hodslawitz (Mähren) 14. 6. 1798, gest. Prag 26. 5. 1876.

*PHILLIPS, Sir Thomas 27. 2. 1845
Richter in London, geb. Llanelly (Wales) 1801, gest. London 26. 5. 1867.

*PRESCOTT, William Hickling 27. 2. 1845
Historiker in Boston, geb. Salem (Mass.) 14. 5. 1796, gest. Boston 28. 1. 1859.

*RAFN, Carl Christian 27. 2. 1845
Altertumsforscher in Kopenhagen, geb. Brahesborg bei Assens 16. 1. 1795, gest. Kopenhagen 20. 10. 1864.

*RITSCHL, Friedrich Wilhelm 27. 2. 1845
o. Professor der klass. Philologie in Bonn und Leipzig, geb. Großvargula (Thür.) 6. 4. 1806, gest. Leipzig 9. 11. 1876.

*SPARKS, Jared 27. 2. 1845
Professor der Geschichte, zeitweilig auch Präsident des Harvard College in Cambridge, Mass., geb. Willington (Conn.) 10. 5. 1789, gest. Cambridge (Mass.) 14. 3. 1866.

*STENZEL, Gustav Adolf Harald 27. 2. 1845
o. Professor der Geschichte in Breslau, geb. Zerbst 21. 3. 1792, gest. Breslau 2. 1. 1854.

*UHLAND, Johann *Ludwig* 27. 2. 1845
Historiker und Dichter, geb. Tübingen 26. 4. 1787, gest. Tübingen 13. 11. 1862.

*DE WITTE, Jean-Joseph-Marie-Antoine Baron 27. 2. 1845
Numismatiker in Paris, geb. Antwerpen 24. 2. 1808, gest. Paris 30. 7. 1889.

BUNSEN, *Robert* Wilhelm 19. 3. 1846
o. Professor der Chemie in Marburg, Breslau und Heidelberg; 1862 AM (s. d.).

NAUMANN, Karl Friedrich 19. 3. 1846
o. Professor der Mineralogie und Geognosie in Leipzig, geb. Dresden 30. 5. 1797, gest. Dresden 26. 11. 1873.

*BERNHARDY, Gottfried 19. 3. 1846
o. Professor der klass. Philologie in Halle, geb. Landsberg a. d. Warthe 18. 3. 1800 (u), gest. Halle 14. 5. 1875.

*CHMEL, Joseph 19. 3. 1846
Vizedirektor des Staatsarchivs in Wien, geb. Olmütz 18. 3. 1798, gest. Wien 28. 11. 1858.

*HAUPT, Rudolf Friedrich *Moriz* 19. 3. 1846
o. Professor der klass. Philologie in Leipzig; 1853 OM (s. d.).

*KOPP, Joseph Eutychius 19. 3. 1846
Professor der griech. Sprache am Lyzeum in Luzern, Mitglied des Großen Rats daselbst, Präsident des schweizerischen Erziehungsrats, geb. Beromünster 25. 4. 1793, gest. Luzern 25. 10. 1866.

*SECCHI, Giovanni Pietro (Giampietro), S. J. 19. 3. 1846
Archäologe in Rom, geb. Sabbione bei Reggio Emilia 15. 7. 1798, gest. Rom 10. 5. 1856.

LE VERRIER, *Urbain*-Jean-Joseph 17. 12. 1846
Professor der Astronomie an der Fac. des sciences und Direktor der Sternwarte in Paris, geb. Saint-Lô (Manche) 11. 3. 1811, gest. Paris 23. 9. 1877.

*DINDORF, Karl *Wilhelm* 17. 12. 1846
klass. Philologe in Leipzig, geb. Leipzig 2. 1. 1802, gest. Leipzig 1. 8. 1883.

*LAJARD, Jean-Baptiste-Félix 17. 12. 1846
Archäologe in Paris, geb. Lyon 30. 3. 1783, gest. Tours 19. 9. 1858.

*LASSEN, Christian 17. 12. 1846
o. Professor der altindischen Sprache und Literatur in Bonn; 1872 AM (s. d.).

*LÖBELL, Johann Wilhelm 17. 12. 1846
o. Professor der Geschichte in Bonn, geb. Berlin 15. 9. 1786, gest. Bonn 12. 7. 1863.

*STÄLIN, Christoph Friedrich v. 17. 12. 1846
Direktor der Kgl. Bibliothek in Stuttgart, Historiker, geb. Kalw 4. 8. 1805, gest. Stuttgart 12. 8. 1873.

*VOIGT, Johannes 17. 12. 1846

Professor der Geschichte und Direktor des Archivs in Königsberg, geb. Bettenhausen bei Meiningen 27. 8. 1786, gest. Königsberg i. Pr. 23. 9. 1863.

DUHAMEL, Jean-Marie-Constant 15. 4. 1847

Professor der Analysis an der Fac. des sciences und der Ecole polytechn. in Paris, geb. Saint-Malo 5. 2. 1797, gest. Paris 29. 4. 1872.

MILNE-EDWARDS, Henri-Milne EDWARDS, gen. *Henri* 15. 4. 1847

Professor der Zoologie und Physiologie an der Fac. des sciences und am Naturhistor. Museum in Paris, geb. Brügge 23. 10. 1800, gest. Paris 29. 7. 1885.

MOHL, Hugo v. 15. 4. 1847

o. Professor der Botanik in Tübingen, geb. Stuttgart 8. 4. 1805, gest. Tübingen 1. 4. 1872.

MURCHISON, Sir Roderick Impey 15. 4. 1847

Direktor der geolog. Aufnahme von Großbritannien, Präsident der Geograph. Society, geb. Jaradale (Rosshire) 19. 2. 1792, gest. London 22. 10. 1871.

REGNAULT, Henri-*Victor* 15. 4. 1847

Professor der Physik am Collège de France, Ingénieur en chef des mines, dann Direktor der Porzellanmanufaktur in Sèvres; 1863 AM (s. d.).

*DUREAU DE LA MALLE, *Adolphe*-Jules-César-Auguste 15. 4. 1847

Historiker in Paris, geb. Paris 2. 3. 1777, gest. Paris 18. 5. 1857.

*GROTEFEND, Georg Friedrich 15. 4. 1847

Direktor des Lyzeums in Hannover, Philologe und Archäologe, geb. Hann.-Münden 9. 6. 1775, gest. Hannover 15. 12. 1853.

*SARTI, Emiliano 15. 4. 1847

Professor der alten Literatur in Rom, Archäologe, geb. Rom 1795, gest. Rom 27. 10. 1849.

*BARTHOLMESS, Christian 10. 6. 1847

Professor der Philosophie am Protestant. Seminar in Straßburg, geb. Geiselbronn (Elsaß) 26. 2. 1815, gest. Nürnberg 31. 8. 1856.

*MUNCH, Peter Andreas 10. 6. 1847

Professor der Geschichte in Christiania, Sprach- und Altertumsforscher, geb. Christiania 15. 12. 1810, gest. Rom 25. 5. 1863.

*RAVAISSON-MOLLIEN, Jean-Gaspard-*Félix* LACHER 10. 6. 1847

Generalinspektor der öffentl. Bibliotheken und des höheren Unterrichts, dann Konservator des Antiken des Louvre, geb. Namur 23. 10. 1813, gest. Paris 18. 5. 1900.

*SANTAREM, Manoel Francisco DE BARROS Y SOUZA, Vicomte de 10. 6. 1847

ehem. portugies. Staatsminister, Historiker in Paris, geb. Lissabon 18. 11. 1790, gest. Paris 17. 1. 1856.

*KARADŽIĆ (KARADSCHITSCH), Vuk Stepanović 25. 4. 1850

Slavist in Wien, geb. Tršić (Serbien) 26. 10./7. 11. 1787, gest. Wien 7. 2. 1864.

*LÖNNROT, Elias 25. 4. 1850

Professor der finnischen Sprache und Literatur in Helsingfors, geb. Sammatti (Nyland) 9. 4. 1802, gest. daselbst 19. 3. 1884.

*MOHL, Julius (Jules) 25. 4. 1850

Orientalist in Paris, geb. Stuttgart 25. 10. 1800, gest. Paris 4. 1. 1876.

*POTT, August Friedrich 25. 4. 1850

o. Professor der allgemeinen Sprachwissenschaft in Halle; 1877 AM (s. d.).

*REINAUD, Joseph-Toussaint 25. 4. 1850

Professor an der Ecole des langues orient. vivantes, Konservator an der K. Bibliothek in Paris, geb. Lambesc 4. 12. 1795, gest. Paris 14. 5. 1867.

BRONN, Heinrich Georg 6. 2. 1851

Professor der Natur- und Gewerbewissenschaften in Heidelberg, geb. Ziegelhausen bei Heidelberg 3. 3. 1800, gest. Heidelberg 5. 7. 1862.

PELOUZE, Théophile-*Jules* 6. 2. 1851

Professor der Chemie am Collège de France und an der Ecole polytechn. in Paris, geb. Valognes (Manche) 26. 2. 1807, gest. Paris 31. 5. 1867.

*BIRCH, Samuel 10. 4. 1851

Abt.-Direktor des Britischen Museums, Archäologe, geb. London 3. 11. 1813, gest. London 27. 11. 1885.

*FLEISCHER, Heinrich Lebrecht 10. 4. 1851

o. Professor der oriental. Sprachen in Leipzig; 1874 AM (s. d.).

*JAHN, Otto 10. 4. 1851

in Leipzig, dann o. Professor der klass. Philologie und Archäologie in Bonn und Leipzig, geb. Kiel 16. 6. 1813, gest. Göttingen 9. 9. 1869.

*LA VILLEMARQUÉ, *Théodore*-Claude-Henri HERSART, Vicomte DE 10. 4. 1851

Historiker der breton. Literatur in Paris, geb. Quimperlé (Finistère) 7. 7. 1815, gest. Keransker-en-Nézou 8. 12. 1895.

*RANGAVIS (RANGABĒS), Alexandros Rizos 10. 4. 1851

Professor der Archäologie in Athen, Diplomat (1874—1886 in Berlin), geb. Konstantinopel 25. 12. 1810, gest. Athen 29. 1. 1892.

*SCHINAS (SCHOINAS), Konstantinos Demetriu 10. 4. 1851

Professor der Rechte in Athen, Diplomat (1849—1854 in München), Historiker, geb. Konstantinopel 1801, gest. Wien 22. 7. 1857.

*WACKERNAGEL, Karl Heinrich *Wilhelm* 10. 4. 1851

o. Professor der deutschen Sprache und Literatur in Basel, geb. Berlin 23. 4. 1806 (u), gest. Basel 21. 12. 1868.

WHEATSTONE, Sir (1868) Charles 8. 5. 1851

Professor der Physik am Kings College in London, geb. Gloucester 6. 2. 1802, gest. Paris 19. 10. 1875.

*BETHMANN, Ludwig Konrad 17. 6. 1852

Historiker in Rom, dann Direktor der Bibliothek in Wolfenbüttel, geb. Helmstedt 23. 6. 1812, gest. Wolfenbüttel 5. 12. 1867.

*CANINA, Luigi 17. 6. 1852

Architekt und Archäologe in Rom, geb. Casale Monferrato 23. 10. 1795, gest. Florenz 17. 10. 1856.

*MINERVINI, Giulio 17. 6. 1852

Archäologe in Rom, dann Inspektor des Nationalmuseums in Neapel, geb. Neapel 9. 8. 1819, gest. Rom 18. 12. 1891.

*ROBINSON, Edward 17. 6. 1852

Professor der biblischen Literatur am Union Theol. Seminar in New York, geb. Southington, (Conn.) 10. 4. 1794, gest. New York 15. 1. 1863.

LENZ, Heinrich Friedrich *Emil* 24. 2. 1853

o. Akademiker für Physik und Professor an der Universität in Petersburg, geb. Dorpat 12./24. 2. 1804, gest. Rom 10. 2. 1865.

WERTHEIM, Wilhelm 24. 2. 1853

Physiker in Paris, geb. Wien 22. 2. 1815, gest. Tours 20. 1. 1861.

*ARNETH, Joseph Calasanza Ritter v. 16. 6. 1853
Direktor des Münz- und Antikenkabinetts in Wien, geb. Leopoldschlag (Oberösterr.) 12. 8. 1791, gest. Karlsbad 31. 10. 1863.

*HENZEN, Johann *Wilhelm* 16. 6. 1853
Sekretär des Archäolog. Instituts in Rom, geb. Bremen 24. 1. 1816, gest. Rom 27. 1. 1887.

*KARAJAN, Theodor Georg, 1869 Ritter v. 16. 6. 1853
Kustos an der Hofbibliothek, dann Vizepräsident und Präsident der Akademie der Wissenschaften in Wien, Germanist und Historiker, geb. Wien 22. 1. 1810, gest. Wien 28. 4. 1873.

*MOMMSEN, Christian Matthias *Theodor* 16. 6. 1853
o. Professor der Rechte in Zürich und Breslau; 1858 OM (s. d.).

*ROSSI, Giovanni Battista DE 16. 6. 1853
Archäologe in Rom; 1875 AM (s. d.).

HOFMANN, Georg Christian *August Wilhelm* 28. 7. 1853
Professor der Chemie am Royal College of Chemistry in London, 1865 OM (s. d.).

*GISLASON, Konrad 2. 3. 1854
Professor der nord. Sprachen in Kopenhagen, geb. Langamyri (Island) 3. 7. 1808, gest. Kopenhagen 4. 1. 1891.

*ROUGÉ, Emanuel Vicomte DE 2. 3. 1854
Konservator der ägypt. Abt. des Louvre, Professor am Collège de France, geb. Paris 11. 4. 1811, gest. Blois-Dauphin 27. 12. 1872.

BISCHOFF, *Theodor* Ludwig Wilhelm v. 27. 4. 1854
o. Professor der Anatomie und Physiologie in München, geb. Hannover 28. 10. 1807, gest. München 5. 12. 1882.

BRÜCKE, *Ernst* Wilhelm Ritter v. 27. 4. 1854
o. Professor der Physiologie in Wien, geb. Berlin 6. 6. 1819, gest. Wien 7. 1. 1892.

DUVERNOY, *Georges*-Louis 27. 4. 1854
Dr. med., Professor der vergl. Anatomie am Collège de France und am Naturhistor. Museum in Paris, geb. Montbéliard 6. 8. 1777, gest. Paris 1. 3. 1855.

SCHWANN, Theodor 27. 4. 1854
Professor der Physiologie und vergl. Anatomie in Lüttich, geb. Neuß 7. 12. 1810, gest. Köln 11. 1. 1882.

FRIES, Elias Magnus
Professor der Botanik in Uppsala, geb. Femsjö (Småland) 15. 8. 1797, gest. Uppsala 8. 2. 1878.

HOOKER, Joseph Dalton 1. 6. 1854
Direktor des Botanischen Gartens in Kew bei London; 1904 AM (s. d.).

*MAURER, Georg Ludwig Ritter v. 15. 6. 1854
Professor der Rechtsgeschichte in München, bayr. Staatsrat, geb. Erpolzheim (Pfalz) 2. 11. 1790, gest. München 9. 5. 1872.

*REUMONT, Alfred v. 15. 6. 1854
preuß. Diplomat in Rom und Florenz, Historiker, geb. Aachen 15. 8. 1808, gest. Aachen 27. 4. 1887.

*BOEHTLINGK, Otto 10. 5. 1855
ord. Akademiker für Sanskrit in Petersburg; 1885 AM (s. d.).

*KOELLE, Sigismund Wilhelm 10. 5. 1855
Missionar in Sierra Leone, Haifa, Konstantinopel und London, Sprachforscher, geb. Kleebronn (Württ.) 14. 7. 1820, gest. London 18. 2. 1902.

*MARTIN, Henri 10. 5. 1855
Historiker in Paris, geb. Saint-Quentin 20. 2. 1810, gest. Paris 14. 12. 1883.

*PRELLER, Ludwig 10. 5. 1855

Bibliothekar in Weimar, geb. Hamburg 15. 9. 1809, gest. Helgoland 21. 6. 1861.

*ROULEZ, *Joseph*-Emanuel-Ghislain 10. 5. 1855

Professor der Archäologie in Gent, geb. Nivelles (Brabant) 6. 2. 1806, gest. Gent 6. 3. 1878.

VAN BENEDEN, Pierre Joseph 26. 7. 1855

Professor der Zoologie in Gent, dann Präsident der Akademie der Wissenschaften in Brüssel, geb. Mecheln 19. 12. 1809, gest. Löwen 8. 1. 1894.

BENTHAM, George 26. 7. 1855

Botaniker in London, Präsident der Linnean Society, geb. Slote (Devon) 22. 9. 1800, gest. London 10. 9. 1884.

DANA, James Dwight 26. 7. 1855

Professor der Geologie am Yale College in New Haven, Conn., geb. Utica (New York) 12. 2. 1813, gest. New Haven 14. 4. 1895.

GRAY, Asa 26. 7. 1855

Professor der Naturgeschichte am Harvard College in Cambridge (Mass.), Botaniker, geb. Sauquoit (New York) 18. 11. 1810, gest. Cambridge (Mass.) 30. 1. 1888.

LYELL, Sir Charles 26. 7. 1855

Geologe in London, geb. Kinnordy (Forfarshire) 14. 11. 1797, gest. London 23. 2. 1875.

SARS, Michael 26. 7. 1855

Professor der Zoologie in Christiania, geb. Bergen 30. 8. 1805, gest. Christiania 22. 10. 1869.

UNGER, Franz 26. 7. 1855

o. Professor der Botanik in Graz, geb. Amthof (Steiermark) 30. 11. 1800, gest. Graz 12./13. 2. 1870.

*BARTH, Johann *Heinrich* 9. 8. 1855

Afrikaforscher, Professor der Geographie in Berlin, geb. Hamburg 16. 2. 1821, gest. Berlin 25. 11. 1865.

*O'DONOVAN, John 14. 2. 1856

Historiker in Dublin, geb. Attateemore (Irland) 9. 7. 1809, gest. Dublin 9. 12. 1861.

*VILLERMÉ, Louis-René 14. 2. 1856

Dr. med., Hygieniker und Statistiker in Paris, geb. Paris 10. 5. 1782, gest. Paris 16. 11. 1863.

*ZEUSS, Johann Kaspar 14. 2. 1856

Professor am Lyzeum in Bamberg, Historiker, geb. Vogtendorf bei Kronach 22. 7. 1806, gest. daselbst 10. 11. 1856.

BOUSSINGAULT, *Jean-Baptiste*-Joseph-Dieudonné 24. 4. 1856

Professor der Chemie an der Fac. des sciences und am Konservatorium der Künste und Gewerbe in Paris, geb. Paris 2. 2. 1802, gest. Paris 11. 5. 1887.

MOSANDER, Carl Gustav 24. 4. 1856

Professor der Chemie und Pharmazie am Karolin. Institut in Stockholm, geb. Kalmar 10. 9. 1787, gest. Ängsholmen bei Stockholm 15. 10. 1858.

SCHÖNBEIN, Christian Friedrich 24. 4. 1856

o. Professor der Chemie in Basel, geb. Metzingen (Württ.) 18. 10. 1799, gest. Sauersberg bei Baden-Baden 29. 8. 1868.

HELMHOLTZ, *Hermann* Ludwig Ferdinand 15. 1. 1857

o. Professor der Anatomie und Physiologie in Bonn und Heidelberg; 1870 AM, 1871 OM (s. d.).

HYRTL, Joseph 15. 1. 1857

Professor der Anatomie in Prag, geb. Eisenstadt 7. 12. 1810, gest. Perchtoldsdorf bei Wien 17. 7. 1894.

*LONGPÉRIER, Henri-*Adrien* PRÉVOST DE 30. 7. 1857

Konservator der Antikensammlung des Louvre, geb. Paris 21. 9. 1816, gest. Paris 14. 1. 1882.

*CHLUMECKY, Peter Ritter v. 25. 3. 1858

Historiker, Leiter des Mährischen Landesarchivs in Brünn, geb. Triest 30. 3. 1825, gest. Brünn 28. 3. 1863.

*LE BAS, Philippe 25. 3. 1858

Administrator der Universitätsbibliothek in Paris, Archäologe, geb. Paris 18. 6. 1794, gest. Paris 16. 5. 1860.

*ROSEN, Georg 25. 3. 1858

Beamter des preuß. Konsulardienstes, Orientalist, geb. Detmold 24. 9. 1820, gest. Detmold 29. 10. 1891.

*SCHIEFNER, Franz *Anton* 25. 3. 1858

ao. Akademiker für tibetan. Sprachen in Petersburg, geb. Reval 6./18. 7. 1817, gest. St. Petersburg 4./16. 11. 1879.

*SPRENGER, Aloys 25. 3. 1858

Professor der oriental. Sprachen in Bern, Indologe, geb. Nassereit (Tirol) 3. 9. 1813, gest. Heidelberg 19. 12. 1893.

*UPPSTRÖM, Anders 25. 3. 1858

Professor der nordischen Sprachen in Uppsala, geb. Hammarby bruk (Gästrikland) 29. 6. 1806, gest. Uppsala 21. 1. 1865.

*WAILLY, Joseph-Noël, genannt *Natalis* DE 25. 3. 1858

Konservator der Handschriftenabteilung der Kgl. Bibliothek in Paris, geb. Mézières 10. 5. 1805, gest. Paris 4. 12. 1886.

CHASLES, Michel 22. 7. 1858

Professor der Geodäsie an der Ecole polytechn., der Geometrie an der Fac. des sciences in Paris; 1876 AM (s. d.).

POINSOT, Louis 22. 7. 1858

Professor der Mathematik an der Ecole polytechn., Senator und Mitglied des Conseil sup. de l'instruction publique, geb. Paris 3. 1. 1777, gest. Paris 5. 12. 1859.

ABICH, Otto Wilhelm *Hermann* 14. 10. 1858

ord. Akademiker für Mineralogie in Petersburg, geb. Berlin 11. 12. 1806, gest. Wien 1. 7. 1886.

VERNEUIL, Philippe-*Edouard* POULLETIER DE 14. 10. 1858

Geologe in Paris, geb. Paris 13. 2. 1805, gest. Paris 29. 5. 1873.

WÜRTZ (WURTZ), Charles-*Adolphe* 10. 3. 1859

Professor der organ. Chemie an der Fac. des sciences in Paris, geb. Straßburg 26. 11. 1817, gest. Paris 12. 5. 1884.

JACOBI, Moritz Hermann 7. 4. 1859

ord. Akademiker für Technologie und angewandte Chemie, dann der Physik in Petersburg, geb. Potsdam 21. 9. 1801, Bruder des Mitglieds Karl Gustav Jakob J., gest. St. Petersburg 26./27. 2. (10./11. 3.) 1874.

STOKES, Sir (1889) George Gabriel 7. 4. 1859

Professor der Mathematik in Cambridge, zeitweilig Präsident der Royal Society; 1899 AM (s. d.).

*BERNSTEIN, Georg Heinrich 30. 6. 1859
o. Professor der morgenländ. Literatur in Breslau, geb. Kospeda (Thür.) 12. 1. 1787, gest. Lauban 5. 4. 1860.

*BÖCKING, Eduard 30. 6. 1859
o. Professor für röm. Recht in Bonn, geb. Trarbach a. d. Mosel 21. 5. 1802 (u), gest. Bonn 3. 5. 1870.

*GIESEBRECHT, Friedrich *Wilhelm* Benjamin v. (1865) 30. 6. 1859
o. Professor der Geschichte in München, geb. Berlin 5. 3. 1814, gest. München 18. 12. 1889.

*RENAN, Ernest 30. 6. 1859
Professor der hebräischen Sprache am Collège de France in Paris, geb. Tréguier (Côtes-du-Nord) 27. 2. 1823, gest. Paris 2. 10. 1892.

*RENIER, Charles-Alphonse-*Léon* 30. 6. 1859
Professor der röm. Altertümer und Epigraphik und Administrator der Universitätsbibliothek in Paris, geb. Charleville 2. 5. 1809, gest. Paris 11. 6. 1885.

*SYBEL, *Heinrich* Karl Ludwig v. 30. 6. 1859
o. Professor der Geschichte in München und Bonn; 1875 OM (s. d.).

HESSE, Ludwig *Otto* 21. 7. 1859
Professor der Mathematik in Heidelberg und München (Polytechnikum), geb. Königsberg i. Pr. 22. 4. 1811, gest. München 4. 8. 1874.

STEENSTRUP, Johannes *Japetus* Smith 21. 7. 1859
Professor der Zoologie in Kopenhagen, geb. Vang (Norwegen) 8. 3. 1813, gest. Kopenhagen 20. 6. 1897.

HERMITE, Charles 11. 8. 1859
Professor der Mathematik an der Ecole polytechn. und an der Fac. des sciences in Paris; 1884 AM (s. d.).

RIEMANN, Georg Friedrich *Bernhard* 11. 8. 1859
o. Professor der Mathematik in Göttingen, 1866 AM (s. d.).

ROSENHAIN, Johann *Georg* 11. 8. 1859
ao. Professor der Mathematik in Königsberg, geb. Königsberg i. Pr. 10. 6. 1816, gest. Berlin 14. 3. 1887.

BERNARD, Claude 29. 3. 1860
Professor der Physiologie am Collège de France, an der Fac. des sciences und am Naturhistor. Museum in Paris, geb. Saint-Julien (Rhône) 12. 7. 1813, gest. Paris 10. 2. 1878.

*BENFEY, Theodor 26. 4. 1860
o. Professor der oriental. Sprachen in Göttingen, geb. Nörten (Hann.) 28. 1. 1809, gest. Göttingen 26. 6. 1881.

*MORBIO, Carlo 26. 4. 1860
Geschichtsforscher, Schriftsteller und Sammler in Mailand, geb. Novara 1. 4. 1811, gest. Mailand 27. 1. 1880.

*PEZZANA, Angelo 26. 4. 1860
Direktor der herzogl. Bibliothek in Parma, Historiker, geb. Parma 17. 2. 1772, gest. Parma 20. 5. 1862.

*WOLF, Ferdinand 26. 4. 1860
Kustos an der Hofbibliothek in Wien, Philologe (roman. Sprachen), geb. Wien 8. 12. 1796, gest. Wien 18. 2. 1866.

MILLER, William Hallowes 10. 5. 1860
Professor der Mineralogie in Cambridge, geb. Velindre (Wales) 6. 4. 1801, gest. Cambridge 20. 5. 1880.

*DIEFENBACH, Georg *Lorenz* Anton 31. 1. 1861
Stadtbibliothekar in Frankfurt a. Main, geb. Ostheim (Hessen) 29. 7. 1806, gest. Darmstadt 28. 3. 1883.

*GERHARDT, Carl Immanuel 31. 1. 1861
Professor der Mathematik und Direktor des Gymnasiums in Eisleben, Leibniz-Forscher, geb. Herzberg (Prov. Sachsen) 2. 12. 1816, gest. Halle 5. 5. 1899.

*KOECHLY, *Hermann* August Theodor 31. 1. 1861
o. Professor der klass. Philologie in Zürich und Heidelberg, geb. Leipzig 5. 8. 1815, gest. Triest 3. 12. 1876.

*NEWTON, Charles Thomas 31. 1. 1861
Kustos der griech. u. röm. Altertümer am Britischen Museum, dann Professor der Archäologie am University College in London, geb. Bredwardine (Wales) 13. 9. 1816, gest. Westgate-on-Sea 28. 11. 1894.

*ROTH, Walter *Rudolf* v. 31. 1. 1861
o. Professor der Indologie und allgem. Religionsgeschichte in Tübingen; 1889 AM (s. d.).

*SAUPPE, Hermann 31. 1. 1861
o. Professor der klass. Philologie in Göttingen, geb. Weesenstein (Sachsen) 9. 12. 1809, gest. Göttingen 16. 9. 1893.

*SCHAUMANN, Adolf Friedrich Heinrich 31. 1. 1861
Archivar und Oberbibliothekar in Hannover, Historiograph des Welfenhauses, geb. Hannover 19. 2. 1809, gest. Hannover 10. 12. 1882.

*DE VRIES, Matthias 31. 1. 1861
Professor der niederländ. Sprache und Literatur in Leiden, geb. Haarlem 9. 11. 1820, gest. Leiden 9. 8. 1892.

*FERNÁNDEZ GUERRA Y ORBE, Aureliano 30. 5. 1861
Generaldirektor des öffentl. Unterrichts in Spanien, Literaturhistoriker, geb. Granada 1816, gest. Madrid 7. 9. 1894.

*NAUCK, Johann *August* 30. 5. 1861
ord. Akademiker für klass. Philologie in Petersburg, geb. Auerstedt 18. 9. 1822 (u), gest. Teriokki (Finnland) 15. 8. 1892.

KIRCHHOFF, Gustav *Robert* 24. 10. 1861
o. Professor der Physik in Heidelberg; 1870 AM, 1875 OM (s. d.).

CHIAJE, Stefano DELLE 27. 2. 1862
Professor der Anatomie in Neapel, geb. Teano 24. 4. 1794, gest. Neapel 22. 7. 1860; die Wahl erfolgte also 19 Monate nach seinem Tode!

SUNDEVALL, Carl Jakob 27. 2 1862
Intendant und Professor am Zoolog. Reichsmuseum in Stockholm, geb. Högestad (Schonen) 22. 10. 1801, gest. Stockholm 2. 2. 1875.

*CANALE, Michele *Giuseppe* 13. 3. 1862
Professor der Geschichte und Geographie am Techn. Institut und Oberbibliothekar der Stadtbibliothek in Genua, geb. Genua 23. 12. 1808, gest. Genua 4. 6. 1890.

*GROTEFEND, Karl Ludwig 13. 3. 1862
Archivar in Hannover, geb. Frankfurt a. Main 22. 12. 1807, gest. Hannover 27. 10. 1874.

*OPPERT, Julius 13. 3. 1862
Professor für Sanskrit an der K Bibliothek, dann Professor der Assyriologie am Collège de France in Paris, geb. Hamburg 9. 7. 1825, gest. Paris 20. 8. 1905.

*SPIEGEL, Ludwig *Friedrich* Ernst v. 13. 3. 1862

o. Professor der oriental. Sprachen in Erlangen, geb. Kitzingen a. Main 11. 7. 1820, gest. München 15. 12. 1905.

DARWIN, *Charles* Robert 26. 2. 1863

Naturforscher in Down (Kent); 1878 AM (s. d.).

HEINE, Heinrich Eduard 16. 7. 1863

o. Professor der Mathematik in Halle, geb. Berlin 15. 3. 1821, gest. Halle 24. 10. 1881.

SEIDEL, Philipp *Ludwig* v. 16. 7. 1863

o. Professor der Mathematik in München, geb. Zweibrücken 24. 10. 1821, gest. München 13. 8. 1896.

FIZEAU, Armand-Hippolyte-*Louis* 6. 8. 1863

Physiker in Paris, geb. Paris 23. 9. 1819, gest. Venteuil (Seine-et-Marne) 18. 9. 1896.

CLAUS, *Karl* Ernst 19. 11. 1863

o. Professor der Pharmazie in Dorpat, geb. Dorpat 11./22. 1. 1796, gest. Dorpat 12./24. 3. 1864.

SAINTE-CLAIRE-DEVILLE, *Henri*-Etienne 19. 11. 1863

Professor der Chemie an der Ecole normale supérieure in Paris, geb. Saint-Thomas 11. 3. 1818, gest. Boulogne-s.-Seine 1. 7. 1881.

*AUFRECHT, Theodor 11. 2. 1864

Professor der vergl. Sprachwissenschaft und indischen Sprache in Edinburgh, dann o. Professor in Bonn, geb. Leschnitz (Oberschlesien) 7. 1. 1822, gest. Bonn 4. 4. 1907.

*DORN, Johann Albrecht *Bernhard* 11. 2. 1864

ord. Akademiker der oriental. Sprachen in Petersburg, geb. Scheuerfeld bei Coburg 11. 5. 1805, gest. St. Petersburg 19./31. 5. 1881.

*JONGKBLOET, *Willem* Joseph Andries 11. 2. 1864

Professor der vaterländ. Geschichte in Groningen, dann für niederländ. Literatur in Leiden, geb. den Haag 6. 7. 1817, gest. Wiesbaden 19. 10. 1885.

*KEIL, Christian August *Karl* 11. 2. 1864

Professor der klass. Philologie an der Landesschule Pforta, geb. Weißenfels 17. 5. 1812, gest. Pforta 15. 12. 1865.

*LOTZE, Rudolf *Hermann* 11. 2. 1864

o. Professor der Philosophie in Göttingen und Berlin, geb. Bautzen 21. 5. 1817, gest. Berlin 1. 7. 1881.

*ROZIÈRE, Thomas-Louis-Marie-*Eugène* DE 11. 2. 1864

Generalinspektor der Archive, Senator, geb. Paris 2. 3. 1820, gest. Paris 26. 6. 1896.

*ZELLER, *Eduard* Gottlob 11. 2. 1864

o. Professor der Philosophie in Heidelberg; 1872 OM (s. d.).

LUDWIG, *Karl* Friedrich Wilhelm 27. 10. 1895

o. Professor der Physiologie am Josephinum in Wien, dann in Leipzig, geb. Witzenhausen a. d. Werra 29. 12. 1816, gest. Leipzig 23. 4. 1895.

WEBER, *Eduard* Friedrich 27. 10. 1864

ao. Professor der Physiologie und Prosektor in Leipzig, geb. Wittenberg 10. 3. 1806, gest. Leipzig 18. 5. 1871.

*BERNAYS, Jakob 12. 1. 1865

ao. Professor der klass. Philologie und Oberbibliothekar in Bonn, geb. Hamburg 11. 9. 1824, gest. 26. 5. 1881.

*FIORELLI, Giuseppe 12. 1. 1865

Direktor des Nationalmuseums in Neapel, dann Generaldirektor der Kgl. Museen und Ausgrabungen (der Altertümer und schönen Künste), geb. Neapel 8. 6. 1823, gest. Neapel 30. 1. 1896.

*MÜLLER, Friedrich *Max* 12. 1. 1865

Professor der vergl. Sprachwissenschaft in Oxford; 1900 AM (s. d.).

FOUCAULT, Jean-Bernard-*Léon* 2. 2. 1865

Astronom in Paris, geb. Paris 18. 9. 1819, gest. Paris 11. 2. 1868.

MARIGNAC, Jean-*Charles* GALISSARD DE 30. 3. 1865

Professor der Chemie in Genf, geb. Genf 28. 4. 1817, gest. Genf 15. 4. 1894.

HUXLEY, Thomas Henry 3. 8. 1865

Professor der Physiologie an der Royal Institution, der vergl. Anatomie am College of surgeons in London, geb. Ealing bei London 4. 5. 1825, gest. London 29. 6. 1895.

SCHLEGEL, Hermann 23. 11. 1865

Direktor am Naturhistor. Reichsmuseum in Leiden, Zoologe, geb. Altenburg (Thür.) 10. 6. 1804 (u), gest. Leiden 17. 1. 1884.

*BROSSET, Marie-Félicité 15. 2. 1866

ord. Akademiker für oriental. Sprachen in Petersburg, geb. Paris 4. 2. 1798 (u), gest. Châtellerault (Vienne) 3. 9. 1880.

*STENZLER, Adolf Friedrich 15. 2. 1866

o. Professor für Sanskrit in Breslau, geb. Wolgast 9. 7. 1807, gest. Breslau 27. 2. 1887.

*WADDINGTON, William Henry 15. 2. 1866

französ. Staatsmann, Diplomat und Historiker, geb. Saint-Remi-s.-l'Avre (Eure-et-Loire) 11. 12. 1826, gest. Paris 13. 1. 1894.

PETERS, Christian August Friedrich 1. 3. 1866

Direktor der Sternwarte in Altona, dann Professor der Astronomie und Direktor der Sternwarte in Kiel, geb. Hamburg 7. 9. 1806, gest. Kiel 8. 5. 1880.

CAYLEY, Arthur 26. 7. 1866

Professor der reinen Mathematik in Cambridge, geb. Richmond 16. 8. 1821, gest. Cambridge 26. 1. 1895.

STEINHEIL, Karl *August* v. 26. 7. 1866

Physiker in München, geb. Rappoltsweiler (Elsaß) 12. 10. 1801, gest. München 14. 9. 1870.

SYLVESTER, James Joseph 26. 7. 1866

Professor der Mathematik an der Militärakademie in Woolwich, dann an der John-Hopkins-Univ. in Baltimore, dann in Oxford, geb. London 3. 9. 1814, gest. London 15. 3. 1897.

*BRUNN, Heinrich Ritter v. (1882) 26. 7. 1866

o. Professor der Archäologie in München; 1893 AM (s. d.).

*MÜLLER, Carl *Ludwig* 26. 7. 1866

Direktor der Münz- und Antikensammlung in Kopenhagen, geb. Kopenhagen 9. 6. 1809, gest. Kopenhagen 6. 9. 1891.

*ZACHARIAE VON LINGENTHAL, Karl Eduard 26. 7. 1866

Rechtshistoriker in Großkmehlen bei Ortrand (Sachsen), geb. Heidelberg 24. 12. 1812, gest. Großkmehlen 3. 6. 1894.

*REGNIER, Jacques-Auguste-*Adolphe* 17. 1. 1867

Sanskritforscher in Paris, Schloßbibliothekar in Fontainebleau, geb. Mainz 7. 7. 1804, gest. Fontainebleau 20. 10. 1884.

*YATES, James 17. 1. 1867

unitarischer Geistlicher, Altertumsforscher, geb. Liverpool 30. 4. 1789, gest. London 7. 5. 1871.

*DELISLE, *Leopold*-Victor 11. 4. 1867

Historiker in Paris; 1902 AM (s. d.).

*EGGER, Emile 11. 4. 1867

Professor der klass. Philologie an der Fac. des lettres in Paris, geb. Paris 18. 7. 1813, gest. Royat (Puy-de-Dôme) 31. 8. 1885.

*GIULIARI, Giovanni Battista (Gianbattista) Carlo Conte 11. 4. 1867

Professor der ital. Literatur am Istituto degli studi superiori in Florenz, geb. Canelli (Piemont) 2. 6. 1818, gest. Florenz 11. 1. 1884.

*VIVIEN DE SAINT MARTIN, Louis 11. 4. 1867

Geograph in Paris, geb. Saint-Martin-de-Fontenay (Calvados) 17. 5. 1802, gest. Paris 26. 12. 1896.

ÅNGSTRÖM, Anders Jonas 16. 12. 1867

Professor der Physik in Uppsala, geb. Lögdö bruk (Medelpad) 14. 8. 1814, gest. Uppsala 21. 6. 1874.

CAHOURS, *Auguste*-André-Thomas 16. 12. 1867

Professor der Chemie an der Ecole polytechn. in Paris, geb. Paris 2. 10. 1813, gest. Paris 17. 3. 1891.

FORBES, James David 16. 12. 1867

emer. Professor der Physik in Edinburgh, geb. Bolington (Schottland) 20. 4. 1809, gest. Clifton bei Bristol 31. 12. 1868.

KOPP, *Hermann* Franz Moritz 16. 12. 1867

o. Professor der Chemie in Heidelberg; 1874 AM (s. d.).

*BROCKHAUS, Hermann 16. 1. 1868

o. Professor der altindischen Sprache und Literatur in Leipzig, geb. Amsterdam 28. 1. 1806, gest. Leipzig 5. 1. 1877.

CHRISTOFFEL, *Elvin* Bruno 2. 4. 1868

o. Professor der Mathematik in Straßburg, geb. Montjoie (Eifel) 10. 11. 1829, gest. Straßburg 15. 3. 1900.

CLEBSCH, Rudolf Friedrich *Alfred* 2. 4. 1868

o. Professor der Mathematik in Göttingen, geb. Königsberg i. Pr. 14. 1. 1833, gest. Göttingen 7. 11. 1872.

QUENSTEDT, Friedrich August v. 2. 4. 1868

o. Professor der Mineralogie, Geologie und Paläontologie in Tübingen, geb. Eisleben 9. 7. 1809, gest. Tübingen 21. 12. 1889.

STRUVE, *Otto* Wilhelm 2. 4. 1868

ord. Akademiker für Astronomie in Petersburg und Direktor des Observatoriums Pulkovo, geb. Dorpat 25. 4./7. 5. 1819, gest. Karlsruhe i. B. 14. 4. 1905.

*WRIGHT, William 5. 11. 1868

Orientalist am Britischen Museum, dann Professor der semit. Sprachen in Cambridge, geb. Mullye (Mallai), Br.-Indien, 17. 1. 1830, gest. Cambridge 22. 5. 1889.

*GABELENTZ, Hans *Conon* v. der 11. 2. 1869

Landschaftspräsident des Herzogtums Sachsen-Altenburg, Sinologe, geb. Altenburg 13. 10. 1807, gest. Lemnitz (Thür.) 3. 9. 1874.

*PROMIS, Carlo 11. 2. 1869

Professor der Architektur an der Ingenieurschule in Turin, Archäologe, geb. Turin 18. 2. 1808, gest. Turin 20. 5. 1873.

KAISER, Frederik 15. 4. 1869

Professor der Astronomie und Direktor der Sternwarte in Leiden, geb. Amsterdam 10. 6. 1808, gest. Leiden 28. 6. 1872.

PLATEAU, *Joseph*-Antoine-Ferdinand 29. 4. 1869

Professor der Physik und Astronomie in Gent, geb. Brüssel 14. 10. 1801, gest. Gent 15. 9. 1883.

THURET, *Gustave*-Adolphe 29. 4. 1869

Botaniker in Paris, geb. Paris 23. 5. 1817, gest. Nizza 11. 5. 1875.

TULASNE, Louis-René, genannt *Edmond* 29. 4. 1869

Professor der Botanik am Naturhistor. Museum in Paris, geb. Azay-le-Rideau (Indre-et-Loire) 12. 9. 1815, gest. Hyères (Var) 22. 12. 1885.

ROEMER, Karl *Ferdinand* 3. 6. 1869

o. Professor der Geologie und Paläontologie in Breslau, geb. Hildesheim 5. 1. 1818, gest. Breslau 14. 12. 1891.

*CERIANI, Antonio Maria 4. 11. 1869

Präfekt der Ambrosian. Bibliothek in Mailand, geb. Uboldo bei Saronno (Lombardei) 2. 5. 1828, gest. Mailand 8. 5. 1902.

*CURTIUS, Georg 4. 11. 1869

o. Professor der klass. Philologie in Leipzig, geb. Lübeck 16. 4. 1820, gest. Hermsdorf (Schlesien) 12. 8. 1885.

*EBEL, *Hermann* Wilhelm 4. 11. 1869

Professor der Philologie (keltische Sprachen) in Berlin, geb. Berlin 10. 5. 1820, gest. Misdroy 19. 8. 1875.

*HALM, *Carl* Felix v. 13. 1. 1870

Direktor der Bayer. Staatsbibliothek und Professor der klass. Philologie in München, geb. München 5. 4. 1809, gest. München 5. 10. 1882.

*EVSTRATIADIS (EUSTRATIADES), Panagiotis 3. 11. 1870

Generalephoros der Altertümer in Athen, geb. Mandamados (Lesbos) 1815, gest. Athen 6. 1888.

*KÖHLER, *Ulrich* Leopold 3. 11. 1870

Legationssekretär in Rom, dann Professor der klass. Altertumskunde in Straßburg, Vorstand des Archäol. Instituts in Athen; 1888 OM (s. d.).

*KUMANUDIS (KUMANUDES), Stephanos 3. 11. 1870

Professor der Archäologie in Athen, geb. Adrianopel 1818, gest. Athen 31. 5. 1899.

*MUIR, John 3. 11. 1870

Professor für Sanskrit und vergl. Sprachwissenschaft in Edinburgh, geb. Glasgow 5. 2. 1810, gest. Edinburgh 7. 3. 1882.

ČEBYŠEV (TSCHEBYSCHEW), Pafnutij L'vovič 13. 7. 1871

ord. Akademiker für Mathematik in Petersburg, geb. Okatovo (Gouv. Kaluga) 14. 5. 1821, gest. St. Petersburg 26. 11. 1894.

KELVIN, William THOMSON, 1892 Lord 13. 7. 1871

Professor der theoret. Physik in Glasgow; 1900 AM (s. d.).

RATH, Gerhard VOM 13. 7. 1871

o. Professor der Mineralogie in Bonn, geb. Duisburg 20. 8. 1830, gest. Koblenz 23. 4. 1888.

*HEITZ, Johann Heinrich *Emil* 20. 7. 1871

Professor am Gymnasium in Straßburg, dann o. Professor der klass. Philologie, geb. Straßburg 13. 11. 1825, gest. Straßburg 15. 7. 1890.

LIPSCHITZ, *Rudolf* Otto Sigmund 18. 4. 1872

o. Professor der Mathematik in Bonn, geb. Königsberg i. Pr. 14. 5. 1832, gest. Bonn 7. 10. 1903.

SCACCHI, Arcangelo 18. 4. 1872

Professor der Mineralogie in Neapel, geb. Gravina 8. 2. 1810, gest. Neapel 11. 10. 1893.

*BRUGSCH (-Pascha), *Heinrich* Karl 13. 2. 1873

Ägyptologe in Kairo und Berlin, geb. Berlin 18. 2. 1827, gest. Charlottenburg 9. 9. 1894.

*HUNFALVY, Paul 13. 2. 1873

Philologe (finn.-ugrische Sprachen) in Budapest, geb. Groß-Schlagendorf (Zips) 12. 3. 1810, gest. Budapest 30. 11. 1891.

*WHITNEY, William Dwight 13. 2. 1873

Professor für Sanskrit u. vergl. Sprachwissenschaft am Yale College in New Haven, geb. Northampton (Mass.) 9. 2. 1827, gest. New Haven (Conn.) 8. 6. 1894.

DONDERS, Franz Cornelius 3. 4. 1873

Professor der Physiologie in Utrecht, geb. Tilburg 27. 5. 1818, gest. Utrecht 24. 3. 1889.

HENLE, Friedrich Gustav *Jakob* 3. 4. 1873

o. Professor der Anatomie in Göttingen, geb. Fürth i. B. 20. 7. 1809, gest. Göttingen 13. 5. 1885.

KOELLIKER, Rudolf *Albert* v. 3. 4. 1873

o. Professor der Anatomie in Würzburg; 1892 AM (s. d.).

PFLÜGER, *Eduard* Friedrich Wilhelm 3. 4. 1873

o. Professor der Physiologie in Bonn; 1900 AM (s. d.).

SALMON, George 12. 6. 1873

Professor der protest. Theologie in Dublin, Mathematiker, geb. Cork 25. 9. 1819, gest. Dublin 22. 1. 1904.

SCHLÄFLI, Ludwig 12. 6. 1873

o. Professor der Mathematik, Physik und Astronomie in Bern, geb. Graßwil (Kt. Bern) 25. 1. 1814, gest. Bern 20. 3. 1895.

*PRANTL, Carl v. 12. 2. 1874

o. Professor der Philosophie in München, geb. Landsberg a. Lech 28. 1. 1820, gest. Oberstdorf 14. 9. 1888.

*SCHÄFER, *Arnold* Dietrich 12. 2. 1874

o. Professor der Geschichte in Bonn, geb. Seehausen bei Bremen 16. 10. 1819, gest. Bonn 19. 11. 1883.

*VISCHER, Wilhelm 12. 2. 1874

o. Professor der klass. Philologie in Basel, geb. Basel 30. 5. 1808, gest. Basel 5. 7. 1874.

BURMEISTER, Karl *Hermann* Konradt 16. 4. 1874

Direktor des Naturhistor. Museums in Buenos Aires, Zoologe, geb. Stralsund 15. 1. 1807, gest. Buenos Aires 2. 5. 1892.

CANDOLLE, *Alphonse*-Louis-Pierre-Pyramus DE 16. 4. 1874

Professor der Botanik in Genf, geb. Paris 27. 10. 1806, Sohn des Mitglieds Augustin-Pyramus de C., gest. Genf 5. 4. 1893.

GRISEBACH, *August* Heinrich Rudolf 16. 4. 1874

o. Professor der Botanik in Göttingen, geb. Hannover 17. 4. 1814, gest. Göttingen 9. 5. 1879.

HOFMEISTER, Friedrich *Wilhelm* 16. 4. 1874

o. Professor der Botanik in Tübingen, geb. Leipzig 18. 5. 1824, gest. Lindenau bei Leipzig 12. 1. 1877.

NÄGELI, *Carl* Wilhelm v. 16. 4. 1874

o. Professor der Botanik in München, geb. Kilchberg (Kt. Zürich) 27. 3. 1817, gest. München 10. 5. 1891.

*BAUDI DI VESME, Carlo Conte 12. 11. 1874

Paläograph und Philologe in Turin, geb. Cuneo 23. 7. 1809, gest. Turin 4. 3. 1877.

*LUMBROSO, Giacomo 12. 11. 1874

Professor der Archäologie in Palermo, Pisa und Rom, geb. Bardo (Tunis) 9. 10. 1844, gest. Rapallo 27. 3. 1925.

*HOFFMANN, Johann Joseph 11. 2. 1875

Professor der japan. Sprache in Leiden, geb. Würzburg 16. 2. 1805, gest. den Haag 23. 1. 1878.

*SCHERER, Wilhelm 8. 4. 1875

o. Professor der deutschen Sprache und Literatur in Straßburg und Berlin; 1884 OM (s. d.).

*CUNNINGHAM, Alexander 17. 6. 1875

archäolog. Generalinspektor von Brit.-Indien, geb. London 23. 1. 1814, gest. London 28. 11. 1893.

*STEPHANI, *Ludolf* Eduard 17. 6. 1875

ord. Akademiker für griech. u. röm. Altertümer in Petersburg, geb. Beucha bei Leipzig 29. 3. 1816, gest. Pavlovsk bei St. Petersburg 30. 5./11. 6. 1887.

LOVÉN, Sven Ludvig 8. 7. 1875

Intendant und Professor am Naturhistor. Reichsmuseum in Stockholm, geb. Stockholm 6. 1. 1809, gest. Karlsborg bei Stockholm 3. 9. 1895.

SCHERING, *Ernst* Christian Julius 8. 7. 1875

o. Professor der Mathematik und Astronomie in Göttingen, geb. Sandbergen bei Lüneburg 13. 7. 1833, gest. Göttingen 2. 11. 1897.

FRANKLAND, Sir (1897) Edward 18. 11. 1875

Professor der Chemie an der Royal Institution und der School of Mines in London, geb. Churchtown bei Lancaster 18. 1. 1825, gest. Golaa im Gulbrandsdal (Norwegen) 9. 8. 1899.

KEKULE V. STRADONITZ, Friedrich *August* 18. 11. 1875

o. Professor der Chemie in Bonn, 1885 AM (s. d.).

(KOLBE, Adolf Wilhelm *Hermann* 18. 11. 1875

o. Professor der Chemie in Leipzig, geb. Eliehausen bei Göttingen 27. 9. 1818, gest. Leipzig 26. 11. 1884. Er lehnt am 20. 12. die Wahl ab.)

WILLIAMSON, Alexander William 18. 11. 1875

Professor der Chemie am University College in London, geb. Wandsworth bei London 1. 5. 1824, gest. High Pitfold, Hindhead (Surrey) 6. 5. 1904.

BRÖCH, Ole Jacob 3. 2. 1876

Professor der Mathematik in Christiania, geb. Frederikstad 14. 1. 1818, gest. Christiania 5. 2. 1889.

*TORSTRICK, Johann *Adolf* 10. 2. 1876

Professor der griech. u. latein. Sprache am Gymnasium in Bremen, geb. Bremen 22. 1. 1821, gest. Bremen 22. 11. 1877.

CLAUSIUS, *Rudolf* Julius Emanuel 30. 3. 1876

o. Professor der Physik in Bonn, geb. Köslin 2. 1. 1822, gest. Bonn 24. 8. 1888.

*HEGEL, Friedrich Wilhelm *Karl* v. 6. 4. 1876
o. Professor der Geschichte in Erlangen, geb. Nürnberg 7. 6. 1813, gest. Erlangen 5. 12. 1901.

*SICKEL, Friedrich Adolf *Theodor* Ritter v. (1884) 6. 4. 1876
Vorstand des Instituts für österr. Geschichtsforschung in Wien, zeitweilig Direktor des Österr. Histor. Instituts in Rom; 1900 AM (s. d.).

*GARCIN DE TASSY, Joseph-Héliodore-Sagesse-Vertu 26. 6. 1876
Professor der hindustan. Literatur an der Ecole des langues orientales, Präsident der Société Asiatique in Paris, geb. Marseille 20. 1. 1794, gest. Paris 2. 9. 1878.

*NÖLDEKE, *Theodor* Eduard Bernhard 14. 2. 1878
o. Professor der oriental. Sprachen in Straßburg; 1900 AM (s. d.).

*BÜHLER, Johann *Georg* 11. 4. 1878
Professor der oriental. Sprachen am Elphinstone College und Schulinspektor in Bombay, dann Professor der altindischen Philologie in Wien, geb. Borstel (Hann.) 19. 7. 1837, gest. (verunglückt im Bodensee bei Lindau) 8. 4. 1898.

BARY, Heinrich *Anton* DE 12. 12. 1878
o. Professor der Botanik in Straßburg, geb. Frankfurt a. Main 26. 1. 1831, gest. Straßburg 19. 1. 1888.

*WIESELER, *Friedrich* Julius August 27. 2. 1879
o. Professor der Archäologie in Göttingen, geb. Altencelle (Hann.) 19. 10. 1811, gest. Göttingen 3. 12. 1892.

*WÜSTENFELD, Heinrich *Ferdinand* 27. 2. 1879
o. Professor der oriental. Sprachen in Göttingen, geb. Hann.-Münden 31. 7. 1808, gest. Hannover 8. 2. 1899.

KUNDT, *August* Adolf Eduard Eberhard 13. 3. 1879
o. Professor der Physik in Straßburg; 1888 OM (s. d.).

QUINCKE, *Georg* Hermann 13. 3. 1879
o. Professor der Physik in Heidelberg, geb. Frankfurt a. d. Oder 19. 11. 1834, gest. Heidelberg 13. 1. 1924.

TOEPLER, *August* Joseph Ignaz 13. 3. 1879
o. Professor der Physik in Dresden, geb. Brühl bei Bonn 7. 9. 1836, gest. Dresden 6. 3. 1912.

WIEDEMANN, *Gustav* Heinrich 13. 3. 1879
o. Professor der physikal. Chemie und Physik in Leipzig, geb. Berlin 2. 10. 1826, gest. Leipzig 24. 3. 1899.

*IMHOOF-BLUMER, Friedrich 19. 6. 1879
Numismatiker in Winterthur; 1900 AM (s. d.).

SCHIAPARELLI, Giovanni Virginio 23. 10. 1879
Direktor der Sternwarte in Mailand; 1904 AM (s. d.).

WINNECKE, Friedrich *August* Theodor 23. 10. 1879
o. Professor der Astronomie in Straßburg, geb. Groß-Heere bei Hildesheim 5. 2. 1835, gest. Bonn 2. 12. 1897.

DEDEKIND, Julius Wilhelm *Richard* 11. 3. 1880
Professor der Mathematik in Braunschweig, geb. Braunschweig 6. 10. 1831, gest. Braunschweig 12. 2. 1916.

SMITH, Henry John Stephen 15. 4. 1880
Professor der Geometrie in Oxford, geb. Dublin 2. 11. 1826, gest. Oxford 9. 2. 1883.

*JAGIĆ, Vatroslav 16. 12. 1880

o. Professor der slav. Philologie und ord. Akademiker in Petersburg, dann o. Professor in Wien; 1908 AM (s. d.).

*KELLER, Ferdinand 16. 12. 1880

Präsident der Antiquar. Gesellschaft in Zürich, geb. Murthalen (Kt. Zürich) 24. 12. 1800, gest. Zürich 21. 7. 1881.

*KIELHORN, Lorenz *Franz* 16. 12. 1880

o. Professor für Sanskrit in Göttingen, geb. Osnabrück 31. 5. 1840, gest. Göttingen 19. 3. 1908.

BELTRAMI, Eugenio 6. 1. 1881

Professor der math. Physik in Pavia, Präsident der Accademia dei Lincei in Rom, geb. Cremona 16. 11. 1835, gest. Rom 18. 2. 1900.

BETTI, Enrico 6. 1. 1881

Professor der Mathematik, Physik und Astronomie am Lyzeum in Florenz, geb. bei Pistoja 21. 10. 1823, gest. Soiana (Prov. Pisa) 11. 8. 1892.

BRIOSCHI, Francesco 6. 1. 1881

Professor der Hydraulik und Analysis am Instituto Technico in Mailand, Präsident der Accademia dei Lincei in Rom, geb. Mailand 22. 12. 1824, gest. Mailand 13. 12. 1897.

FUCHS, Immanuel *Lazarus* 6. 1. 1881

o. Professor der Mathematik in Heidelberg; 1884 OM (s. d.).

SCHROETER, *Heinrich* Eduard 6. 1. 1881

o. Professor der Mathematik in Breslau, geb. Königsberg i. Pr. 8. 1. 1829, gest. Breslau 3. 1. 1892.

WILD, Heinrich 6. 1. 1881

ord. Akademiker für Physik und Direktor des Physikal. Zentralobservatoriums in Petersburg, geb. Uster (Kt. Zürich) 17. 12. 1833, gest. Zürich 5. 9. 1902.

HAUER, Franz Ritter v. 3. 3. 1881

Direktor der Geolog. Reichsanstalt in Wien, geb. Wien 30. 1. 1822, gest. Wien 20. 3. 1899.

KJERULF, Theodor 3. 3. 1881

Professor der Mineralogie und Geologie in Christiania, geb. Christiania 30. 3. 1825, gest. Christiania 25. 10. 1888.

RICHTHOFEN, *Ferdinand* Paul Wilhelm Dieprand Freiherr v. 3. 3. 1881

o. Professor der Geographie in Bonn, Leipzig und Berlin; 1899 OM (s. d.).

TSCHERMAK-Seysenegg, Gustav Edler (1917) v. (1906) 3. 3. 1881

o. Professor der Mineralogie in Wien, geb. Littau (Mähren) 19. 4. 1836, gest. Wien 4. 5. 1927.

*DÜMMLER, *Ernst* Ludwig 30. 3. 1882

o. Professor der Geschichte in Halle; 1888 OM (s. d.).

*PAULI, Georg *Reinhold* 30. 3. 1882

o. Professor der Geschichte in Göttingen, geb. Berlin 25. 5. 1823 (u), gest. Bremen 3. 6. 1882.

*STUBBS, William 30. 3. 1882

Kanonikus in London, Bischof von Chester, dann von Oxford, Historiker, geb. Knaresborough (Yorkshire) 21. 6. 1825, gest. Cuddesdon bei Oxford 22. 4. 1901.

*PARIS, *Gaston*-Bruno-Paulin 20. 4. 1882

Professor der Philologie und Direktor des Collège de France in Paris; 1900 AM (s. d.).

*BÜCHELER, Franz 15. 6. 1882

o. Professor der klass. Philologie in Bonn; 1900 AM (s .d.).

*DITTENBERGER, Wilhelm 15. 6. 1882

o. Professor der klass. Philologie in Heidelberg, geb. Heidelberg 31. 8. 1840, gest. Halle 29. 12. 1906.

*KEIL, Theodor *Heinrich* Gottfried 15. 6. 1882

o. Professor der klass. Philologie in Halle, geb. Gressow bei Wismar 25. 5. 1822 (u), gest. Friedrichroda 27. 8. 1894.

GOULD, Benjamin Apthorp 7. 6. 1883

Astronom in Cordoba (Argentinien), dann in Cambridge, Mass., geb. Boston 27. 9. 1824, gest. Cambridge (Mass.) 26. 11. 1896.

NEWCOMB, Simon 7. 6. 1883

Astronom der Marine, geb. Wallace (Nova Scotia) 12. 3. 1835, gest. Washington 11. 7. 1909.

*NOORDEN, *Karl* Friedrich Johann v. 20. 12. 1883

o. Professor der Geschichte in Leipzig, geb. Bonn 11. 9. 1833, gest. Leipzig 25. 12. 1883.

BAEYER, Johann Friedrich Wilhelm *Adolf* Ritter v. (1885) 17. 1. 1884

o. Professor der Chemie in München; 1905 AM (s. d.).

GEGENBAUR, Karl 17. 1. 1884

o. Professor der Anatomie in Heidelberg; 1900 AM (s. d.).

HEIDENHAIN, *Rudolf* Peter Heinrich 17. 1. 1884

o. Professor der Physiologie in Breslau, geb. Marienwerder 29. 1. 1834, gest. Breslau 13. 10. 1897.

*FOUCART, *Paul*-François 17. 7. 1884

Direktor der Ecole d'Athènes, dann Professor der Archäologie am Collège de France in Paris, geb. Paris 15. 3. 1836, gest. Paris 19. 5. 1926.

*PERROT, Georges 17. 7. 1884

Direktor der Ecole normale supérieure in Paris, Archäologe, geb. Villeneuve-Saint-Georges (Seine-et-Oise) 12. 11. 1832, gest. Paris 1. 7. 1914.

HITTORF, Johann *Wilhelm* 31. 7. 1884

o. Professor der Physik in Münster; 1900 AM (s. d.).

KOHLRAUSCH, *Friedrich* Wilhelm Georg 31. 7. 1884

o. Professor der Physik in Würzburg und Straßburg; 1895 OM (s. d.).

GIBBS, Oliver *Wolcott* 29. 1. 1885

Professor der Chemie am Harvard College in Cambridge, Mass., geb. New York 21. 2. 1822, gest. Newport 9. 12. 1908.

*FISCHER, Kuno 29. 1. 1885

o. Professor der Philosophie in Heidelberg, geb. Sandewalde (Schlesien) 27. 7. 1824, gest. Heidelberg 5. 7. 1907.

*SIGWART, Christoph v. 29. 1. 1885

o. Professor der Philosophie in Tübingen, geb. Tübingen 28. 3. 1830, gest. Tübingen 5. 8. 1904.

RECKLINGHAUSEN, *Friedrich* Daniel v. 26. 2. 1885

o. Professor der pathol. Anatomie in Straßburg, geb. Gütersloh 2. 12. 1833, gest. Straßburg 26. 8. 1910.

CASORATI, Felice 15. 7. 1886

Professor der Mathematik in Pavia, geb. Pavia 17. 12. 1835, gest. Pavia 11. 9. 1890.

CREMONA, *Luigi* Antonio Gaudentio Josephe 15. 7. 1886

Direktor der Ingenieurschule und Professor der Mathematik an der Universität in Rom, geb. Pavia 7. 12. 1830, gest. Rom 10. 6. 1903.

TRAUBE, Moritz 29 7 1886

Chemiker in Ratibor, geb. Ratibor 12. 2. 1826, gest. Berlin 28. 6. 1894.

LEUCKART, Karl Georg Friedrich *Rudolf* 20. 1. 1887

o. Professor der Zoologie und Zootomie in Leipzig, geb. Helmstedt 7. 10. 1822, gest. Leipzig 6. 2. 1898.

LEYDIG, Franz v. 20 1 1887

o. Professor der Anatomie und Zoologie in Bonn, geb. Rothenburg ob d. Tauber 21. 5. 1821, gest. daselbst 11. 4. 1908.

KRUEGER, Karl Nikolaus *Adalbert* 10. 2. 1887

o. Professor der Astronomie in Kiel, geb. Marienburg 3. 12. 1832, gest. Kiel 21. 4. 1896.

SCHÖNFELD, Eduard 10. 2. 1887

o. Professor der Astronomie in Bonn, geb. Hildburghausen 22. 12. 1828, gest. Bonn 1. 5 1891.

*ZANGEMEISTER, *Karl* Friedrich Wilhelm 10. 2. 1887

Oberbibliothekar und o. Hon.-Professor für Epigraphik in Heidelberg, geb. Hallungen (Thur.) 28. 9. 1837, gest. Heidelberg 8. 6. 1902.

*ASCOLI, Graziadio Isaia 10 3. 1887

Professor der Philologie an der Accademia scientifico-letteraria in Mailand, geb. Görz 16. 7. 1829, gest. Mailand 21. 1. 1907.

KOKŠAROV (KOKSCHAROW), Nikolaj Ivanovič 20. 10. 1887

ord. Akademiker für Kristallographie in Petersburg, geb. bei Ust'-Kamenogorsk (Gouvern. Tobolsk) 23 11. 1818, gest. St. Petersburg 21. 12. 1892.

ROSENBUSCH, Karl-*Harry* Ferdinand 20. 10. 1887

o. Professor der Mineralogie und Geologie in Heidelberg, geb. Einbeck 24 6. 1836, gest. Heidelberg 20. 1. 1914.

ZIRKEL, Ferdinand 20 10 1887

o. Professor der Mineralogie in Leipzig, geb. Bonn 20. 5. 1838, gest. Bonn 11. 6. 1912.

VAN BENEDEN, *Edouard*-Joseph-Louis-Marie 3. 11. 1887

Professor der Biologie in Lüttich, geb. Löwen 5. 3. 1846, gest. Lüttich 28. 4. 1910.

BUYS-BALLOT, Christoffel Hendrik Dirk 3. 11. 1887

Professor der Physik und Direktor des Niederl. Meteorolog. Instituts in Utrecht, geb. Kloetinge (Zuid Beveland) 10. 10. 1817, gest. Utrecht 3. 2. 1890.

*BYWATER, Ingram 17. 11. 1887

Professor der griech. Sprache in Oxford, geb. London 27. 6. 1840, gest. London 17. 12. 1914.

*HOMOLLE, Théophile 17. 11. 1887

Professor der Archäologie am Collège de France in Paris, dann Direktor der Ecole d'Athènes, dann Direktor des Louvre-Museums und der Nationalbibliothek, geb. Paris 19. 12. 1845, gest. Paris 13. 6 1925; am 9. 5. 1915 auf seinen Wunsch als Mitglied gestrichen.

*KABBADIAS, Panagiotis 17. 11. 1887

Generalephoros der Kgl. Museen und Altertümer in Athen; 1908 AM (s. d.).

*AHLWARDT, *Wilhelm* Theodor 2. 2. 1888

o. Professor der semit. Sprachen in Greifswald, geb. Greifswald 4. 7. 1828, gest. Greifswald 2. 11. 1909.

*PERTSCH, Ludwig Karl *Wilhelm* 2. 2 1888

Direktor der Bibliothek und der Sammlungen auf Schloß Friedenstein in Gotha, geb. Coburg 19. 4. 1832, gest. Gotha 17. 8. 1899.

*MICHAELIS, *Adolf* Theodor Friedrich 21. 6. 1888

o. Professor der Archäologie in Straßburg, geb. Kiel 22. 6. 1835, gest. Straßburg 12. 8. 1910.

BEILSTEIN, *Friedrich* Konrad 6. 12. 1888

ord. Akademiker für Technologie und angewandte Chemie in Petersburg, geb. St. Petersburg 5./17. 2. 1838, gest. St. Petersburg 5./18. 10. 1906.

CANNIZZARO, Stanislao 6. 12. 1888

Professor der Chemie in Rom, geb. Palermo 13. 7. 1826, gest. Rom 10. 5. 1910.

FRESENIUS, Karl *Remigius* 6. 12. 1888

Direktor des Chem. Laboratoriums Fresenius in Wiesbaden, geb. Frankfurt a. Main 28. 12. 1818, gest. Wiesbaden 11. 6. 1897.

MEYER, *Lothar* Julius 6. 12. 1888

o. Professor der Chemie in Tübingen, geb. Varel (Oldenburg) 19. 8. 1830, gest. Tübingen 13. 4. 1895.

GEIKIE, Sir (1891) Archibald 21. 2. 1889

Generakdirektor der Geolog. Landesaufnahme von Großbritannien, zeitweilig Präsident der Royal Society, geb. Edinburgh 28. 12. 1835, gest. Haslemere (Surrey) 10. 11. 1924.

HANN, *Julius* Ferdinand Edler (1912) v. (1910) 21. 2. 1889

Direktor der Meteorolog. Zentralanstalt und o. Professor der Physik in Wien (vorübergehend in Graz), geb. Schloß Haus bei Linz 23. 3. 1839, gest. Wien 1. 10. 1921.

HERTZ, *Heinrich* Rudolf 7. 3. 1889

o. Professor der Physik in Bonn, geb. Hamburg 22. 2. 1857, gest. Bonn 1. 1. 1894.

WÜLLNER, Friedrich Hugo Anton *Adolf* 7. 3. 1889

o. Professor der Physik in Aachen, geb. Düsseldorf 13. 6. 1835, gest. Aachen 6. 10. 1908.

*HOLST, *Hermann* Eduard v. 25. 7. 1889

o. Professor der Geschichte in Freiburg, geb. Fellin (Livland) 7./19. 6. 1841, gest. Freiburg i. Br. 20. 1. 1904.

*IHERING, Caspar *Rudolph* v. 25. 7. 1889

o. Professor der Rechte in Göttingen, geb. Aurich 22. 8. 1818, gest. Göttingen 17. 9. 1892.

*MAURER, Konrad v. 25. 7. 1889

o. Professor der Rechtsgeschichte in München, geb. Frankenthal 29. 4. 1823, gest. München 16. 9. 1902.

*STUDEMUND, *Wilhelm* Friedrich Adolf 25. 7. 1889

o. Professor der klass. Philologie in Breslau, geb. Stettin 3. 7. 1843, gest. Breslau 9. 8. 1889.

COHN, *Ferdinand* Julius 19. 12. 1889

o. Professor der Botanik in Breslau, geb. Breslau 24. 1. 1828, gest. Breslau 25. 6. 1898.

PFEFFER, *Wilhelm* Friedrich Philipp 19. 12. 1889

o. Professor der Botanik in Leipzig, geb. Grebenstein bei Kassel 9. 3. 1845, gest. Leipzig 31. 1. 1920.

STRASBURGER, Eduard 19. 12. 1889

o. Professor der Botanik in Bonn, Direktor der Botanischen Anstalt in Poppelsdorf, geb. Warschau 1. 2. 1844, gest. Bonn 19. 5. 1912.

GILL, Sir (1900) David 5. 6. 1890

kgl. Astronom in Kapstadt, geb. Aberdeen 12. 6. 1843, gest. London 14. 1. 1914.

*DENIFLE, *Heinrich* Suso (Josef) 18. 12. 1890

Subarchivar des Heiligen Stuhls, geb. Imst (Tirol) 16. 1. 1844, gest. München 10. 6. 1905.

*KAIBEL, *Georg* Wilhelm 4. 6. 1891

o. Professor der klass. Philologie in Göttingen, geb. Lübeck 30. 10. 1849, gest. Göttingen 12. 10. 1901.

*LATYŠEV (LATYSCHEW), Vasilij Vasil'jevič 4. 6. 1891
ord. Akademiker für klass. Philologie und Archäologie in Petersburg, geb. Dievo (Gouv. Tveř) 29. 7. 1855, gest. Petrograd 2. 5. 1921.

*USENER, *Hermann* Karl 4. 6. 1891
o. Professor der klass. Philologie in Bonn, geb. Weilburg 23. 10. 1834, gest. Bonn 21. 10. 1905.

*WACHSMUTH, Curt 4. 6. 1891
o. Professor der alten Geschichte und klass. Philologie in Leipzig, geb. Naumburg a. d. Saale 27. 4. 1837, gest. Leipzig 8. 6. 1905.

*WILAMOWITZ-MOELLENDORFF, Enno Friedrich Wichard *Ulrich* v. 4. 6. 1891
o. Professor der klass. Philologie in Göttingen und Berlin; 1899 OM (s. d.).

*WIMMER, *Ludwig* Franz Adalbert 4. 6. 1891
o. Professor der nordischen Philologie in Kopenhagen, geb. Ringkjöbing 7. 2. 1839, gest. Kopenhagen 29. 4. 1920.

*HÉRON DE VILLEFOSSE, *Antoine*-Marie-Albert 2. 2. 1893
Konservator der griech. u. röm. Antiken des Louvre, geb. Paris 8. 12. 1845, gest. Paris 15. 6. 1919.

*LOLLING, Habbo Gerardus 2. 2. 1893
Bibliothekar des Deutschen Archäolog. Instituts in Athen, geb. Tergast (Ostfriesland) 23. 11. 1848, gest. Athen 22. 2. 1894.

*COWELL, Edward Byles 20. 4. 1893
Professor für Sanskrit in Cambridge, geb. Ipswich 23. 1. 1826, gest. Cambridge 9. 2. 1903.

NEUMANN, Carl Gottfried 4. 5. 1893
o. Professor der Mathematik in Leipzig, geb. Königsberg i. Pr. 7. 5. 1832, gest. Leipzig 27. 3. 1925.

KÖNIGSBERGER, Leo 4. 5. 1893
o. Professor der Mathematik in Heidelberg, geb. Posen 15. 10. 1837, gest. Heidelberg 15. 12. 1921.

FLEMMING, Walther 1. 6. 1893
o. Professor der Anatomie in Kiel, geb. Sachsenberg bei Schwerin 21. 4. 1843, gest. Kiel 4. 8. 1905.

HIS, Wilhelm 1. 6. 1893
o. Professor der Anatomie in Leipzig, geb. Basel 9. 7. 1831, gest. Leipzig 1. 5. 1904.

RETZIUS, Magnus *Gustav* 1. 6. 1893
Anatom in Stockholm, geb. Stockholm 27. 10. 1842, gest. Stockholm 22. 7. 1919.

*DUCHESNE, *Louis*-Marie-Olivier 20. 7. 1893
Prälat, Direktor der Ecole française de Rome, christl. Archäologe, geb. Saint-Servan (Ille-et-Villaine) 13. 9. 1843, gest. Rom 21. 4. 1922.

*FICKER, Ritter v. Feldhaus, Caspar *Julius* 20. 7. 1893
o. Professor für Reichs und Rechtsgeschichte in Innsbruck, geb. Paderborn 30. 4. 1826, gest. Innsbruck 10. 7. 1902.

*SCHÜRER, Emil 20. 7. 1893
o. Professor der neutestament. Exegese in Göttingen, geb. Augsburg 2. 5. 1844, gest. Göttingen 30. 4. 1910.

*GOMPERZ, Theodor 19. 10. 1893
o. Professor der klass. Philologie in Wien, geb. Brünn 29. 3. 1832, gest. Baden bei Wien 28. 8. 1912.

*HARTEL, Wilhelm Ritter v. 19. 10. 1893

o. Professor der klass. Philologie und Direktor der Hofbibliothek in Wien, Vizepräsident der Akademie der Wissenschaften, zeitweilig Unterrichtsminister, geb. Hof (Mähren) 28. 5. 1839, gest. Wien 14. 1. 1907.

*BENNDORF, Friedrich August *Otto* 30. 11. 1893

o. Professor der Archäologie in Wien, Direktor des Österr. Archäolog. Instituts, geb. Greiz 13. 9. 1838, gest. Wien 2. 1. 1907.

*JUSTI, *Carl* Nikolaus Heinrich 30. 11. 1893

o. Professor der Kunstgeschichte in Bonn, geb. Marburg 2.8. 1832, gest. Bonn 10. 12. 1912.

*KNAPP, Georg Friedrich 14. 12. 1893

o. Professor der Nationalökonomie in Straßburg, geb. Gießen 7. 3. 1842, gest. Darmstadt 20. 2. 1926.

*MERKEL, *Adolf* Joseph Matthäus 14. 12. 1893

o. Professor des Strafrechts in Straßburg, geb. Mainz 11. 1. 1836, gest. Straßburg 30. 3. 1896.

*RADLOFF, Friedrich *Wilhelm* 10. 1. 1895

ord. Akademiker für Literatur und Geschichte der asiat. Völker in Petersburg, geb. Berlin 17. 1. 1837, gest. St. Petersburg 12./25. 5. 1918.

*THOMPSON, Sir Edward Maunde 2. 5. 1895

Direktor der Bibliothek des Britischen Museums, Paläograph, geb. Clarendon (Jamaica) 4. 5. 1840, gest. Mayfield (Sussex) 14. 9. 1929.

COSSA, Alfonso 13. 6. 1895

Professor der anorgan. Chemie und Direktor der Ingenieurschule in Turin, Präsident der Akademie der Wissenschaften, geb. Mailand 3. 11. 1833, gest. Turin 23. 10. 1902.

GÜMBEL, Karl *Wilhelm* v. 13. 6. 1895

Oberbergdirektor in München, geb. Dannenfels (Pfalz) 11. 2. 1823, gest. München 18. 6. 1898.

SCHRAUF, Albrecht 13. 6. 1895

o. Professor der Mineralogie in Wien, geb. Wien 14. 12. 1837, gest. Wien 29. 11. 1897.

ZITTEL, Karl Alfred Ritter v. 13. 6. 1895

o. Professor der Geologie und Paläontologie in München, Präsident der Bayerischen Akademie der Wissenschaften, geb. Bahlingen (Baden) 25. 9. 1839, gest. München 5. 1. 1904.

DES CLOISEAUX, *Alfred*-Louis-Olivier LEGRAND 27. 6. 1895

Professor der Mineralogie am Naturhistor. Museum in Paris, geb. Beauvais 17. 10. 1817, gest. Paris 6. 5. 1897.

AGASSIZ, Alexander 18. 7. 1895

Direktor des Museums für vergl. Zoologie in Cambridge, Mass., geb. Neuchâtel 17. 12. 1835, gest. Cambridge (Mass.) 22. 3. 1910.

MASCART, *Eleuthère*-Elie-Nicolas 18. 7. 1895

Professor der Physik am Collège de France und Direktor des Zentralbüros für Meteorologie in Paris, geb. Quarouble (Nord) 20. 2. 1837, gest. Paris 24. 8. 1908.

HUGGINS, Sir (1897) William 12. 12. 1895

Astronom in London, geb London 7. 2. 1824, gest. London 12. 5. 1910.

LOEWY, Maurice 12. 12. 1895

Direktor der Sternwarte in Paris, geb. Wien 15. 4. 1833, gest. Paris 15. 10. 1907.

NOETHER, Max 30. 1. 1896

o. Professor der Mathematik in Erlangen, geb. Mannheim 24. 9. 1844, gest. Erlangen 13. 12. 1921.

POINCARÉ, Jules-*Henri* 30. 1. 1896

Professor der Mathematik an der Fac. des sciences und an der Ecole polytechn. in Paris, Inspecteur gén. des mines, geb. Nancy 29. 4. 1854, gest. Paris 17. 7. 1912.

WEBER, Heinrich 30. 1. 1896

o. Professor der Mathematik in Straßburg, geb. Heidelberg 5. 3. 1842, gest. Straßburg 17. 5. 1913.

NEUMAYER, *Georg* Balthasar v. 27. 2. 1896

Direktor der Deutschen Seewarte in Hamburg, geb. Kirchheimbolanden (Pfalz) 21. 6. 1826, gest. Neustadt a. d. Haardt 24. 5. 1909.

MEYER, *Viktor* Johannes 12. 3. 1896

o. Professor der Chemie in Heidelberg, geb. Berlin 8. 9. 1848 (u), gest. Heidelberg 8. 8. 1897.

RÖNTGEN, Wilhelm Conrad 12. 3. 1896

o. Professor der Physik in Würzburg und München; 1920 AM (s. d.).

*HEIBERG, Johann Ludwig 12. 3. 1896

Professor der klass. Philologie in Kopenhagen, geb. Aalborg 27. 11. 1854, gest. Kopenhagen 4. 1. 1928.

*WEIL, Henri 12. 3. 1896

Professor der klass. Philologie in Paris; 1908 AM (s. d.).

KUPFFER, *Karl* Wilhelm Ritter v. 30. 4. 1896

o. Professor der Anatomie in München, geb. Lesten (Kurland) 2./14. 11. 1829, gest. München 16. 12. 1902.

*RIBBECK, Johann Karl *Otto* 16. 7. 1896

o. Professor der klass. Philologie in Leipzig, geb. Erfurt 23. 7. 1827, gest. Leipzig 18. 7. 1898.

ABBE, *Ernst* Karl 29. 10. 1896

Geschäftsführer der Optischen Werkstätte Carl Zeiß und Hon.-Professor für Astronomie in Jena, geb. Eisenach 23. 1. 1840, gest. Jena 14. 1. 1905.

FITTIG, Wilhelm *Rudolf* 29. 10. 1896

o. Professor der Chemie in Straßburg, geb. Hamburg 6. 12. 1835, gest. Straßburg 19. 11. 1910.

RAMSAY, Sir (1902) William 29. 10. 1896

Professor der Chemie in London, geb. Glasgow 2. 10. 1852, gest. Hazlemere (Bucks.) 23. 7. 1916.

RAYLEIGH, John William STRUTT, Lord (3. Baron) 29. 10. 1896

Direktor des Davy-Faraday-Laboratoriums in London; 1910 AM (s. d.).

WISLICENUS, Johannes 29. 10. 1896

o. Professor der Chemie in Leipzig, geb. Klein-Eichstedt bei Querfurt 24. 6. 1835, gest. Leipzig 5. 12. 1902.

EHLERS, *Ernst* Heinrich 21. 1. 1897

o. Professor der Zoologie in Göttingen, geb. Lüneburg 11. 11. 1835, gest. Göttingen 31. 12. 1925.

DARBOUX, Jean-*Gaston* 11. 2. 1897

Professor der Mathematik an der Fac. des sciences in Paris, geb. Nîmes 13. 8. 1842, gest. Paris 23. 2. 1917.

BÜTSCHLI, Otto 11. 3. 1897

o. Professor der Zoologie und Paläontologie in Heidelberg, geb. Frankfurt a. Main 3. 5. 1848, gest. Heidelberg 2. 2. 1920.

WEISMANN, August 11. 3. 1897

o. Professor der Zoologie und Biologie in Freiburg, geb. Frankfurt a. Main 17. 1. 1834, gest. Freiburg i. Br. 5. 11. 1914.

*MASPERO, Sir (1909) Gaston 15. 7. 1897

Generaldirektor der Verwaltung der Altertümer in Kairo, geb. Paris 23. 6. 1846, gest. Paris 30. 6. 1916.

*VITELLI, Girolamo 15. 7. 1897

Professor der latein. Sprache und griech. Literatur am Istituto di Studi superiori in Florenz, geb. Santa Croce del Sannio 27. 7. 1849, gest. Spotorno bei Genua 2. 9. 1935.

*BEKKER, Ernst Immanuel 29. 7. 1897

o. Professor für röm. Recht in Heidelberg, geb. Berlin 16. 3. 1827, Sohn des Mitglieds Immanuel B., gest. Heidelberg 29. 6. 1916.

*CORNELIUS, *Karl Adolf* Wenzeslaus v. 28. 10. 1897

o. Professor der Geschichte in München, geb. Würzburg 12. 3. 1819, gest. München 10. 2. 1903.

*ERMANNSDÖRFFER, Bernhard 28. 10. 1897

o. Professor der neueren Geschichte in Heidelberg, geb. Altenburg (Thür.) 24. 1. 1833, gest. Heidelberg 1. 3. 1901.

FICK, Adolf 24. 2. 1898

o. Professor der Physiologie in Würzburg, geb. Kassel 3. 9. 1829, gest. Blankenberghe 21. 8. 1901.

HENSEN, Christian Andreas *Viktor* 24. 2. 1898

o. Professor der Physiologie in Kiel, geb. Schleswig 10. 2. 1835, gest. Kiel 5. 2. 1924.

KÜHNE, Friedrich Wilhelm (*Willy*) 24. 2. 1898

o. Professor der Physiologie in Heidelberg, geb. Hamburg 28. 3. 1837, gest. Heidelberg 10. 6. 1900.

PICARD, Charles-*Emile* 24. 2. 1898

Professor der Mathematik an der Fac. des sciences in Paris, geb. Paris 24. 7. 1856, gest. Paris 11. 12. 1941; am 22. 4. 1916 auf seinen Wunsch als Mitglied gestrichen.

SARS, Georg Ossian 24. 2. 1898

Professor der Zoologie in Christiania, geb. Florö (Norwegen) 20. 4. 1837, gest. Oslo 7. 4. 1927.

VOIT, Carl v. 24. 2. 1898

o. Professor der Physiologie in München, geb. Amberg 31. 10. 1831, gest. München 31. 1. 1908.

TURNER, Sir William 10. 3. 1898

Professor der Anatomie in Edinburgh, Präsident des Staatsrats, Principal der Universität Edinburgh, geb. Lancaster 7. 1. 1832, gest. Edinburgh 15. 2. 1916.

HERTWIG, *Richard* Wilhelm Karl Theodor v. 28. 4. 1898

o. Professor der vergl. Anatomie in München, geb. Friedberg (Hessen) 23. 9. 1850, gest. Schleiderlohe (Isartal) 3. 10. 1937.

LUDWIG, Hubert 14. 7. 1898

o. Professor der Zoologie und vergl. Anatomie in Bonn, geb. Trier 22. 3. 1852, gest. Bonn 17. 11. 1913.

*JUSTI, *Ferdinand* Wilhelm Jakob 14. 7. 1898
o. Professor der vergl. Grammatik und german. Philologie in Marburg, geb. Marburg 2. 6. 1837, gest. Marburg 17. 2. 1907.

LÉVY, Auguste MICHEL- 28. 7. 1898
Inspecteur gén. des mines, Directeur du service de la carte géologique in Paris, geb. Paris 7. 8. 1844, gest. Paris 24. 9. 1911.

LINDSTRÖM, Gustav 28. 7. 1898
Professor und Intendant der Paläontolog. Abteilung des Naturhistor. Reichsmuseums in Stockholm, geb. Visby 27. 8. 1829, gest. Stockholm 16. 5. 9101.

BREFELD, Oskar 19. 1. 1899
o. Professor der Botanik in Breslau, geb. Telgte (Westf.) 19. 8. 1839, gest. Berlin 7. 1. 1925.

PFITZER, *Ernst* Hugo Heinrich 19. 1. 1899
o. Professor der Botanik in Heidelberg, geb. Königsberg i. Pr. 26. 3. 1846, gest. Heidelberg 2. 12. 1906.

WARMING, Johannes *Eugenius* Bülow 19. 1. 1899
Professor der Botanik in Kopenhagen, geb. Manö 3. 11. 1841, gest. Kopenhagen 2. 4. 1924.

HABERLANDT, *Gottlieb* Johann Friedrich 8. 6. 1899
o. Professor der Botanik in Graz; 1911 OM (s. d.).

SOLMS-LAUBACH, Hermann Graf zu 8. 6. 1899
o. Professor der Botanik in Straßburg, geb. Laubach 23. 12. 1842, gest. Straßburg 24. 11. 1915.

WIESNER, Julius Ritter v. 8. 6. 1899
o. Professor der Botanik in Wien, geb. Teschen 20. 1. 1838, gest. Wien 9. 10. 1916.

CHUN, Karl 18. 1. 1900
o. Professor der Zoologie u. vergl. Anatomie in Leipzig, geb. Höchst a. Main 1. 10. 1852, gest. Leipzig 11. 4. 1914.

SPENGEL, Johann *Wilhelm* 18. 1. 1900
o. Professor der Zoologie in Gießen, geb. Hamburg 19. 2. 1852, gest. Gießen 13. 4. 1921.

*AMIRA, *Karl* Konrad Ferdinand Maria v. 18. 1. 1900
o. Professor der Rechtsgeschichte in München; 1925 AM (s. d.).

*BLASS, *Friedrich* Wilhelm 18. 1. 1900
o. Professor der Altertumswissenschaft in Halle, geb. Osnabrück 22. 1. 1843, gest. Halle 5. 3. 1907.

*FRIEDLÄNDER, Ludwig 18. 1. 1900
o. Professor der klass. Philologie in Königsberg, geb. Königsberg i. Pr. 16. 7. 1824, gest. Straßburg 16. 12. 1909.

*GRIFFITH, *Francis* Llewellyn 18. 1. 1900
Professor der Ägyptologie in Oxford, geb. Brighton 27. 5. 1862, gest. Oxford 14. 3. 1934.

*GROEBER, Gustav 18. 1. 1900
o. Professor der roman. Philologie in Straßburg, geb. Leipzig 4. 5. 1844, gest. Straßburg 5. 11. 1911.

*HATZIDAKIS, Georgios Nikolaou 18. 1. 1900
Professor der Philologie in Athen, geb. Myrthio (Kreta) 11./23. 11. 1848, gest. Athen 26. 6. 1941.

*HAUCK, Albert 18. 1. 1900
o. Professor der Kirchengeschichte in Leipzig, geb. Wassertrüdingen (Mittelfranken) 9. 12. 1845, gest. Leipzig 7. 4. 1918.

*HEINZE, Max 18. 1. 1900
o. Professor der Philosophie in Leipzig, geb. Prießnitz (Thür.) 13. 12. 1835, gest. Leipzig 17. 9. 1909.

*HEINZEL, Richard 18. 1. 1900
o. Professor der deutschen Philologie in Wien, geb. Capo d'Istria 3. 11. 1838, gest. Wien 4. 4. 1905.

*HEUZEY, Léon 18. 1. 1900
Konservator der Antiken des Louvre, geb. Rouen 1. 12. 1831, gest. Paris 8. 2. 1922; am 10. 5. 1915 auf seinen Wunsch als Mitglied gestrichen.

*INAMA-STERNEGG, Karl Theodor v. 18. 1. 1900
o. Professor der Staatswissenschaften und Präsident der Statist. Zentralkommission in Wien, geb. Augsburg 20. 1. 1843, gest. Innsbruck 28. 11. 1908.

*JAMES, William 18. 1. 1900
Professor der Psychologie an der Harvard-Universität in Cambridge, Mass., geb. New York 11. 1. 1842, gest. Chocorna (New Hampshire) 26. 8. 1910.

*KENYON, Sir (1912) *Frederic* George 18. 1. 1900
Kustos der Handschriften, dann Direktor und Oberbibliothekar am Britischen Museum, zeitweilig Präsident der British Academy, Professor der alten Geschichte an der Royal Academy; jetzt in Kirkstead, Godstone, Surrey; geb. London 15. 1. 1863.

*LESKIEN, August 18. 1. 1900
o. Professor der slav. Sprachen in Leipzig, geb. Kiel 8. 7. 1840, gest. Leipzig 20. 9. 1916.

*LEVASSEUR, Emile 18. 1. 1900
Professor der Nationalökonomie am Collège de France in Paris, geb. Paris 8. 12. 1828, gest. Paris 10. 7. 1911.

*MAHAFFY, Sir (1918) John Pentland 18. 1. 1900
Professor der alten Geschichte in Dublin, geb. Chapponaire bei Vevey (Schweiz) 26. 2. 1839, gest. Dublin 30. 4. 1919.

*MAITLAND, Frederic William 18. 1. 1900
Professor für englisches Recht in Cambridge, geb. London 28. 5. 1850, gest. Las Palmas 19. 12. 1906.

*MURRAY, Alexander Stuart 18. 1. 1900
Kustos der griech. u. röm. Altertümer am Britischen Museum, geb. Arbirlot (Forfarshire) 8. 1. 1841, gest. London 5. 3. 1904.

*MUSSAFIA, Adolf 18. 1. 1900
o. Professor der roman. Philologie in Wien, geb. Spalato 15. 2. 1834, gest. Florenz 4. 6. 1905.

*NISSEN, Heinrich 18. 1. 1900
o. Professor der alten Geschichte in Bonn, geb. Hadersleben 3. 4. 1839, gest. Bonn 29. 2. 1912.

*ROSEN, Viktor Baron v. 18. 1. 1900
ord. Akademiker für Geschichte und Literatur der asiat. Völker in Petersburg, geb. Reval 21. 2./5. 3. 1849, gest. St. Petersburg 10./23. 1. 1908.

*SCHROEDER, Richard 18. 1. 1900
o. Professor der Rechte (deutsches und Handelsrecht) in Heidelberg, geb. Treptow a. d. Tollense 19. 6. 1838, gest. Heidelberg 3. 1. 1917.

*SENART, *Emile*-Charles-Marie 18. 1. 1900
Präsident der Société Asiatique in Paris, Orientalist, geb. Reims 26. 3. 1847, gest. Paris 21. 2. 1928; am 1. 3. 1915 auf seinen Wunsch als Mitglied gestrichen.

*SIEVERS, Eduard 18. 1. 1900
o. Professor der german. Philologie in Leipzig, geb. Lippoldsberg a. d. Weser 25. 11. 1850, gest. Leipzig 30. 3. 1932.

*SOREL, Albert 18. 1. 1900
Historiker in Paris, geb. Honfleur (Calvados) 13. 8. 1842, gest. Paris 29. 6. 1906.

*THOMSEN, *Vilhelm* Ludvig Peter 18. 1. 1900
Professor der vergl. Sprachwissenschaft in Kopenhagen, geb. Kopenhagen 25. 1. 1842, gest. Kopenhagen 12. 5. 1927.

*WELLHAUSEN, Julius 18. 1. 1900
o. Professor der semit. Philologie in Göttingen, geb. Hameln 17. 5. 1844, gest. Göttingen 7. 1. 1918.

*WUNDT, Wilhelm 18. 1. 1900
o. Professor der Philosophie und Psychologie in Leipzig, geb. Neckarau bei Mannheim 16. 8. 1832, gest. Großbothen bei Leipzig 31. 8. 1920.

BENECKE, Ernst Wilhelm 8. 2. 1900
o. Professor der Mineralogie und Geologie in Straßburg, geb. Berlin 16. 3. 1838, gest. Straßburg 7. 3. 1917.

GAUDRY, Jean-*Albert* 8. 2. 1900
Professor der Paläontologie am Naturhistor. Museum in Paris, geb. Saint-Germain-en-Laye 15. 9. 1827, gest. Paris 27. 11. 1908.

GRAFF (DE PANCSOVA), Ludwig v. 8. 2. 1900
o. Professor der Zoologie in Graz, geb. Pancsova (Ungarn) 2. 1. 1851, gest. Graz 6. 2. 1924.

MENDELEJEV, Dmitrij Ivanovič 8. 2. 1900
emer. o. Professor der Chemie an der Universität Petersburg, geb. Tobolsk 7./19. 2. 1834, gest. St. Petersburg 20. 1./2. 2. 1907.

NATHORST, *Alfred* Gabriel 8. 2. 1900
Professor und Intendant der Abteilung für fossile Pflanzen am Naturhistor. Reichsmuseum in Stockholm, geb. Väderbrunn (Södermanland) 7. 11. 1850, gest. Stockholm 20. 1. 1921.

RADLKOFER, Ludwig 8. 2. 1900
o. Professor der Botanik in München, geb. München 19. 12. 1829, gest. München 11. 2. 1927.

SCHMIDT, *Friedrich* Karl 8. 2. 1900
ord. Akademiker für Paläontologie in Petersburg, geb. Kaisma (Livland) 15./27. 1. 1832, gest. St. Petersburg 8./21. 11. 1908.

STRÜVER, Johannes (Giovanni) 8. 2. 1900
Professor der Mineralogie in Rom, geb. Braunschweig 23. 1. 1842, gest. Rom 21. 2. 1915.

THOMSEN, Hans Peter Jürgen *Julius* 8. 2. 1900
Professor der Chemie in Kopenhagen, geb. Kopenhagen 16. 2. 1826, gest. Kopenhagen 13. 2. 1909.

TREUB, Melchior 8. 2. 1900
Direktor des Botanischen Gartens in Buitzenzorg (Java), geb. Voorschoten bei Leiden 26. 12. 1851, gest. Saint-Raphael (Var) 5. 10. 1910.

WINKLER, Clemens 8. 2. 1900
Professor der Chemie und chem. Technologie in Freiberg, geb. Freiberg 26. 12. 1838, gest. Dresden 8. 10. 1904.

BURDON-SANDERSON, Sir John 22. 2. 1900
Professor der Physiologie in Oxford, geb. Jesmond bei Newcastle-on-Tyne 21. 12. 1828, gest. Oxford 23. 11. 1905.

DUNÉR, Nils Kristofer 22. 2. 1900
Professor der Astronomie in Uppsala, geb. Billeberga (Schonen) 21. 5. 1839, gest. Stockholm 10. 11. 1914.

FÜRBRINGER, *Max* Karl 22. 2. 1900
o. Professor der Anatomie in Heidelberg, geb. Wittenberg 30. 1. 1846, gest. Heidelberg 6. 3. 1920.

GIBBS, Josiah Willard 22. 2. 1900
Professor der Physik an der Yale-Universität in New Haven, Conn., geb. New Haven 11. 2. 1839, gest. New Haven 28. 4. 1903.

GORDAN, *Paul* Albert 22. 2. 1900
o. Professor der Mathematik in Erlangen, geb. Breslau 27. 4. 1837, gest. Erlangen 21. 12. 1912.

LIPPMANN, Jonas Ferdinand *Gabriel* 22. 2. 1900
Professor der Physik an der Fac. des sciences in Paris, geb. Hallerich (Luxemburg) 16. 8. 1845, gest. auf der Überfahrt Kanada—Europa 13. 7. 1921.

MERTENS, *Franz* Karl Joseph 22. 2. 1900
o. Professor der Mathematik in Wien, geb. Schroda (Posen) 20. 3. 1840, gest. Wien 5. 3. 1927.

MOHN, Henrik 22. 2. 1900
Professor der Meteorologie in Christiania, geb. Bergen 15. 5. 1835, gest. Christiania 12. 9. 1916.

ROWLAND, Henry Augustus 22. 2. 1900
Professor der Physik an der John-Hopkins-Universität in Baltimore, geb. Honesdale (Pennsylvania) 27. 11. 1848, gest. Baltimore 16. 4. 1901.

SCHOTTKY, *Friedrich* Hermann 22. 2. 1900
o. Professor der Mathematik in Marburg und Berlin; 1903 OM (s. d.).

VAN DER WAALS, *Johannes* Diderik 22. 2. 1900
Professor der Physik in Amsterdam, geb. Leiden 23. 11. 1837, gest. Amsterdam 8. 3. 1923.

VOIGT, Woldemar 8. 3. 1900
o. Professor der Physik in Göttingen, geb. Leipzig 2. 9. 1850, gest. Gießen 13. 12. 1919.

*SWEET, Henry 6. 6. 1901
Lektor für Phonetik in Oxford, Philologe (Anglistik u. vergl. Sprachwissenschaft), geb. London 15. 9. 1845, gest. Oxford 30. 4. 1912.

*BORMANN, Eugen 24. 7. 1902
o. Professor der alten Geschichte in Wien, geb. Hilchenbach (Westf.) 6. 10. 1842, gest. Klosterneuburg 5. 3. 1917.

*ERDMANN, Benno 15. 1. 1903
o. Professor der Philosophie in Bonn und Berlin; 1911 OM (s. d.).

*WINDELBAND, Wilhelm 5. 2. 1903
o. Professor der Philosophie in Heidelberg, geb. Potsdam 11. 5. 1848, gest. Heidelberg 24. 10. 1915.

*GEBHARDT, Oscar v. 9. 7. 1903
o. Hon.-Professor und Direktor der Universitätsbibliothek in Leipzig, geb. Wesenberg (Estland) 10./22. 6. 1844, gest. Leipzig 9. 5. 1906.

BECQUEREL, Antoine-*Henri* 18. 2. 1904
Professor der Physik an der Ecole polytechn. in Paris, geb. Paris 15. 12. 1852, gest. Croisic (Bretagne) 24. 8. 1908.

KOENEN, Adolf v. 5. 5. 1904
o. Professor der Geologie und Paläontologie in Göttingen, geb. Potsdam 21. 3. 1837, gest. Göttingen 3. 5. 1915.

*LUSCHIN VON EBENGREUTH, Arnold 21. 7. 1904
o. Professor der Rechtsgeschichte in Graz, geb. Lemberg 26. 8. 1841, gest. Graz 6. 12. 1932.

*CAGNAT, *René*-Louis-Victor 3. 11. 1904
Professor der Epigraphik und der röm. Altertümer am Collège de France, geb. Paris 10. 10. 1852, gest. Paris 27. 3. 1937.

*HEIGEL, Karl Theodor Ritter v. 3. 11. 1904
o. Professor der neueren Geschichte in München, Präsident der Bayerischen Akademie der Wissenschaften, geb. München 23. 8. 1842, gest. München 23. 3. 1915.

*HOLM, Peter *Edvard* 3. 11. 1904
emer. o. Professor der Geschichte in Kopenhagen, geb. Kopenhagen 26. 1. 1833, gest. Kopenhagen 18. 5. 1915.

*LOOFS, Friedrich 3. 11. 1904
o. Professor der Kirchengeschichte in Halle, geb. Hildesheim 19. 6. 1858, gest. Halle 13. 1. 1928.

*GUIDI, Ignazio 15. 12. 1904
Professor der semit. Sprachen in Rom, geb. Rom 31. 7. 1844, gest. Rom 18. 4. 1935.

MOISSAN, Henri 12. 1. 1905
Professor der Chemie an der Fac. des sciences in Paris, geb. Paris 28. 9. 1852, gest. Paris 20. 2. 1907.

OSTWALD, *Wilhelm* Friedrich 12. 1. 1905
o. Professor der Chemie in Leipzig, geb. Riga 21. 8./2. 9. 1853, gest. Großbothen b. Leipzig 3. 4. 1932.

*MITTEIS, Ludwig 16. 2. 1905
o. Professor für bürgerl. Recht in Leipzig, geb. Laibach 17. 3. 1859, gest. Leipzig 26. 12. 1921.

*NIESE, Jürgen Anton *Benedictus* 16. 2. 1905
o. Professor der alten Geschichte in Halle, geb. Burg a. Fehmarn 24. 11. 1849, gest. Halle 1. 2. 1910.

LORENTZ, Hendrik Antoon 4. 5. 1905
Professor der theoret. Physik in Leiden, geb. Arnhem 18. 7. 1853, gest. Haarlem 4. 2. 1928.

*MEYER-LÜBKE, Wilhelm 6. 7. 1905
o. Professor der roman. Philologie in Wien und Bonn, geb. Dübendorf (Kt. Zürich) 30. 1. 1861, gest. Bonn 4. 10. 1936.

LE CHATELIER, *Henri*-Louis 14. 12. 1905
Professor der physikal. Chemie am Collège de France und an der Fac. des sciences in Paris, Inspecteur gén. des mines, geb. Paris 8. 10. 1850, gest. Miribelles-les-Echelles (Isère) 17. 9. 1936; am 15. 3. 1915 auf seinen Wunsch als Mitglied gestrichen.

BRUNS, Ernst *Heinrich* 11. 1. 1906
o. Professor der Astronomie in Leipzig, geb. Berlin 4. 9. 1848, gest. Leipzig 23. 9. 1919.

PICKERING, Edward Charles 11. 1. 1906
Professor der prakt. Astronomie an der Harvard-Universität in Cambridge, Mass., geb. Boston 19. 7. 1846, gest. Cambridge (Mass.) 3. 2. 1919.

SEELIGER, *Hugo* Hans Ritter v. 11. 1. 1906

o. Professor der Astronomie in München, Präsident der Bayerischen Akademie der Wissenschaften, geb. Biala-Bielitz (Österr.-Schlesien) 23. 9. 1849, gest. München 2. 12. 1924.

*SCHÖNBACH, *Anton* Emanuel 5. 7. 1906

o. Professor der Germanistik in Graz, geb. Rumburg (Böhmen) 29. 5. 1848, gest. Schruns (Vorarlberg) 25. 8. 1911.

*WILMANNS, Wilhelm 5. 7. 1906

o. Professor der deutschen Sprache und Literatur in Bonn, geb. Jüterbog 14. 3. 1842, gest. Bonn 29. 1. 1911.

*JÜLICHER, Gustav *Adolf* 1. 11. 1906

o. Professor der neutestam. Theologie und Kirchengeschichte in Marburg, geb. Falkenberg bei Berlin 26. 1. 1857, gest. Marburg 3. 8. 1938.

*LEO, Friedrich 1. 11. 1906

o. Professor der klass. Philologie in Göttingen, geb. Regenwalde (Pomm.) 10. 7. 1851, gest. Göttingen 15. 1. 1914.

*BEZOLD, Friedrich v. 14. 2. 1907

o. Professor der mittl. u. neueren Geschichte in Bonn, geb. München 26. 12. 1848, gest. Bonn 3. 5. 1928.

*CHUQUET, *Arthur*-Maxime 14. 2. 1907

Professor der Geschichte am Collège de France in Paris, geb. Rocroi (Ardennes) 28. 2. 1853, gest. Villemomble (Seine) 9. 6. 1925.

*MONOD, *Gabriel*-Jacques-Jean 14. 2. 1907

Professor der Geschichte an der Fac. des lettres und am Collège de France in Paris, geb. Ingouville (Seine-Inf.) 7. 3. 1844, gest. Paris 10. 4. 1912.

*RITTER, Moritz 14. 2. 1907

o. Professor der mittl. u. neueren Geschichte in Bonn, geb. Bonn 16. 1. 1840, gest. Bonn 28. 12. 1923.

*HAUSSOULLIER, Bernard 2. 5. 1907

Professor der Archäologie in Bordeaux, geb. Paris 11. 9. 1853, gest. Saint-Prix (Seine-et-Oise) 26. 7. 1926.

*HÜLSEN, *Christian* Karl Friedrich 2. 5. 1907

II. Sekretär des Deutschen Archäolog. Instituts in Rom, Hon.-Professor in Heidelberg, geb. Charlottenburg 29. 11. 1858, gest. Florenz 19. 1. 1935.

*ROBERT, Carl 2. 5. 1907

o. Professor der klass. Philologie und Archäologie in Halle, geb. Marburg 8. 3. 1850, gest. Halle 17. 1. 1922.

*SCHWARTZ, Eduard 2. 5. 1907

o. Professor der klass. Philologie in Göttingen, Freiburg, Straßburg und München, Präsident der Bayerischen Akademie der Wissenschaften, geb. Kiel 22. 8. 1858, gest. München 13. 2. 1940.

GRAEBE, *Carl* James Peter 13. 6. 1907

emer. o. Professor der Chemie (Genf), in Frankfurt a. Main, geb. Frankfurt a. Main 24. 2. 1841, gest. daselbst 19. 1. 1927.

WALLACH, Otto 13. 6. 1907

o. Professor der Chemie in Göttingen, geb. Königsberg i. Pr. 27. 3. 1847, gest. Göttingen 26. 2. 1931.

*BREASTED, James Henry 13. 6. 1907

Professor der Ägyptologie und Geschichte des Orients in Chicago, Direktor des Oriental. Haskell-Museums, geb. Rockford (Illinois) 27. 8. 1865, gest. Chicago 2. 12. 1935.

*EUTING, Julius 13. 6. 1907

Direktor der Universitätsbibliothek und Hon.-Professor für semit. Sprachen in Straßburg, geb. Stuttgart 11. 7. 1839, gest. Straßburg 2. 1. 1913.

*BOUTROUX, Etienne-*Emile*-Marie 27. 2. 1908

Professor der Philosophie an der Fac. des lettres in Paris, geb. Montrouge (Seine) 28. 7. 1845, gest. Paris 22. 11. 1921; am 26. 5. 1916 auf seinen Wunsch als Mitglied gestrichen.

DARWIN, Sir *George* Howard 25. 6. 1908

Professor der Astronomie in Cambridge, Präsident der Royal Astronom. Society, geb. Down (Kent) 9. 7. 1845, gest. Cambridge 7. 12. 1912.

*GARDNER, Sir Percy 29. 10. 1908

Professor der klass. Archäologie in Oxford, geb. Hackney (London) 24. 11. 1846, gest. Oxford 17. 7. 1937.

*HEAD, *Barclay* Vincent 29. 10. 1908

Abteilungs-Direktor am Britischen Museum, Numismatiker, geb. Ipswich 2. 1. 1844, gest. London 12. 6. 1914.

*POTTIER, Edmond 29. 10. 1908

Konservator am Louvre-Museum, Professor an der Louvre-Schule, Archäologe, geb. Saarbrücken 13. 8. 1855, gest. Paris 4. 7. 1934; am 1. 3. 1915 auf seinen Wunsch als Mitglied gestrichen.

*SCHNEIDER, Robert Ritter v. 29. 10. 1908

Direktor des Österr. Archäolog. Instituts und der Antikensammlung des Kunsthistor. Hofmuseums in Wien, geb. Wien 17. 11. 1854, gest. Wien 24. 10. 1909.

KÖRNER, Wilhelm 7. 1. 1909

o. Professor organ. Chemie und Direktor der Landwirtschaftl. Hochschule (Scuola sup. d'agricultura) in Mailand, geb. Kassel 20. 4. 1839, gest. Mailand 28. 3. 1925.

LENARD, *Philipp* Eduard Anton 21. 1. 1909

o. Professor der Physik in Heidelberg; 1942 EM (s. d.).

MOND, Ludwig 21. 1. 1909

Chemiker und Fabrikant in London, Vizepräsident der Royal Institution, geb. Kassel 7. 3. 1839, gest. London 11. 12. 1909.

*HJÄRNE, Harald 25. 2. 1909

Professor der Geschichte in Uppsala, geb. Klastorp (Västergötland) 2. 5. 1848, gest. Uppsala 6. 1. 1922.

*HOLLEAUX, Eugène-*Maurice* 25. 2. 1909

Direktor der Ecole d'Athènes, dann Professor der hellenist. Geschichte an der Fac. des lettres und der griech. Epigraphik am Collège de France in Paris, geb. Château-Thierry 15. 4. 1861, gest. Limon bei La Ferté-sous-Jouarre 22. 9. 1932.

*RAJNA, Pio 11. 3. 1909

Professor der roman. Philologie am Istituto di Studi superiori in Florenz, geb. Sondrio 8. 7. 1847, gest. Florenz 25. 11. 1930.

CIAMICIAN, Giamoco 28. 10. 1909

Professor der Chemie in Bologna, geb. Triest 27. 8. 1857, gest. Bologna 2. 1. 1922.

RICHARDS, Theodore William 28. 10. 1909

Professor der Chemie an der Harvard-Universität in Cambridge, Mass., geb. Germantown (Pennsylvania) 31. 1. 1868, gest. Cambridge (Mass.) 2. 4. 1928.

EÖTVÖS, Lorand (Roland) Baron 6. 1. 1910
o. Professor der Experimentalphysik in Budapest, Präsident der Ungarischen Akademie der Wissenschaften, geb. Budapest 27. 7. 1848, gest. Budapest 8. 4. 1919.

LADENBURG, Albert 6. 1. 1910
emer. o. Professor der Chemie in Breslau, geb. Mannheim 2. 7. 1842, gest. Breslau 15. 8. 1911.

*FRÖHNER, Wilhelm 23. 6. 1910
Archäologe in Paris, geb. Karlsruhe i. B. 17. 8. 1834, gest. Paris 22. 5. 1925.

WIEN, Wilhelm *(Willy)* 14. 7. 1910
o. Professor der Physik in Würzburg und München, geb. Gaffken (Ostpr.) 13. 1. 1864, gest. München 31. 8. 1928.

DAVIS, William Morris 28. 7. 1910
Professor der Geologie an der Harvard-Universität in Cambridge, Mass., geb. Philadelphia 12. 2. 1850, gest. Pasadena 5. 2. 1934.

HORSLEY, Sir *Victor* Alexander Haden 28. 7. 1910
Professor der Pathologie am University College und Chirurg am National Hospital für Gelähmte und Epileptiker in London, geb. London-Kensington 14. 4. 1857, gest. Amara (Mesopotamien) 16. 7. 1916.

MARCHAND, Jakob *Felix* 28. 7. 1910
o. Professor der pathol. Anatomie in Leipzig, geb. Halle 22. 10. 1846, gest. Leipzig 4. 2. 1928.

MERKEL, *Friedrich* Siegmund 28. 7. 1910
o. Professor der Anatomie in Göttingen, geb. Nürnberg 5. 4. 1845, gest. Göttingen 28. 5. 1919.

MOSSO, Angelo 28. 7. 1910
Professor der Physiologie in Turin, geb. Turin 30. 5. 1846, gest. Turin 24. 11. 1910.

SCHMIEDEBERG, Johann Ernst *Oswald* 28. 7. 1910
o. Professor der Arzneimittellehre in Straßburg, geb. Laidsen (Kurland) 29. 9./11. 10. 1838, gest. Baden-Baden 14. 7. 1921.

SCHWALBE, Gustav 28. 7. 1910
o. Professor der Anatomie und Anthropologie in Straßburg, geb. Quedlinburg 1. 8. 1844, gest. Straßburg 24. 4. 1916.

THOMSON, Sir Joseph John 28. 7. 1910
Professor der Physik in Cambridge, geb. bei Manchester 18. 12. 1856, gest. Cambridge 30. 8. 1940.

BOSS, Lewis 27. 10. 1910
Direktor des Dudley-Observatoriums in Albany, New York, geb. Providence (Rhode Island) 26. 10. 1846, gest. Albany 5. 10. 1912.

KÜSTNER, Friedrich 27. 10. 1910
o. Professor der Astronomie in Bonn, geb. Görlitz 22. 8. 1856, gest. Mehlem bei Bonn 15. 10. 1936.

*DRIVER, Samuel Rolles 8. 12. 1910
Professor der hebräischen Sprache in Oxford, geb. Southampton 2. 10. 1846, gest. Oxford 26. 2. 1914.

*GOLDZIHER, Ignaz 8. 12. 1910
Professor der oriental. Sprachen in Budapest, geb. Stuhlweißenburg 22. 6. 1850, gest. Budapest 13. 11. 1921.

*PRAETORIUS, Franz 8. 12. 1910

o. Professor der semit. Philologie in Breslau, geb. Berlin 22. 12. 1847, gest. Breslau 21. 1. 1927.

*WACKERNAGEL, Jakob 19. 1. 1911

o. Professor der klass. Philologie in Göttingen und Basel, geb. Basel 1. 12. 1853, gest. Basel 22. 5. 1938.

*JACOBI, *Hermann* Georg 9. 2. 1911

o. Professor der indischen Philologie in Bonn, geb. Köln 11. 2. 1850, gest. Bonn 19. 10. 1937.

*CUMONT, *Franz* Valéry Marie 27. 4. 1911

Professor der Altertumskunde in Gent, geb. Aalst (Alost, Ost-Flandern) 3. 1. 1868, gest. Wolawe-Saint-Pierre bei Brüssel 19. 8. 1947.

*FRAZER, Sir (1914) James George 27. 4. 1911

Professor der Anthropologie in Liverpool und Cambridge, geb. Glasgow 1. 1. 1854, gest. Cambridge 7. 5. 1941.

*OLRIK, Axel 27. 4. 1911

Professor für nordische Volkskunde in Kopenhagen, geb. Kopenhagen 3. 7. 1864, gest. Överöd bei Holte 17. 2. 1917.

*WILHELM, Gustav *Adolf* 27. 4. 1911

o. Professor der griech. Altertumskunde und Epigraphik in Wien, geb. Tetschen-Liebwert 10. 9. 1864.

*VINOGRADOFF, Sir (1917) Paul (Pavel Gavrilovič) 22. 6. 1911

Professor der Rechte in Oxford, geb. Kostroma (Rußland) 18./30. 11. 1854, gest. Paris 19. 12. 1925.

GOLGI, Camillo 21. 12. 1911

Professor der pathol. Anatomie in Pavia, geb. Corteno bei Brescia 7. 7. 1844, gest. Pavia 21. 1. 1926.

WIECHERT, Johann *Emil* 8. 2. 1912

o. Professor der Geophysik in Göttingen, geb. Tilsit 26. 12. 1861, gest. Göttingen 19. 3. 1928.

*BRESSLAU, Harry 9. 5. 1912

o. Professor der mittl. u. neueren Geschichte in Straßburg, geb. Dannenberg (Hann.) 22. 3. 1848, gest. Heidelberg 27. 10. 1926.

*SCHRÖDER, *Edward* Karl Wladimir 11. 7. 1912

o. Professor der deutschen Sprache und Literatur in Göttingen, geb. Witzenhausen a. d. Werra 18. 5. 1858, gest. Göttingen 9. 2. 1942.

*TROELTSCH, *Ernst* Peter Wilhelm 21. 11. 1912

o. Professor der Theologie in Heidelberg und Berlin; 1923 OM (s. d.).

GOEBEL, *Karl* Immanuel Eberhardt Ritter v. 16. 1. 1913

Professor der Botanik und Direktor des Botanischen Gartens in München, Generaldirektor der Wissenschaftl. Sammlungen des Staates, Präsident der Bayerischen Akademie der Wissenschaften, geb. Billigheim (Baden) 8. 3. 1855, gest. München 10. 10. 1932.

VÖCHTING, Hermann v. 16. 1. 1913

o. Professor der Botanik in Tübingen, geb. Blomberg (Lippe) 8. 2. 1847, gest. Tübingen 24. 11. 1917.

DE VRIES, Hugo 16. 1. 1913

Professor der Botanik in Amsterdam, geb. Haarlem 16. 2. 1848, gest. Lunteren (Gelderland) 21. 5. 1935.

*MURRAY, Sir *James* Augustus Henry 6. 2. 1913
Professor der Anglistik in Oxford, geb. Denholm (Roxburgshire) 7. 2. 1837, gest. Oxford 26. 7. 1915.

WILSON, Edmund Beecher 20. 2. 1913
Professor der Zoologie an der Columbia-Universität in New York, geb. Geneva (Illinois) 19. 10. 1856, gest. New York 3. 3. 1939.

AUER VON WELSBACH, Karl Freiherr 22. 5. 1913
Chemiker in Wien, geb. Wien 1. 9. 1858, gest. Welsbach (Kärnten) 4. 8. 1929.

SOLVAY, *Ernest* Gaston 22. 5. 1913
Chemiker und Fabrikant in Brüssel, geb. Robecq bei Brüssel 16. 4. 1838, gest. Brüssel 26. 5. 1922.

HILBERT, David 10. 7. 1913
o. Professor der Mathematik in Göttingen; 1942 EM (s. d.).

KLEIN, Christian *Felix* 10. 7. 1913
o. Professor der math. Physik in Göttingen, geb. Düsseldorf 25. 4. 1849, gest. Göttingen 22. 6. 1925.

*EHRLE, Franz 24. 7. 1913
Präfekt der Vatikan. Bibliothek, Kardinal, geb. Isny (Württ.) 17. 10. 1845, gest. Rom 31. 3. 1934.

*BRENTANO, Franz v. 19. 2. 1914
o. Professor der Philosophie in Wien, geb. Marienberg bei Boppard 16. 1. 1838, gest. Zürich 17. 3. 1917.

*MÜLLER, *Georg* Elias 19. 2. 1914
o. Professor der Philosophie und Psychologie in Göttingen, geb. Grimma 20. 7. 1850, gest. Göttingen 23. 12. 1934.

*ROSTOVTZEFF (ROSTOVCEV, ROSTOWZEW), Michail Ivanovič 18. 6. 1914
ord. Akademiker für alte Geschichte in Petersburg, dann Professor der alten Geschichte an der Universität von Wisconsin in Madison, der alten Geschichte und Archäologie an der Yale-Universität in New Haven, geb. Kiew 28. 10./9. 11. 1870.

*SEUFFERT, Bernhard 18. 6. 1914
o. Professor der german. Philologie in Graz, geb. Würzburg 23. 5. 1853, gest. Graz 15. 5. 1938.

*BIDEZ, *Joseph* Marie Auguste 9. 7. 1914
o. Professor der klass. Philologie in Gent, geb. Framéries (Hainaut) 9. 4. 1867, gest. Oostakker bei Gent 20. 9. 1945.

*WENDLAND, Theodor *Paul* 9. 7. 1914
o. Professor der klass. Philologie in Göttingen, geb. Hohenstein (Ostpr.) 17. 8. 1864, gest. Göttingen 10. 9. 1915.

*MULLER Frederikszoon, Samuel 23. 7. 1914
Reichsarchivar in Utrecht, geb. Amsterdam 22. 1. 1848, gest. Utrecht 5. 12. 1922.

BRAUN, Karl *Ferdinand* 19. 11. 1914
o. Professor der Physik in Straßburg, geb. Fulda 6. 6. 1850, gest. New York 20. 4. 1918.

*BAEUMKER, Clemens 8. 7. 1915
o. Professor der Philosophie in München, geb. Paderborn 16. 9. 1853, gest. München 7. 10. 1924.

LINDE, *Carl* Paul Gottfried Ritter v. 6. 7. 1916
Professor für angewandte Thermodynamik an der Techn. Hochschule München, geb. Berndorf (Oberfranken) 11. 6. 1842, gest. München 16. 11. 1934.

SCHOTT, Friedrich *Otto* 6. 7. 1916

Gründer und Direktor der Glashütte Schott u. Gen. in Jena, geb. Witten a. d. Ruhr 17. 12. 1851, gest. Jena 27. 8. 1935.

RABL, Carl 14. 12. 1916

o. Professor der Anatomie in Leipzig, geb. Wels (Oberösterr.) 2. 5. 1853, gest. Leipzig 24. 12. 1917.

ROUX, Wilhelm 14. 12. 1916

o. Professor der Anatomie in Halle, geb. Jena 9. 6. 1850, gest. Halle 15. 9. 1924.

*MÜLLER, Karl 1. 2. 1917

o. Professor der Kirchengeschichte in Tübingen, geb. Langenburg (Württ.) 3. 9. 1852, gest. Tübingen 10. 2. 1940.

HILDEBRAND Hildebrandsson, Hugo 3. 5. 1917

Professor der Meteorologie in Uppsala, geb. Stockholm 19. 8. 1838, gest. Uppsala 29. 7. 1925.

FRORIEP, August v. 19. 7. 1917

o. Professor der Anatomie in Tübingen, geb. Weimar 10. 9. 1849, gest. Tübingen 11. 10. 1917.

KAYSER, Friedrich Heinrich *Emanuel* 19. 7. 1917

o. Professor der Geologie und Paläontologie in Marburg, emer. in München, geb. Königsberg i. Pr. 26. 3. 1845, gest. München 30. 11. 1927.

*KOCK, Carl *Axel* Lichnowsky 19. 7. 1917

emer. Professor der nord. Sprachen in Lund, geb. Trälleborg 2. 3. 1851, gest. Lund 18. 3. 1935.

*KRAUS, Carl v. 19. 7. 1917

o. Professor der deutschen Philologie in München, geb. Wien 20. 4. 1868.

HEDIN, *Sven* Anders 28. 11. 1918

Forschungsreisender, geb. Stockholm 19. 2. 1865.

*BANG KAUP, Wilhelm 27. 2. 1919

Professor der türkischen Philologie in Berlin, geb. Wesel 9. 8. 1869, gest. Darmstadt 8. 10. 1934.

CURTIUS, Theodor 26. 6. 1919

o. Professor der Chemie in Heidelberg, geb. Duisburg 27. 5. 1857, gest. Heidelberg 8. 2. 1928.

ENGLER, *Carl* Oswald Viktor 26. 6. 1919

o. Professor der Chemie in Karlsruhe, geb. Weisweil (Baden) 5. 1. 1842, gest. Karlsruhe i. B. 7. 2. 1925.

TAMMANN, Gustav 26. 6. 1919

o. Professor der anorgan. u. physikal. Chemie in Göttingen, geb. Jamburg (Gouv. St. Petersburg) 16./28. 5. 1861, gest. Göttingen 17. 12. 1938.

BÜCKING, Hugo 8. 1. 1920

emer. o. Professor der Mineralogie und Geologie (Straßburg) in Heidelberg, geb. Bieber bei Hanau 12. 9. 1851, gest. Heidelberg 18. 11. 1932.

DEBYE, *Peter* Joseph Wilhelm 11. 3. 1920

o. Professor der Physik am Polytechnikum in Zürich, dann in Leipzig; 1937 OM (s. d.).

SOMMERFELD, Arnold 11. 3. 1920

o. Professor der Physik in München, geb. Königsberg i. Pr. 5. 12. 1868.

BOAS, Franz 15. 7. 1920

Professor der Anthropologie an der Columbia-Universität in New York, geb. Minden i. W. 9. 7. 1858, gest. New York 21. 12. 1942.

EBNER, Ritter v. Rofenstein, Viktor 15. 7. 1920

emer. o. Professor der Histologie in Wien, geb. Bregenz 4. 2. 1842, gest. Wien 20. 3. 1925.

TOLDT, Carl 15. 7. 1920

o. Professor der Anatomie in Wien, geb. Bruneck (Tirol) 3. 5. 1840, gest. Wien 13. 11. 1920.

*HEYMANS, Gerardus 15. 7. 1920

Professor der Philosophie in Groningen, geb. Ferwerd (Friesland) 17. 4. 1857, gest. Groningen 18. 2. 1930.

*SETHE, *Kurt* Heinrich 15. 7. 1920

o. Professor der Ägyptologie in Göttingen und Berlin; 1930 OM (s. d.).

MEYER, Hans Horst 28. 10. 1920

o. Professor der Pharmakologie in Wien, geb. Insterburg 17. 3. 1853, gest. Wien 6. 10. 1939.

*DEHIO, *Georg* Gottfried 28. 10. 1920

emer. o. Professor der Kunstgeschichte (Straßburg), in Tübingen, geb. Reval 10./22. 11. 1850, gest. Tübingen 19. 3. 1932.

BECKE, *Friedrich* Johann Karl 9. 12. 1920

o. Professor der Mineralogie in Wien, geb. Prag 31. 12. 1855, gest. Wien 18. 6. 1931.

BERGEAT, *Alfred* Edmund 9. 12. 1920

o. Professor der Mineralogie und Petrographie in Kiel, geb. Passau 17. 7. 1866, gest. Kiel 30. 7. 1924.

GOETTE, Alexander 9. 12. 1920

o. Professor der Zoologie (Straßburg), in Heidelberg, geb. St. Petersburg 19./31. 12. 1840, gest. Heidelberg 5. 2. 1922.

KORSCHELT, Eugen 9. 12. 1920

o. Professor der Zoologie in Marburg, geb. Zittau 28. 9. 1858, gest. Marburg 28. 12. 1946.

*WACKERNAGEL, Rudolf 9. 6. 1921

Staatsarchivar in Basel, geb. Basel 7. 6. 1855, gest. Wenkenhof bei Basel 16. 4. 1925.

DUISBERG, Friedrich *Carl* 23. 6. 1921

Generaldirektor der Farbenfabriken vorm. Friedrich Bayer u. Co. in Leverkusen, Vorsitzender des Aufsichtsrats der I. G. Farbenindustrie, geb. Barmen 29. 9. 1861, gest. Leverkusen 19. 3. 1935.

KNUDSEN, *Martin* Hans Christian 23. 6. 1921

Professor der Physik in Kopenhagen, geb. Hasmark (Fünen) 15. 2. 1871, gest. Kopenhagen 27. 5. 1949.

OLTMANNS, Friedrich 8. 12. 1921

o. Professor der Botanik in Freiburg, geb. Oberndorf (Hann.) 11. 7. 1860, gest. Freiburg i. Br. 13. 12. 1945.

WETTSTEIN, Ritter v. Westersheim, Richard 8. 12. 1921

o. Professor der Botanik in Wien, geb. Wien 30. 6. 1863, gest. Trins (Tirol) 10. 8. 1931.

WILLE, Johann *Nordal* Fischer 8. 12. 1921

Professor der Botanik in Oslo, geb. Haaböl (Norwegen) 28. 10. 1858, gest. Oslo 4. 2. 1924.

*GEYER, *Rudolf* Eugen 23. 2. 1922

o. Professor der semit. Philologie in Wien, geb. Wien 22. 6. 1861, gest. Wien 15. 9. 1929.

*ZETTERSTEEN, *Carl* Vilhelm 23. 2. 1922

Professor der semit. Sprachen in Uppsala, geb. Orsa (Kopparbergs Län). 18. 8. 1866.

KAPTEYN, Jacobus Cornelius 9. 3. 1922

Adjunkt-Direktor der Sternwarte in Leiden, geb. Barneveld 19. 1. 1851, gest. Amsterdam 17. 6. 1922.

KÖPPEN, *Wladimir* Peter 9. 3. 1922

Professor an der Deutschen Seewarte in Hamburg i. R., Meteorologe in Graz, geb. St. Petersburg 13./25. 9. 1846, gest. Graz 22. 6. 1940.

PARTSCH, Joseph 9. 3. 1922

emer. o. Professor der Geographie in Leipzig, geb. Schreiberhau 4. 7. 1851, gest. Bad Brambach 22. 6. 1925.

*BRAUNE, Theodor *Wilhelm* 11. 5. 1922

emer. o. Professor der german. Philologie in Heidelberg, geb. Großthiemig (Prov. Sachsen) 20. 2. 1850, gest. Heidelberg 10. 11. 1926.

BOHR, Niels 1. 6. 1922

Professor der theoret. Physik in Kopenhagen, geb. Kopenhagen 7. 10. 1885.

KAMERLINGH ONNES, Heike 1. 6. 1922

Professor der Physik in Leiden, geb. Groningen 21. 9. 1853, gest. Leiden 21. 2. 1926.

ZEEMAN, Pieter 1. 6. 1922

Professor der Physik in Amsterdam, geb. Zonnemaire (Zeeland) 25. 5. 1865, gest. Amsterdam 9. 10. 1943.

*LUICK, Karl 1. 6. 1922

o. Professor der Anglistik in Wien, geb. Wien-Floridsdorf 27. 1. 1865, gest. Wien 20. 9. 1935.

*BELOW, Georg v. 22. 6. 1922

o. Professor der mittl. u. neueren Geschichte in Freiburg, geb. Königsberg i. Pr. 19. 1. 1858, gest. Badenweiler 20. 10. 1927.

*FINKE, Heinrich 22. 6. 1922

o. Professor der mittl. Geschichte in Freiburg, geb. Krechting (Westf.) 13. 6. 1855, gest. Freiburg i. Br. 19. 12. 1938.

*ONCKEN, Hermann 22. 6. 1922

o. Professor der mittl. u. neueren Geschichte in Heidelberg, München und Berlin; 1932 OM (s. d.).

*SCHULTE, Aloys 22. 6. 1922

o. Professor der mittl. u. neueren Geschichte in Bonn, geb. Münster i. W. 2. 8. 1857, gest. Bonn 14. 2. 1941.

*JUNKER, Hermann 27. 7. 1922

o. Professor der Ägyptologie in Wien, Direktor des Deutschen Archäolog. Instituts in Kairo, dann wieder Professor in Wien, geb. Bendorf a. Rhein 29. 11. 1877.

*TEUTSCH, Friedrich 27. 7. 1922

evang. Bischof der Siebenbürger Sachsen, dann von Rumänien in Hermannstadt, Historiker, geb. Schäßburg 16. 9. 1852, gest. Hermannstadt 11. 2. 1933.

DE GEER, *Gerard* Jakob Freiherr 23. 11. 1922

Professor der Geologie an der Hochschule in Stockholm, geb. Stockholm 2. 10. 1858, gest. Stockholm 23. 7. 1943.

GROBBEN, *Karl* Anton Matthias 23. 11. 1922

o. Professor der Zoologie in Wien, geb. Brünn 27. 8. 1854, gest. Salzburg 13. 4. 1945.

HÖGBOM, *Arvid* Gustaf 23. 11. 1922

Professor der Mineralogie und Geologie in Uppsala, geb. Vännäs (Västerbotten) 11. 1. 1857, gest. Uppsala 19. 1. 1940.

KRIES, *Johannes* Adolf v. 18. 1. 1923

emer. o. Professor der Physiologie in Freiburg, geb. Roggenhausen (Westpr.) 6. 10. 1853, gest. Freiburg i. Br. 30. 12. 1928.

STUDY, Christian Hugo *Eduard* 17. 5. 1923

o. Professor der Mathematik in Bonn, geb. Coburg 23. 3. 1862, gest. Bonn 6. 1. 1930.

KNESER, Adolf 7. 6. 1923

o. Professor der Mathematik in Breslau, geb. Grüssow (Meckl.) 19. 3. 1862, gest. Breslau 24. 1. 1930.

*CALAND, Willem 21. 6. 1923

o. Professor der altindischen Sprache und Literatur in Utrecht, geb. den Briel 27. 8. 1859, gest. Utrecht 23. 3. 1932.

*KONOW, Sten 21. 6. 1923

Professor der indischen Philologie in Oslo, geb. S.-Aurdal (Valdres, Norwegen) 17. 4. 1867, gest. Oslo 29. 6. 1948.

*EHRISMANN, *Gustav* Adolf 6. 12. 1923

o. Professor der deutschen Literaturgeschichte in Greifswald, emer. in Heidelberg und Berlin, geb. Pforzheim 8. 10. 1855, gest. Hamburg-Othmarschen 9. 9. 1941.

*WERNLE, Paul 6. 12. 1923

Professor der Theologie in Basel, geb. Zürich-Hottingen 1. 5. 1872, gest. Basel 11. 4. 1939.

BRÖGGER, *Waldemar* Christofer 17. 1. 1924

emer. Professor der Mineralogie in Christiania-Oslo, geb. Christiania 10. 11. 1851, gest. Oslo 17. 2. 1940.

*DANIELSSON, Olof *August* 17. 1. 1924

Professor der griech. Sprache in Uppsala, geb. Häradshammer (Östergötland) 15. 10. 1852, gest. Uppsala 10. 7. 1933.

GULLSTRAND, Allvar 7. 2. 1924

Professor der physiolog. und physikal. Optik in Uppsala, geb. Landskrona 5. 6. 1862, gest. Stockholm 28. 7. 1930.

HAMMAR, Johannes *August* 7. 2. 1924

Professor der Anatomie in Uppsala, geb. Karlskrona 21. 8. 1861, gest. Uppsala 17. 4. 1946.

*MEWALDT, Johannes 7. 2. 1924

o. Professor der klass. Philologie in Königsberg, Tübingen und Wien, geb. Posen 29. 4. 1880.

*NILSSON, *Martin* Persson 7. 2. 1924

Professor der Archäologie und alten Geschichte in Lund, geb. Stoby (Kristianstads Län) 12. 7. 1874.

LANDAU, *Edmund* Georg Hermann 21. 2. 1924

o. Professor der Mathematik in Göttingen und Berlin, geb. Berlin 14. 2. 1877, gest. Berlin 19. 2. 1938.

*STUDNICZKA, Franz 8. 5. 1924

o. Professor der Archäologie in Leipzig, geb. Jaslo (Galizien) 14. 8. 1860, gest. Leipzig 4. 12. 1929.

*WOLTERS, *Paul* Heinrich August 8. 5. 1924

o. Professor der Archäologie in München, Direktor der Glyptothek, geb. Bonn 1. 9. 1858, gest. München 21. 10. 1936.

*ZALLINGER zum Thurn, Otto v. 8. 5. 1924
emer. o. Professor der deutschen Rechtsgeschichte in Wien, geb. Bozen 27. 11. 1856, gest. Salzburg 12. 5. 1933.

LOHMANN, Hans 24. 7. 1924
o. Professor der Zoologie in Hamburg, geb. Hannover 26. 9. 1863, gest. Hamburg 3. 12. 1934.

*RICHARDSON, Ernest Cushing 6. 11. 1924
Universitätsbibliothekar und Inhaber der Forschungsprofessur für Bibliographie in Princeton, geb. Woburn (Mass.) 7. 2. 1860, gest. Princeton (New Jersey) 3. 6. 1939.

STRÖMGREN, Svante *Elis* 15. 1. 1925
Professor der Astronomie in Kopenhagen, geb. Hälsingborg 31. 5. 1870, gest. Kopenhagen 5. 4. 1947.

WOLF, Max 15. 1. 1925
o. Professor der Astronomie in Heidelberg und Direktor der Landessternwarte auf dem Königstuhl, geb. Heidelberg 21. 6. 1863, gest. Heidelberg 3. 10. 1932.

KOEBE, Paul 5. 2. 1925
o. Professor der Mathematik in Jena und Leipzig, geb. Luckenwalde 15. 2. 1882, gest. Leipzig 6. 8. 1945.

WIRTINGER, Wilhelm 5. 2. 1925
o. Professor der Mathematik in Wien, geb. Ybbs a. d. Donau 19. 7. 1865, gest. daselbst 16. 1. 1945.

*CROCE, Benedetto 5. 2. 1925
Philosoph in Neapel, geb. Pescasseroli (Prov. Aquila) 25. 2. 1866.

*HAMPE, Karl 19. 2. 1925
o. Professor der mittl. Geschichte in Heidelberg, geb. Bremen 3. 2. 1869, gest. Heidelberg 14. 2. 1936.

*HANSEN, Joseph 19. 2. 1925
Direktor des Histor. Archivs und des Histor. Museums der Stadt Köln, geb. Aachen 26. 4. 1862, gest. Köln 29. 6. 1943 (durch Luftangriff).

*KRUȘCH, Bruno 19. 2. 1925
Direktor i. R. des Preuß. Staatsarchivs Hannover, geb. Görlitz 8. 7. 1857, gest. Hannover 29. 6. 1940.

*BRANDENBURG, Erich 18. 6. 1925
o. Professor der mittl. u. neueren Geschichte in Leipzig, geb. Stralsund 31. 7. 1868, gest. Leipzig 22. 1. 1946.

*WENCK, *Karl* Robert 18. 6. 1925
emer. o. Hon.-Professor der mittl. Geschichte in Marburg, geb. Leipzig 12. 8. 1854, gest. Marburg 8. 7. 1927.

*THURNEYSEN, Rudolf 23. 7. 1925
o. Professor der vergl. Sprachwissenschaft in Bonn, geb. Basel 14. 3. 1857, gest. Bonn 9. 8. 1940.

*HILLEBRANDT, Alfred 5. 11. 1925
o. Professor für Sanskrit in Breslau, geb. Großnädlitz bei Breslau 15. 3. 1853, gest. Deutsch-Lissa 18. 10. 1927.

*MERCATI, *Giovanni* Davide Michele 5. 11. 1925
Präsident der Vatikan. Bibliothek, Kardinal, geb. Villa Gaida (Emilia) 17. 12. 1866.

JOST, Ludwig 19. 11. 1925

o. Professor der Botanik in Heidelberg, geb. Karlsruhe i. B. 13. 11. 1865, gest. Heidelberg 22. 2. 1947.

JUEL, Hans *Oscar* 19. 11. 1925

Professor der Botanik in Uppsala, geb. Stockholm 17. 6. 1863, gest. Ystad 3. 7. 1931.

MURBECK, *Svante* Samuel 19. 11. 1925

emer. Professor der Botanik in Lund, geb. Hardeberga (Malmöhus Län) 20. 10. 1859, gest. Lund 26. 5. 1946.

*WINTER, Franz 17. 12. 1925

o. Professor der Archäologie in Bonn, geb. Braunschweig 4. 2. 1861, gest. Bonn 11. 2. 1930.

*WENGER, Leopold 15. 7. 1926

o. Professor der Rechte in Wien und München, Präsident der Bayerischen Akademie der Wissenschaften, jetzt in Obervellach; geb. Obervellach (Kärnten) 4. 9. 1874.

*FABRICIUS, Ernst 25. 11. 1926

emer. o. Professor der Archäologie in Freiburg, geb. Darmstadt 6. 9. 1857, gest. Freiburg i. Br. 22. 3. 1942.

*STERN, Alfred 24. 2. 1927

emer. o. Professor der Geschichte an der Techn. Hochschule Zürich, geb. Göttingen 22. 11. 1846, gest. Zürich 24. 3. 1936.

*KLOSTERMANN, Erich 5. 5. 1927

o. Professor der neutestamentl. Theologie und altchristl. Literatur in Königsberg und Halle, geb. Kiel 14. 2. 1870.

NANSEN, Fridtjof 7. 7. 1927

Polarforscher in Oslo, geb. Store-Fröen bei Christiania 10. 10. 1861, gest. Lysaker 13. 5. 1930.

WINKLER, *Hans* Karl Albert 7. 7. 1927

o. Professor der Botanik in Hamburg, geb. Oschatz (Sachsen) 23. 4. 1877, gest. Dresden 22. 11. 1945.

*OLDENBURG, Sergej Fedorovič v. 3. 11. 1927

ord. Akademiker für Geschichte und Literatur der asiat. Völker, ständiger Sekretär der Akademie der Wissenschaften der UdSSR., geb. Bjankino (Transbajkal-Gebiet) 14./26. 9. 1863, gest. Leningrad 28. 2. 1934.

BAUSCHINGER, Julius 15. 12. 1927

o. Professor der Astronomie in Leipzig, geb. Fürth i. B. 28. 1. 1860, gest. Leipzig 21. 1. 1934.

OBERMAIER, Hugo 15. 12. 1927

Professor für menschl. Urgeschichte in Madrid, geb. Regensburg 29. 1. 1877, gest. Freiburg i. Ü. 12. 11. 1946.

*BERZEVICZY v. Berzevicze, Albert 15. 12. 1927

Präsident der Ungarischen Akademie der Wissenschaften in Budapest, Historiker, geb. Berzevicze 7. 6. 1853, gest. Budapest 22. 3. 1936.

*LANGE, Hans Ostenfeldt 15. 12. 1927

Oberbibliothekar der Kgl. Bibliothek in Kopenhagen, Ägyptologe, geb. Aarhus 13. 10. 1863, gest. Gentofte bei Kopenhagen 15. 1. 1943.

*REDLICH, Oswald 15. 12. 1927

o. Professor der Geschichte in Wien, Präsident der Akademie der Wissenschaften, Vorstand des Instituts für Geschichtsforschung, geb. Innsbruck 17. 9. 1858, gest. Wien 21. 1. 1944.

BJERKNES, Vilhelm 10. 5. 1928

Professor der Mechanik und der math. Physik in Oslo, geb. Christiania 14. 3. 1862.

DOLLO, Louis 10. 5. 1928

Professor der Paläontologie in Brüssel, geb. Lille 7. 12. 1857, gest. Brüssel 19. 4. 1931.

EXNER, Ritter v. Ewarten, *Felix* Maria 10. 5. 1928

o. Professor der Meteorologie in Wien, geb. Wien 23. 8. 1876, gest. Wien 7. 2. 1930.

RUTHERFORD, Sir, 1931 Lord (1. Baron R. of Nelson) Ernest 7. 6. 1928

Professor der Experimentalphysik in Cambridge, geb. Nelson (Neu-Seeland) 30. 8. 1871, gest. Cambridge 19. 10. 1937.

JOFFÉ, Abram 21. 6. 1928

ord. Akademiker für Physik, Professor am Industrie-Institut in Leningrad, geb. Romny 30. 10. 1880; legt am 15. 11. 1938 die Mitgliedschaft nieder.

JUNKERS, Heinrich *Hugo* 17. 1. 1929

Schöpfer und Leiter der Junkers-Werke in Dessau, geb. Rheydt 3. 2. 1859, gest. Gauting bei München 3. 2. 1935.

SCHMIDT, *Adolf* Friedrich Karl 17. 1. 1929

Direktor i. R. des Meteorolog.-Magnet. Observatoriums Potsdam, in Gotha, geb. Breslau 23. 7. 1860, gest. Gotha 17. 10. 1944.

SPEMANN, Hans 7. 2. 1929

o. Professor der Biologie in Freiburg, geb. Stuttgart 27. 6. 1869, gest. Freiburg i. Br. 12. 9. 1941.

*BENEŠEVIČ (BENESCHEWITSCH), Vladimir Nikolajevič 30. 5. 1929

Professor des kanon. Rechts an der Universität und an der Akademie zur Erforschung der Geschichte der materiellen Kultur in Leningrad, geb. Druja (Gouv. Vitebsk) 21. 8. 1874.

BORN, Max 31. 10. 1929

o. Professor der theoret. Physik in Göttingen, Cambridge und Edinburgh, geb. Breslau 11. 12. 1882.

BRAGG, Sir William Henry 31. 10. 1929

Professor der Chemie an der Royal Institution, Direktor des Davy-Faraday-Forschungslaboratoriums in London, geb. Wigton (Cumberland) 2. 7. 1862, gest. London 12. 3. 1942.

BROUWER, Luitzen *Egbertus* Jan 31. 10. 1929

o. Professor der Mathematik in Amsterdam, geb. Overschie bei Rotterdam 27. 2. 1881.

FRANCK, James 31. 10. 1929

o. Professor der Experimentalphysik in Göttingen, Kopenhagen und Chicago, geb. Hamburg 26. 8. 1882.

HARDY, Godfrey Harold 31. 10. 1929

Professor der Mathematik in Cambridge, geb. Cranleigh (Surrey) 7. 2. 1877, gest. Cambridge 1. 12. 1947.

LEVI-CIVITA, Tullio 31. 10. 1929

Professor der rationalen Mechanik in Rom, geb. Padua 29. 3. 1873, gest. Rom 29. 12. 1941.

RHUMBLER, Ludwig 31. 10. 1929

Professor der Forstzoologie an der Forstlichen Hochschule in Hannov.-Münden, geb. Frankfurt a. Main 3. 7. 1864, gest. Hann.-Münden 6. 7. 1939.

*JACOBY, Felix 30. 1. 1930

o. Professor der klass. Philologie in Kiel; als Privatmann in Finkenkrug bei Berlin; dann in Oxford, geb. Magdeburg 19. 3. 1876; verzichtet 2. 12. 1938 auf die Mitgliedschaft.

*FRANCHI DE'CAVALIERI, Pio 13. 2. 1930
Präsident der Pont. Accademia Romana di archeologia, Kustos des Museo christiano der Vatikan. Bibliothek, geb. Veroli (Prov. Rom) 31. 8. 1869.

*BEYERLE, Konrad 10. 7. 1930
o. Professor der Rechtsgeschichte in München, geb. Waldshut 14. 9. 1872, gest. München 26. 4. 1933.

*MEYER, *Herbert* Oskar 10. 7. 1930
o. Professor für deutsches Recht in Göttingen; 1939 OM (s. d.).

*SCHULTZE, Alfred 10. 7. 1930
o. Professor der Rechte in Leipzig, geb. Breslau 25. 2. 1864, gest. Leipzig 2./3. 7. 1946.

HARRISON, Ross Granville 24. 7. 1930
Professor der vergl. Anatomie an der Yale-Universität in New Haven, geb. Germantown (Pennsylvania) 13. 1. 1870.

MOLISCH, Hans 24. 7. 1930
emer. o. Professor der Anatomie und Pflanzenphysiologie in Wien, geb. Brünn 6. 12. 1856, gest. Wien 8. 12. 1937.

ZSCHOKKE, Friedrich 24. 7. 1930
o. Professor der Zoologie in Basel, geb. Aarau 27. 5. 1860, gest. Basel 10. 1. 1936.

FURTWÄNGLER, Philipp 19. 2. 1931
o. Professor der Mathematik in Wien, geb. Elze (Hann.) 21. 4. 1869, gest. Wien 19. 5. 1940.

LINDELÖF, *Ernst* Leonard 19. 2. 1931
Professor der Mathematik in Helsingfors (Helsinki), geb. Helsingfors 7. 3. 1870, gest. Helsingfors 4. 6. 1946.

*MACDONALD, Sir George 30. 4. 1931
Konservator des Münzkabinetts im Hunter-Museum in Edinburgh, geb. Elgin (Schottld.) 30. 1. 1862, gest. Edinburgh 11. 8. 1940.

SIMPSON, Sir (1935) George Clarke 30. 7. 1931
Direktor der Meteorological Office in London, geb. Derby 2. 9. 1878.

HEINRICHER, Emil 28. 1. 1932
emer. o. Professor der Botanik in Innsbruck, geb. Laibach 14. 11. 1856, gest. Innsbruck 13. 7. 1934.

SCOTT, Dukinfield Henry 28. 1. 1932
Botaniker in Oakley, Hants, geb. London 28. 11. 1854, gest. Oakley (Hants) 29. 1. 1934.

LUSK, Graham 11. 2. 1932
emer. Professor der Physiologie an der Cornell-Universität in New York, geb. Bridgeport (Conn.) 15. 2. 1866, gest. New York 18. 7. 1932.

HOCHSTETTER, Ferdinand 25. 2. 1932
o. Professor der Anatomie in Wien, geb. Hrurchau (Österr.-Schlesien) 5. 2. 1861.

SCHAFFER, Josef 25. 2. 1932
o. Professor der Histologie in Wien, geb. Trient 13. 10. 1861, gest. Volders 27. 4. 1939.

*LITTMANN, Richard Ludwig *Enno* 12. 5. 1932
o. Professor der morgenländ. Sprachen in Tübingen, geb. Oldenburg 16. 9. 1875.

*SETÄLÄ, Emil Nestor 12. 5. 1932
o. Professor der finn. Sprache und Literatur in Helsinki (Helsingfors), Direktor des Finn.-ugrischen Instituts in Järvenpää, geb. Kokemäki 27. 2. 1864, gest. Järvenpää 8. 2. 1935.

COMPTON, Arthur Holly 2. 6. 1932
Professor der Physik in Chicago, dann Kanzler der Washington-Universität in St. Louis, geb. Wooster (Ohio) 10. 9. 1892.

SARASIN, Karl Friedrich (*Fritz*) 2. 6. 1932

Forschungsreisender und ehem. Vorsteher des Naturhistor. Museums in Basel, geb. Basel 3. 12. 1859, gest. Lugano 23. 3. 1942.

*SCHI (SHIH), Hu 2. 6. 1932

Professor der Philosophie und Literatur in Peiping, dann chines. Botschafter in Washington, geb. Schanghai 17. 12. 1891.

*STEGEMANN, Hermann 18. 5. 1933

Hon.-Professor für neuere Geschichte an der Univ. München, Schriftsteller in Zürich und Merligen, geb. Koblenz 30. 5. 1870, gest. Merligen (Kt. Bern) 8. 6. 1945.

SEVERI, Francesco 23. 11. 1933

Professor der Mathematik in Rom, geb. Arezzo 13. 4. 1879.

GROSSER, Otto 8. 2. 1934

o. Professor der Anatomie in Prag; jetzt in Thumerbach bei Zell a. See, geb. Wien 21. 11. 1873.

*FARINELLI, Arturo 22. 2. 1934

Professor der deutschen Literatur in Turin, geb. Intra (Prov. Novara) 30. 3. 1867, gest. Turin 21. 4. 1948.

*LIDÉN, Evald 14. 6. 1934

Professor der vergl. Sprachwissenschaft in Göteborg, geb. Sandared, Sandhult (Västergötland) 3. 10. 1862, gest. Göteborg 11. 10. 1939.

*GRABMANN, Martin 1. 11. 1934

o. Professor der kathol. Dogmatik in München, geb. Winterzhofen (Bayern) 5. 1. 1875, gest. Eichstätt 9. 1. 1949.

*RICKERT, Heinrich 1. 11. 1934

o. Professor der Philosophie in Heidelberg, geb. Danzig 25. 5. 1863, gest. Heidelberg 25. 7. 1936.

*TAYLOR, Sir Alfred Edward 1. 11. 1934

Professor der Moralphilosophie in Edinburgh und London, geb. Oundle (Northamptonshire) 22. 12. 1869, gest. Edinburgh 31. 10. 1945.

APPLETON, Sir (1941) Edward Victor 13. 12. 1934

Professor der Physik in London und Cambridge, dann ständiger Leiter des Dep. of Scientific and Industrial Research in London, geb. Breadfort (Yorkshire) 6. 9. 1892.

RENNER, Otto 28. 2. 1935

o. Professor der Botanik in Jena und München, geb. Neu-Ulm 25. 4. 1883.

WENT, *Friedrich* August Ferdinand Christian 28. 2. 1935

o. Professor der Botanik in Utrecht, geb. Amsterdam 18. 6. 1863, gest. Wassenaar 24. 7. 1935.

*GARDINER, Sir Alan Henderson 28. 3. 1935

Ägyptologe in London und Oxford, geb. Eltham (Kent) 29. 3. 1879.

MORGAN, Thomas Hunt 9. 5. 1935

Direktor der William-Kerckhoff-Laboratorien (California Inst. of Technology) in Pasadena, geb. Lexington (Kentucky) 25. 9. 1866, gest. Pasadena 4. 12. 1945.

WESENBERG-LUND, Carl 9. 5. 1935

Professor der Hydrobiologie in Kopenhagen, geb. Kopenhagen 22. 12. 1867.

*LEICHT, Pier Silverio 20. 6. 1935

Professor der Rechtsgeschichte in Rom, geb. Venedig 25. 6. 1874.

BOWER, Sir Frederick Orpen 21. 11. 1935
emer. Professor der Botanik in Glasgow, geb. Ripon (Yorkshire) 4. 11. 1855, gest. daselbst 11. 4. 1948.

NILSSON-EHLE, Nils *Hermann* 21. 11. 1935
Professor der Vererbungslehre in Lund, geb. Skurup (Malmöhus Län) 12. 2. 1873.

*KÜBLER, *Bernhard* Gustav Adolf 21. 11. 1935
emer. o. Professor der Rechte in Erlangen, geb. Krotoschin 4. 7. 1859, gest. Erlangen 12. 5. 1940.

*ZIELIŃSKI, Tadeusz (Thaddäus) 21. 11. 1935
Professor der klass. Philologie in Warschau, geb. Gut Skrzypezyńce (Kr. Uman) 14. 9. 1859, gest. Oberschondorf (Oberbayern) 8. 5. 1944.

*BROCH, Olaf 5. 12. 1935
Professor der slav. Sprachen in Oslo, geb. Horten 4. 8. 1867.

HESSELBERG, Hans *Theodor* 5. 3. 1936
Professor der Meteorologie und Direktor des Méteorolog. Instituts in Oslo, geb. Lierne 7. 1. 1885.

*LÖFSTEDT, Haimar *Einar* Harald 19. 3. 1936
Professor der klass. Philologie (Latinist) in Lund, geb. Uppsala 15. 6. 1880.

*BRANDI, Karl 11. 6. 1936
o. Professor der mittl. und neueren Geschichte in Göttingen, geb. Meppen 20. 5. 1868, gest. Göttingen 9. 3. 1946.

*SRBIK, Heinrich Ritter v. 11. 6. 1936
o. Professor der Geschichte in Wien, zeitweilig Präsident der Akademie der Wissenschaften, geb. Wien 10. 11. 1878.

FRANK, Otto 12. 11. 1936
o. Professor der Physiologie in München, geb. Groß-Umstadt (Hessen) 21. 6. 1865, gest. München 2. 11. 1944.

*HIRSCH, Hans 12. 11. 1936
o. Professor der Geschichte und Vorstand des Instituts für Geschichtsforschung in Wien, geb. Zwettl (Nieder-Österr.) 27. 12. 1878, gest. Wien 20. 8. 1940.

*RAMSTEDT, Gustav *John* 12. 11. 1936
o. Professor der altaischen Sprachen in Helsingfors (Helsinki), geb. Ekenäs 22. 10. 1873.

*RITTER, Gerhard 12. 11. 1936
o. Professor der neueren Geschichte in Freiburg, geb. Bad Sooden a. d. Werra 6. 4. 1888.

*STENGEL, Edmund 12. 11. 1936
o. Professor der mittl. u. neueren Geschichte in Marburg, geb. Marburg 24. 12. 1879.

*EHRHARD, Albert 26. 11. 1936
emer. o. Professor der kathol. Theologie (Bonn) in Kehl (Baden), geb. Herbitzheim (Elsaß) 14. 3. 1862, gest. Bonn 23. 9. 1940.

*ANDERSON, Walter 10. 12. 1936
o. Professor für estnische u. vergl. Volkskunde in Dorpat, Königsberg u. Kiel, geb. Minsk 10. 10. 1885[1]).

*JABERG, Karl 14. 1. 1937
o. Professor der roman. Philologie in Bern, geb. Langenthal (Kt. Bern) 24. 4. 1877.

WIELAND, Heinrich 4. 2. 1937
o. Professor der Chemie in München, geb. Pforzheim 4. 6. 1877.

---

[1]) Jedoch 27. 9. 1885 a. St.!

BILTZ, *Wilhelm* Eugen 18. 2. 1937

o. Professor der anorgan. Chemie in Hannover, geb. Berlin 8. 3. 1877, gest. Heidelberg 13. 11. 1943.

CLOOS, Hans 15. 4. 1937

o. Professor der Geologie und Paläontologie in Bonn, geb. Magdeburg 8. 11. 1885.

KOSSMAT, *Franz* Georg 15. 4. 1937

emer. o. Professor der Geologie und Paläontologie in Leipzig, geb. Wien 22. 8. 1871, gest. Leipzig 1. 12. 1938.

*KRETSCHMAR, Paul 15. 4. 1937

o. Professor der vergl. Sprachwissenschaft in Wien, geb. Berlin 2. 5. 1866.

*THOMAS, Frederick William 15. 4. 1937

Professor für Sanskrit in Oxford, geb. Fazelay (Staffordshire) 21. 3. 1867.

FITTING, Johannes 29. 4. 1937

o. Professor der Botanik in Bonn, geb. Halle 23. 4. 1877.

RUHLAND, Wilhelm 29. 4. 1937

o. Professor der Botanik in Leipzig; jetzt in Unterdeufstetten bei Crailsheim, geb. Schleswig 7. 8. 1878.

*LOMMATZSCH, Erhard 29. 4. 1937

o. Professor der roman. Philologie in Frankfurt a. Main, geb. Dresden 2. 2. 1886.

*EKWALL, Bror Oscar *Eilert* 14. 10. 1937

Professor der engl. Philologie in Lund, geb. Vallsjö (Jönköpings Län) 8. 1. 1877.

*LAKE, Kirsopp 14. 10. 1937

Professor der Kirchengeschichte an der Harvard-Universität in Cambridge, Mass., geb. Southampton 7. 4. 1872, gest. Cambridge, Mass. 10. 11. 1946.

*NOCK, Arthur Darby 14. 10. 1937

Professor der Religionsgeschichte an der Harvard-Universität in Cambridge, Mass., geb. Portsmouth (England) 21. 2. 1902.

STODOLA, Aurel 25. 11. 1937

emer. o. Professor für Maschinenbau am Polytechnikum in Zürich, geb. Lipto Sv. Mikulas (Ungarn) 9. 5. 1859, gest. Zürich 25. 12. 1942.

*FILOW, Bogdan 13. 1. 1938

Professor der Archäologie in Sofia, 1943 EM (s. d.).

EDDINGTON, Sir Arthur Stanley 17. 2. 1938

Professor der Astronomie und Direktor der Sternwarte in Cambridge, geb. Kendal 28. 12. 1882, gest. Cambridge 22. 11. 1944.

*MERLO, Clemente 17. 2. 1938

Professor der roman. Philologie in Pisa, geb. Neapel 2. 5. 1879.

LOMBARDI, Luigi 28. 4. 1938

Professor der Elektrotechnik in Rom, geb. Dronero (Prov. Cuneo) 21. 8. 1867.

AHLMANN, *Hans* Jakob Konrad 23. 6. 1938

Professor der Geographie in Stockholm, geb. Karlsborg 14. 11. 1889.

HASSINGER, Hugo 23. 6. 1938

o. Professor der Geographie in Wien, geb. Wien 8. 11. 1877.

HEISENBERG, *Werner* Karl 23. 6. 1938

o. Professor der Physik in Leipzig; 1943 OM (s. d.).

*OTTO, Walter 23. 6. 1938

o. Professor der alten Geschichte in München, geb. Breslau 30. 5. 1878, gest. München 1. 11. 1941.

RICHARDSON, Sir (1939) Owen Willans 23. 7. 1938
Physiker in Alton, geb. Dewsbury (Yorkshire) 26. 4. 1879.

*LEITZMANN, Albert 3. 11. 1938
emer. o. Professor der german. Philologie in Jena, geb. Magdeburg 3. 8. 1867, gest. Jena 16. 4. 1950.

*BROCKELMANN, Carl 4. 5. 1939
o. Professor der arabischen Sprache in Breslau und Halle, geb. Rostock 17. 9. 1868.

*HARDER, Richard 4. 5. 1939
o. Professor der klass. Philologie in Kiel und München, geb. Tetenbüll (Schleswig) 19. 1. 1896.

*HOOPS, Johannes 4. 5. 1939
emer. o. Professor der engl. Philologie in Heidelberg, geb. Rablinghausen bei Bremen 20. 7. 1865, gest. Heidelberg 14. 4. 1949.

*KEES, Hermann 4. 5. 1939
o. Professor der Ägyptologie in Göttingen, geb. Leipzig 21. 12. 1886.

*PARIBENI, Roberto [1]) 20. 6. 1939
Präsident des Istituto di Archeologia e Storia del'Arte in Rom, geb. Rom 19. 5. 1876.

*PEDERSEN, Johannes 20. 6. 1939
Professor der oriental. Philologie (semit. Sprachen) in Kopenhagen, geb. Illebölle (Langeland) 7. 11. 1883.

*RUDBERG, Gunnar 20. 6. 1939
Professor der griech. Sprache und Literatur in Uppsala, geb. Björsäter (Skaraborgs Län) 17. 10. 1880.

SCHUMACHER v. Marienfrid, Siegmund 4. 7. 1939
o. Professor der Histologie und Embryologie in Innsbruck, geb. Innsbruck 26. 1. 1872, gest. Innsbruck 31. 5. 1944.

VOGT, Heinrich 4. 7. 1939
o. Professor der Astronomie in Heidelberg, geb. Gau-Algesheim (Hessen) 5. 10. 1890.

BOTHE, Walther 28. 7. 1939
o. Hon.-Professor der Physik und Direktor des Kaiser-Wilhelm-Instituts für med. Forschung in Heidelberg, geb. Oranienburg (Mark) 8. 1. 1891.

NEVANLINNA, *Rolf* Hermann 5. 9. 1939
o. Professor der Mathematik in Helsinki (Helsingfors), geb. Joensuu 22. 10. 1895.

*FUNAIOLI, Gino 27. 9. 1939
Professor der klass. Philologie in Bologna, geb. Pomarance (Prov. Pisa) 2. 10. 1878.

BIEZENO, Cornelis Benjamin 2. 10. 1939
o. Professor der angewandten Mechanik an der Techn. Hochschule in Delft, geb. Delft 2. 3. 1888.

*PUŞCARIU, Sextil 7. 10. 1939
o. Professor der rumän. Sprache und Literatur in Klausenburg, geb. Kronstadt (Siebenbürgen) 4. 1. 1877, gest. Bran (Siebenbürgen) 5. 5. 1948.

VALLAURI, Giancarlo 18. 10. 1939
Professor der Elektrotechnik an der Techn. Hochschule in Turin, geb. Rom 19. 10. 1882.

---

[1]) Nach der Satzung vom 8. 6. 1939 mußte auch die Wahl der KM bestätigt werden. Bis 1944 werden daher Bestätigungsdaten gegeben.

HELLAND-HANSEN, Björn 20. 10. 1939
Professor der Ozeanographie und Direktor des Geophysikal. Instituts in Bergen, geb. Christiania 16. 10. 1877.

*RICCOBONO, Salvatore 11. 11. 1939
emer. Professor des röm. Rechts in Rom, geb. San Giuseppe Jato (Prov. Palermo) 31. 1. 1864.

ENGEL, Friedrich 21. 12. 1939
emer. o. Professor der Mathematik in Gießen, geb. Lugau (Prov. Sachsen) 26. 12. 1861, gest. Gießen 29. 9. 1941.

WEITZENBÖCK, Roland 9. 4. 1940
Professor der Mathematik in Amsterdam, in Blaricum, geb. Kremsmünster 26. 5. 1885.

*RUMPF, Andreas 23. 5. 1940
o. Professor der Archäologie in Köln, geb. Potsdam 3. 12. 1890.

*MELICH, János (Johann) 5. 6. 1940
Professor der ungar. Sprache in Budapest, geb. Szarvas 16. 9. 1872.

*SIBER, Heinrich 1. 8. 1940
o. Professor für bürgerl. Recht in Leipzig, geb. Ihleburg (Prov. Sachsen) 10. 4. 1870.

*REININGER, Robert 14. 9. 1940
o. Professor der Philosophie in Wien, geb. Linz 28. 9. 1869.

BUBNOFF, Serge v. 27. 2. 1941
o. Professor der Geologie in Greifswald; 1949 OM (s. d.).

FISCHER, Hans 27. 2. 1941
o. Professor der organ. Chemie an der Techn. Hochschule in München, geb. Höchst a. M. 27. 7. 1881, gest. München 31. 3. 1945.

KUHN, Richard 27. 2. 1941
Direktor des Kaiser-Wilhelm-Instituts für med. Forschung in Heidelberg, geb. Wien 3. 12. 1900.

WEIGELT, Johannes 27. 2. 1941
o. Professor der Geologie und Paläontologie in Halle, geb. Reppen 24. 7. 1890, gest. Klein-Gerau (Hessen) 22. 4. 1948.

CARSTENS, Peter 24. 4. 1941
o. Professor für Tierzucht in Posen, geb. Brunsbüttel 13. 9. 1903, gefallen in Posen Jan. 1945.

*HOFMANN, Johann Baptist 8. 8. 1941
Redakteur am Thesaurus Linguae Latinae in München, geb. Neukenroth (Oberfranken) 11, 2. 1886.

*SPECHT, Franz 8. 8. 1941
o. Professor der indogerman. Philologie in Breslau; 1944 OM (s. d.).

*SCHMIDT, Ludwig 14. 4. 1942
Oberbibliothekar i. R. der Sächs. Landesbibliothek in Dresden, geb. Dresden 16. 7. 1862, gest. Dresden 10. 3. 1944.

*MLADENOV, Stefan 13. 5. 1942
Professor der indogerman. Sprachwissenschaft in Sofia, geb. Widin 27. 12. 1880.

*BORCHLING, Conrad 11. 6. 1942
o. Professor der deutschen Philologie in Hamburg, geb. Hitzacker a. d. Elbe 20. 3. 1872, gest. Hamburg 1. 11. 1946.

*WUNDT, Max 11. 6. 1942
o. Professor der Philosophie in Tübingen, geb. Leipzig 29. 1. 1879.

*Kötzschke, Rudolf — 2. 7. 1942
emer. o. Professor der Geschichte in Leipzig, geb. Dresden 8. 7. 1867, gest. Leipzig 3. 8. 1949.

*Andreas, Willy — 22. 7. 1942
o. Professor der neueren Geschichte in Heidelberg, geb. Karlsruhe i. B. 30. 10. 1884.

*Aubin, Hermann — 22. 7. 1942
o. Professor der Geschichte in Breslau und Hamburg, geb. Reichenberg (Böhmen) 23. 12. 1885.

*Müller, Karl Alexander v. — 22. 7. 1942
o. Professor der Geschichte in München, zeitweilig Präsident der Bayerischen Akademie der Wissenschaften, geb. München 20. 12. 1882.

*Sieg, Emil — 30. 7. 1942
o. Professor der indischen Philologie in Göttingen, geb. Breitenteich (Uckermark) 12. 8. 1866.

Euler-Chelpin, Hans v. — 6. 8. 1942
o. Professor der Chemie am Karolin. Institut in Stockholm, geb. Augsburg 15. 3. 1873.

*Maiuri, Amedeo — 18. 8. 1942
Professor und Direktor des Nationalmuseums in Neapel, geb. Veroli (Prov. Frosinone) 7. 1. 1866.

Rein, *Hermann* Friedrich — 11. 11. 1942
o. Professor der Physiologie in Göttingen; 1949 OM (s. d.).

*Fischer, August — 17. 4. 1943
emer. o. Professor der oriental. Sprachen in Leipzig, geb. Halle 14. 2. 1865, gest. Leipzig 14. 2. 1949.

*Buschor, Ernst — 29. 5. 1943
o. Professor der Archäologie in München, geb. Hürben (Bayern) 2. 6. 1886.

*Suolahti, *Hugo* Viktor — 23. 7. 1943
o. Professor der german. Philologie in Helsinki (Helsingfors), Kanzler der Universität, geb. Tavasthus 7. 10. 1874, gest. Helsinki (Helsingfors) 23. 2. 1944.

Troll, Carl — 6. 8. 1943
o. Professor der Geographie in Bonn, geb. Gabersee (Oberbayern) 24. 12. 1899.

Antipa, Gregor — 18. 4. 1944
Professor und Direktor des Naturhistor. Museums in Bukarest, geb. Botosani 27. 11./10.12. 1867[1]), gest. Bukarest 9. 3. 1944.

*Schubart, Wilhelm — 27. 7. 1944
Kustos an den Staatl. Museen in Berlin, Professor im Ruhestand in Zwickau, dann o. Professor der Ägyptologie in Leipzig, geb. Liegnitz 21. 10. 1873.

*Schweitzer, *Bernhard* Gustav — 12. 20. 1944
o. Professor der Archäologie in Leipzig und Tübingen, geb. Wesel 3. 10. 1892.

*Sommer, Johann *Ferdinand* — 27. 12. 1944
o. Professor der vergl. Sprachwissenschaft in München, geb. Trier 4. 5. 1875.

*Reinhardt, Karl — 22. 2. 1945
o. Professor der klass. Philologie in Leipzig, geb. Detmold 14. 2. 1886.

*Litt, Theodor — 9. 5. 1946
o. Professor der Philosophie in Leipzig und Bonn, geb. Düsseldorf 27. 12. 1880.

---

[1]) Der hier vorliegende Umrechnungsfehler konnte nicht geklärt werden.

*KÖRTE, Alfred 29. 8. 1946

emer. o. Professor der klass. Philologie in Leipzig, geb. Berlin 5. 9. 1866, gest. Leipzig 6. 11. 1946.

*REGENBOGEN, Otto 12. 9. 1946

o. Professor der klass. Philologie in Heidelberg, geb. Neumarkt (Schlesien) 14. 2. 1891.

*WARTBURG, Walther v. 20. 3. 1947

o. Professor der roman. Philologie in Basel, geb. Riedholz (Kt. Solothurn) 18. 5. 1888; am 19. 2. 1948 als Professor bei der Akademie und Direktor der Instituts für romanische Philologie bestätigt.

*KLINGNER, Friedrich 10. 4. 1947

o. Professor der klass. Philologie in München, geb. Dresden 7. 7. 1894.

*HECKMANN, Otto 5. 6. 1947

o. Professor der Astronomie und Direktor der Sternwarte in Hamburg, geb. Opladen (Rhld.) 23. 6. 1901.

*GOETZ, Walter 16. 10. 1947

emer. o. Professor der Geschichte, in München, geb. Leipzig 11. 11. 1867.

*JACHMANN, Günther 23. 10. 1947

o. Professor der klass. Philologie in Köln, geb. Gumbinnen 20. 5. 1887.

*KAHLE, Paul 23. 10. 1947

Professor für semit. Sprachen in Oxford, geb. Hohenstein (Ostpr.) 21. 1. 1875.

*LATTE, Kurt 23. 10. 1947

o. Professor der klass. Philologie in Göttingen, geb. Königsberg i. Pr. 9. 3. 1891.

*REHM, Albert 23. 10. 1947

o. Professor der klass. Philologie in München; 1949 OM (s. d.).

*SCHNABEL, Franz 23. 10. 1947

o. Professor der Geschichte in München, geb. Mannheim 18. 12. 1887.

*SNELL, Bruno 23. 10. 1947

o. Professor der klass. Philologie in Hamburg, geb. Hildesheim 18. 6. 1896.

*TRAUTMANN, Reinhold 6. 11. 1947

o. Professor der Slavistik in Leipzig; 1949 OM (s. d.).

*WEBER, Alfred 18. 12. 1947

emer. o. Professor der Volkswirtschaft in Heidelberg, geb. Erfurt 30. 7. 1868.

*LEHMANN, Paul 2. 12. 1948

o. Professor der klass. Philologie in München, geb. Braunschweig 13. 7. 1884.

*ZUCKER, Friedrich 2. 12. 1948

o. Professor der klass. Philologie in Jena; 1949 OM (s. d.).

*EISSFELDT, Otto 24. 2. 1949

o. Professor der Theologie (nordwestsemit. Philologie) in Halle; 1949 OM (s. d.).

MEITNER, Lise 20. 10. 1949

o. Professor der physikal. Chemie in Stockholm, geb. Wien 7. 11. 1878.

MÜNZINGER, Adolf 26. 1. 1950

o. Professor für Wirtschaftslehre des Landbaus in Hohenheim, geb. Kirchentellinsfurt (Württ.) 12. 1. 1876.

SCHMIDT, Jonas 26. 1. 1950

o. Professor für Tierzucht und Tierernährung in Hohenheim, geb. Wiesbaden 7. 10. 1885.

ANHANG

DIE WISSENSCHAFTLICHEN BEAMTEN

1900—1945

DESSAU, Hermann, o. Honorarprofessor für alte Geschichte an der Universität, geb. Frankfurt a. Main 6. 4. 1856, gest. Berlin 12. 4. 1931.

Corpus inscriptionum Latinarum 1. 4. 1900—1. 10. 1921.

RISTENPART, Friedrich Wilhelm, geb. Frankfurt a. Main 8. 6. 1868, gest. Santiago de Chile 9. 4. 1913.

Fixsternhimmel 1. 10. 1900, 2. 7. 1908 Professor, 1. 10. 1908 beurlaubt, 25. 2. 1910 Verzicht auf Wiedereintritt.

Seit 1908 Professor der Astronomie und Direktor der Sternwarte in Santiago.

HARMS, Hermann, geb. Berlin 16. 9. 1870, gest. Berlin 27. 11. 1942.

Pflanzenreich 1. 4. 1901 (kommissarisch 1. 4. 1900)—1. 10. 1935; 6. 12. 1906 Professor.

SCHMIDT, Carl, geb. Hagenow (Meckl.) 26. 8. 1868, gest. Kairo 17. 4. 1938.

Kirchenväter-Kommision 1. 10. 1901 (kommissarisch 1. 10. 1900)—1. 10. 1933; 23. 6. 1905 Professor; ao. Professor für Kirchengeschichte an der Universität.

CZESCHKA Edler v. MAEHRENTHAL, Fritz, zuvor Kustos und Professor am Zoolog. Institut, geb. Olmütz 2. 1. 1857, gest. Berlin 28. 8. 1910.

Tierreich 1. 4. 1901—1910.

FRITZE, Hans v., geb. Berlin 23. 9. 1869, gest. Kessel-Schosdorf bei Greifenberg (Schlesien) 10. 7. 1919.

Corpus Nummorum 1. 7. 1901—1919; 15. 12. 1913 Professor.

HILLER VON GÄRTRINGEN, *Friedrich* Wilhelm Freiherr, geb. Berlin 3. 8. 1864, gest. Thurnau (Oberfranken) 25. 10. 1947.

Inscriptiones Graecae 1. 4. 1904 (Hilfsarbeiter 1. 4. 1893)—1. 10. 1929. 19. 3. 1900 Professor.

BEHREND, Friedrich, geb. Berlin 5. 8. 1878, gest. Berlin 14. 3. 1939.

Deutsche Kommission (Jahresberichte für neuere deutsche Literatur) 1. 4. 1908—31. 3. 1935; 1919 Professor. Bibliothekar und Archivar der Kommission.

RITTER, Paul, geb. Stolp (Pomm.) 15. 1. 1872.

Leibniz-Ausgabe 1. 4. 1910—31. 3. 1937. 15. 12. 1913 Professor. 1937—1939 Weiterführung der Arbeit als Auftrag.

APSTEIN, Carl, zuvor Assistent und Titularprofessor am Laboratorium für Meeresforschung in Kiel, geb. Stettin 19. 9. 1862, gest. Berlin 15. 1. 1950.

Tierreich 1. 4. 1911—1. 10. 1927.

PAETSCH, Johannes (Hans), geb. Berlin 7. 7. 1864, gest. Berlin 14. 2. 1945.

Fixsternhimmel 1. 4. 1912 (Hilfsarbeiter 1. 7. 1909, kommissarisch 1. 4. 1911)—1. 10. 1929. Professor.

KUHLGATZ, Theodor, geb. Stade 10. 1. 1871, gest. Berlin 26. 1. 1935.
Tierreich 1. 4. 1913 (Hilfsarbeiter 1911) —30. 6. 1924; 31. 7. 1919 Professor.

GAEBLER, Hugo, geb. Tarnowitz 21. 8. 1868, gest. Berlin 5. 12. 1947.
Corpus Nummorum 1. 2. 1921—1. 10. 1933; Professor.

GRAPOW, Hermann, seit 1938 OM (s. d.).
Ägyptologische Kommission 1. 4. 1922 (Hilfsarbeiter 1907).

KÜNSSBERG, Eberhard Freiherr v., Professor für Rechtsgeschichte in Heidelberg, geb. Parohy (Galizien) 28. 2. 1881, gest. Heidelberg 3. 5. 1941.
Wörterbuch der deutschen Rechtssprache 1. 10. 1928 (Mitarbeiter 1905, Schriftleiter 1911, außerakadem. Mitglied der Kommission 1913, Leiter der Arbeiten 1917)—1941.

KLAFFENBACH, Günther, Studienrat, geb. Berlin 20. 6. 1890.
Inscriptiones Graecae 1. 10. 1929— ; Professor.

SIEGLING, Wilhelm, geb. Erfurt 14. 1. 1880, gest. Berlin 22. 1. 1946.
Orientalische Kommission 1. 10. 1929 (Hilfsarbeiter 1. 7. 1912) —1946; Professor.

HAAS, Johannes, geb. Remscheid 17. 3. 1893.
Fixsternhimmel 1. 10. 1933 (Hilfsarbeiter 1. 4. 1926, planmäßig 1. 10. 1929)— ; Professor.
Wird o. Professor der Astronomie in Bonn.

WICKERT, Lothar, geb. Lissa (Prov. Posen) 31. 7. 1900.
Corpus Inscriptionum Latinarum 1. 10. 1933 (Hilfsarbeiter 1. 7. 1924)—1. 4. 1935; Professor.
Wird o. Professor für alte Geschichte in Königsberg und Köln.

PIUR, *Paul* Hermann, Oberlehrer, geb. Rogasen (Ostpr.) 8. 3. 1882, gest. Berlin 16. 12. 1943 (durch Luftangriff).
Deutsche Kommission (Forschungen zur neuhochdeutschen Sprach- und Bildungsgeschichte) 1. 4. 1935—1943. Professor.

WENTZLAFF-EGGEBERT, Friedrich Wilhelm, geb. Freist bei Stolp (Pomm.) 16. 6. 1905.
Deutsche Literaturzeitung 1. 7. 1938 (Hilfsarbeiter 1. 7. 1932, Schriftleiter 1. 10. 1934); Professor. Legt die Schriftleitung 12. 2. 1946 nieder.

HOFMANN, Joseph Ehrenfried, Studienrat, geb. München 7. 3. 1900.
Leibniz-Ausgabe 6. 10. 1939 (endgültig 1. 4. 1940)—1946; Professor.

NESSELHAUF, Herbert, geb. Karlsruhe i. B. 26. 5. 1909.
Corpus Inscriptionum Latinarum 1. 12. 1939 (Hilfsarbeiter 1936)—1. 4. 1946; Professor.
Wird o. Professor der alten Geschichte in Kiel und Freiburg.

ELTESTER, Walther, Lic. theol., Dozent an der Universität, geb. Hohenlandin (Kr. Angermünde) 18. 4. 1899.
Kommission für spätantike Religionsgeschichte 1. 4. 1940 (Hilfsarbeiter 1. 5. 1931)—; Professor.
Wird ao. Professor der Theologie an der Universität und Dekan der Theol. Fakultät, 1949 o. Professor in Marburg.

DIEPERS, Peter, Studienrat, geb. Krefeld 2. 8. 1891.
Deutsches Wörterbuch 1. 10. 1944 (Mitarbeiter 15. 9. 1921, Leiter der Zentralsammelstelle Göttingen 21. 2. 1922—1. 4. 1926; Leiter des Unternehmens in Berlin 1. 8. 1929) — 1945; Professor.
Ist weiter am Wörterbuch tätig.

Die wissenschaftliche Beamtenstelle in der Verwaltung der Akademie:

KÖHNKE, Otto, geb. Hamburg 4. 12. 1864, gest. Berlin 7. 12. 1918.

Bibliothekar und Archivar 1. 4. 1898—1918; 15. 1. 1912 Professor.

STHAMER, Eduard, geb. Hamburg 26. 12. 1883, gest. Berlin 28. 4. 1938.

Bibliothekar und Archivar 1. 4. 1919 (kommissarisch 15. 1. 1919)—1938; Professor.

SCHEEL, Helmuth, Amtsrat im Ministerium, Dozent an der Auslandhochschule, Islamist, geb. Berlin 19. 5. 1895.

Mit der Wahrnehmung der Geschäfte Prof. Sthamers beauftragt 1. 10. 1938, 18. 10. 1938 endgültig, Professor.

Nach den neuen Satzungen 24. 6. 1939 Direktor bei der Akademie.

Wird 1947 o. Professor für Islamkunde in Mainz.

DIE ASTRONOMEN

1700—1809

18. 5. 1700—25. 7. 1710†	KIRCH, Gottfried (OM), Astronom, unterstützt von seiner Frau, KIRCH, Maria Margaretha geb. Winckelmann, geb. Panitzsch bei Leipzig 25. 2. 1670, gest. Berlin 29. 12. 1720.
18. 2. 1701— 6. 4. 1716†	HOFFMANN, Johann Heinrich (OM), Astronom.
1705— 1725	SCHÜTZ, Johann Georg, gest. Frankfurt a. d. Oder 22. 4. 1730, Observator; geht 1725 als Professor der Mathematik nach Frankfurt.
8. 10. 1716— 9. 3. 1740†	KIRCH, Christfried (OM), Astronom, unterstützt von seiner Mutter (s. oben).
8. 10. 1716— 1720	WAGNER, Johann Wilhelm (OM), Observator.
1720— 1774	KIRCH, Christina, Tochter Gottfrieds, geb. Guben um 1696, gest. Berlin 6. 5. 1782, Observatorin.
12. 7. 1725—10. 11. 1749†	GRISCHOW, Augustin (OM), Observator.
16. 4. 1740—15. 4. 1745†	WAGNER, Johann Wilhelm (OM), Astronom.
1741— 1766	EULER, Leonhard (OM), Direktor der Sternwarte.
22. 11. 1742—18. 9. 1754	KIES, Johannes (OM), Astronom.
14. 9. 1743— 1747	SCHUMACHER, Christoph Sigismund, Kalenderschreiber, geb. (Rothenburg o. T.) . . . . ., gest. Leipzig 23. 12. 1786; Kalkulator für die Kalender.
16. 2. 1744— 1750	GRISCHOW, Augustin Nathanael, Eleve, 1749 OM.
16. 2. 1744— 2. 11. 1794†	NAUDÉ, David, geb. Berlin 10. 9. 1720 (u), Sohn des Mitglieds Philipp N. des jüng., gest. Berlin 2. 11. 1794, Eleve, dann Observator.
17. 4. 1755— 1757	AEPINUS, Franz Ulrich Theodosius (OM), Astronom.
15. 1. 1756—Ende 1756	HUBER, Johann Jakob (OM), Astronom.
1767—	BERNOULLI, Johann (OM), Direktor der Sternwarte.
1. 7. 1772— [1825]	BODE, Johann Elert, Observator (als Gehilfe der Chr. Kirch, 1774 allein), 1786 OM und Astronom, Direktor der Sternwarte.
14. 6. 1792— [1838]	IDELER, Christian Ludwig, Adjunkt, dann Astronom, 1810 OM, kgl. Astronom.

DIE BIBLIOTHEKARE

1726—1735 KIRCH, Christfried, OM (1716), anfangs gemeinsam mit GRISCHOW, Augustin, OM (1725).
1735—1745 WAGNER, Johann Wilhelm, OM (1716 und 1727).
1745—1757 PELLOUTIER, Simon, OM (1744).
1757—1807 MERIAN, Johann Bernhard, OM (1750).

DIE ARCHIVARE

17. 1. —Mai 1766	FLESCHE, ...
1766—1791	WEGELIN, Jakob, OM (1766).
1791— 2. 2. 1824	FRENTZEL, Karl Heinrich, Kriegsrat, geb. Bernau 19. 4. 1758, gest. Berlin 14. 5. 1824.
30. 11. 1824— 1. 7. 1854	ULRICI, Karl Heinrich, geb. Berlin 25. 4. 1789 (u), gest. Berlin 25. 11. 1862 (u).
1. 7. 1854—21. 10. 1872	PRITZEL, Georg August, Botaniker, geb. Carolath (Schlesien) 2. 9. 1815, gest. Berlin 14. 6. 1874.
10. 4. 1873—1894	KUNSTMANN, *Emil* Ferdinand, geb. Berlin 7. 6. 1817 (u), gest. Berlin 13. 8. 1894.
kommissarisch ·	
20. 6. —Aug. 1894	ULRICH, Rechnungsrat.
14. 8. 1894—31. 3. 1895	PAALZOW, Hans, später Professor und Abt.-Direktor der Kgl. Bibliothek, geb. Lohm (Prignitz) 9. 11. 1862, gest. Berlin 20. 3. 1945.
1. 4. 1895—31. 3. 1897	LANGGUTH, Adolf, Bibliothekar der Kgl. Bibliothek, geb. Groß-Geschwenda (Thür.) 10. 9. 1851, gest. Berlin 5. 2. 1908.
1. 4. 1897—30. 4. 1897	KEMKE, Johannes, Bibliothekar der Kgl. Bibliothek, geb. Königsberg i. Pr. 20. 1. 1863, gest. Königsberg 20. 10. 1918.
1. 5. 1895— 1. 4. 1898	KÖHNKE, Otto (s. oben bei den wissenschaftlichen Beamten).

DIE GEOGRAPHEN

8. 6. 1752—1786 RHODE, Johann Christoph, geb. Wanzleben 1713, gt. 8. 12. (u), gest. Berlin 23. 1. 1786 (u).

1. 11. 1786—1840 SOTZMANN, Daniel Friedrich, Kriegsrat, geb. Spandau 13. 4. 1754, gest. Berlin 3. 8. 1840.

DIE JUSTITIARE

1710—1810

21. 12. 1710—1731	DUHRAM, Wilhelm, 1704—1731 Generalfiskal, geb. Elbing 1658, gest. Berlin 28. 3. 1735, 76 Jahre alt (u).
April 1731—1733	WAG(E)NER, Johann Tobias, Generalfiskal, geb. Nordhausen 1687, gt. 3. 1. (u), gest. Berlin 1733, begr. 30. 5. (u).
28. 9. 1733—Dez. 1739	GERBET, Gustav Friedrich, Generalfiskal, geb. Halle 1686, gt. 3. 8. (u), gest. . . . . . In Untersuchung verwickelt und kassiert.
7. 4. 1740—1763	UHDEN, Johann Christian, Generalfiskal, EM und OM (1748).
1763—1798	ANIÈRES, Jean Frédéric Benjamin LORIOL D', Geh. Rat und Generalfiskal, OM (1783).
stellv. 1789—1791	KLEIN, Ernst Ferdinand (s. unten).
stellv. 1791—1798 17. 6. 1798—1803	MICHAELIS, Justus Karl, Hof- und Kammerfiskal, gest. Berlin 25. 3. 1803, 54 Jahre alt (u).
4. 5. 1803—1810	KLEIN, Ernst Ferdinand, OM (1789 und 1800).

DIE INHABER DER HELMHOLTZ-MEDAILLE

(am 22. 4. 1892 im Rahmen der Helmholtz-Stiftung bestätigt)

1892 Du Bois-Reymond, Emil (s. OM 1851).
Weierstrass, Karl (s. OM 1856).
Bunsen, Robert (s. AM 1862).
Kelvin, William Thomson, Lord (s. AM 1900).

1899 Virchow, Rudolf (s. OM 1873).

1901 Stokes, Sir George Gabriel (s. AM 1899).

1905 Ramón y Cajal, Santiago, Professor der patholog. Anatomie und Histologie in Madrid, geb. Petilla de Aragón 1. 5. 1852, gest. Madrid 17. 10. 1934.

1907 Becquerel, Antoine-*Henri* (s. KM 1904).

1911 Fischer, Emil (s. OM 1893).

1913 Schwendener, Simon (s. OM 1879).

1915 Planck, Max (s. OM 1894).

1917 Hertwig, Richard (s. KM 1898).

1919 Röntgen, Wilhelm Conrad v. (s. AM 1920).

DIE INHABER DER LEIBNIZ-MEDAILLE

(gestiftet am 27. 1. 1906)

1907 Goldene Medaille:

SIMON, James, Förderer von Grabungen und Museen, Kunstsammler, geb. Berlin 17. 9. 1851, gest. Berlin 23. 5. 1932.

Silberne Medaillen:

LINDEMANN, Adolf Friedrich, Ingenieur, Direktor der Firma Siemens Bros. in Woolwich, Astronom, in Sidmouth (Devon, England) geb. Langenberg (Pfalz) 13. 5. 1846, gest. Marlow 25. 8. 1931.

MARTIUS, Karl Alexander v., Chemiker, geb. München 19. 1. 1838, gest. Stauffenhof bei Bad Reichenhall 27. 2. 1920.

1909 Goldene Medaillen:

BÖTTINGER, Henry Theodor v., Präsident des Aufsichtsrats der Farbenfabriken vorm. Friedrich Bayer u. Co. AG. in Elberfeld, geb. Burton-upon-Trent (Staffordshire) 10. 7. 1848, gest. Arensdorf (Neumark) 9. 6. 1920.

SOLVAY, *Ernest* Gaston, Chemiker und Fabrikant in Brüssel (s. KM 1913).

1910 Goldene Medaille:

LOUBAT, Joseph-Florimond Duc de, Förderer der Amerikanistik, geb. New York 21. 1. 1831, gest. Paris 28. 2. 1927.

Silberne Medaillen:

BOLTE, Johannes, Germanist in Berlin (s. OM 1922).

HESSENBERG, Gerhard, o. Professor für darstellende Geometrie und graphische Statistik an der Techn. Hochschule Breslau, dann Berlin, geb. Frankfurt a. Main 16. 8. 1874, gest. Berlin 15. 11. 1925.

ILBERG, Johannes, Professor und Rektor des Gymnasiums in Wurzen, geb. Magdeburg 10. 7. 1860, gest. Leipzig 20. 8. 1930.

KOLDEWEY, Robert, Architekt und Archäologe, geb. Blankenburg a. Harz 10. 9. 1855, gest. Berlin 4. 2. 1925.

LE COQ, Albert v., Direktor am Museum für Völkerkunde in Berlin, geb. Berlin 8. 9. 1860, gest. Berlin 21. 4. 1930.

WELLMANN, Max, o. Hon.-Professor für Geschichte der antiken Medizin und Naturwissenschaft in Berlin, geb. Stettin 15. 3. 1863, gest. Berlin 9. 10. 1933.

ZEUMER, Karl, o. Hon.-Professor für Rechtsgeschichte und Mitglied der Zentraldirektion der Monumenta Germaniae historica in Berlin, geb. Hannover 31. 7. 1849, gest. Berlin 18. 4. 1914.

1911 Goldene Medaille:

MEYER, Hans, Hon.-Professor für Geographie und Chef des Bibliographischen Instituts in Leipzig, Afrikaforscher, geb. Hildburghausen 22. 3. 1858, gest. Leipzig 5. 7. 1929.

Silberne Medaillen:

JANENSCH, Werner, Professor und Kustos am Geolog.-Paläontolog. Museum und Institut in Berlin, geb. Herzberg (Prov. Sachsen) 10. 11. 1878; in Berlin-Frohnau.

OSTEN, Hans, Kaufmann in Leipzig und Montevideo, Astronom, geb. Bremen 31. 3. 1875, gest. Montevideo 29. 3. 1936.

WENKER, Georg, Hon.-Professor und Oberbibliothekar an der Universitätsbibliothek in Marburg, Germanist, geb. Düsseldorf 25. 2. 1852, gest. Marburg 17. 7. 1911.

1912 Silberne Medaillen:

DAVIDSOHN, Robert, Historiker in Florenz, geb. Danzig 26. 4. 1853, gest. Florenz 17. 9. 1937.

GARIS-DAVIES, Norman DE, Ägyptologe, geb. . . . 14. 9. 1865, gest. Oxford 5. 11. 1941.

HENNIG, Edwin, o. Professor der Geologie in Tübingen, geb. Charlottenburg 27. 4. 1882; in Tübingen.

KOENIGS, Fräulein Elise, geb. Dülken (Rhld.) 30. 10. 1848, gest. Berlin 13. 2. 1932.

RABE, Hugo, Studienrat in Hannover, klass. Philologe (Graecist), geb. Hannover 9. 4. 1867, gest. Hannover 10. 2. 1932.

1913 Goldene Medaille:

SCHWEINFURTH, Georg, Afrikaforscher, geb. Riga 29. 12. 1836, gest. Berlin 19. 9. 1925.

Silberne Medaillen:

HIBSCH, *Josef* Emanuel, Professor der Geologie, Mineralogie und Petrographie an der Deutschen Landwirtschaftl. Akademie in Tetschen, geb. Hummel (Böhmen) 26. 3. 1852, gest. Wien 4. 11. 1940.

RICHTER, Carl, Glaspräzisionsmechaniker in Berlin, geb. Berlin 6. 4. 1857, gest. Berlin 9. 11. 1938.

WITTE, Hans, Archivrat und Vorstand des Hauptarchivs, der Bibliothek und der Sammlungen in Neustrelitz, geb. Doberan 30. 4. 1867, gest. Neustrelitz 17. 12. 1945.

WOLFF, Georg, Gymnasialprofsesor i. R. in Frankfurt a. Main, geb. Neuenhain (Kr. Homberg) 28. 8. 1845, gest. Frankfurt a. Main 6. 9. 1929.

1914 Silberne Medaillen:

ANDRAE, Ernst *Walter*, Architekt (an den Ausgrabungen in Assur), dann ao. Professor an der Techn. Hochschule in Berlin, Direktor an den Staatl. Museen, geb. Anger bei Leipzig 18. 2. 1875; in Berlin-Nikolasee.

BEST, Richard Irvine, Keltologe, Direktor der Nationalbibliothek in Dublin, 1943—1946 Präsident der Irischen Akademie, geb. Londonderry 17. 1. 1872; in Dublin.

SCHRAMM, Erwin, Dr. phil. h. c., Generalmajor a. D., geb. Schneeberg (Sachsen) 5. 4. 1856, gest. Dresden 13. 3. 1935.

1915 Silberne Medaillen:

BASCHIN, Otto, Professor und Kustos am Geographischen Institut der Universität Berlin, geb. Berlin 7. 4. 1865, gest. Berlin 4. 9. 1933.

FLECK, Albert, Sanitätsrat Dr. med., Mathematiker in Berlin-Friedenau, geb. Berlin 6. 12. 1861, gest. Berlin 11. 4. 1943.

HIRSCHBERG, Julius, o. Hon.-Professor an der Universität Berlin, Medizinhistoriker, geb. Potsdam 18. 9. 1843, gest. Berlin 17. 2. 1925.

MAGNUS, Hugo, Professor und Oberlehrer am Sophien-Gymnasium in Berlin, Latinist, geb. Goehren (Nd.-Lausitz) 16. 8. 1851, gest. Berlin 22. 7. 1924.

1916 Goldene Medaille (in Eisen):

SCHJERNING, Otto v., Generalstabsarzt der Armee, Chef des Sanitätskorps, Direktor der Kaiser-Wilhelm-Akademie, Professor an der Universität, geb. Eberswalde 1. 10. 1853, gest. Berlin 28. 6. 1921.

1917 Goldene Medaille (in Eisen):

KOPPEL, Leopold, Bankier, Geh. Kommerzienrat, Stifter des Kaiser-Wilhelm-Instituts für physikal. Chemie, geb. . . . . ., gest. Berlin 29. 8. 1933.

1918 Goldene Medaille (in Eisen):

HAVENSTEIN, Rudolf, Präsident der Reichsbank, geb. Meseritz (Prov. Posen) 10. 3. 1857, gest. Berlin 20. 11. 1923.

1919 Goldene Medaille (in Eisen):

SCHNEE, Heinrich, der letzte Gouverneur von Deutsch-Ostafrika, geb. Neuhaldensleben 4. 2. 1871, gest. Berlin 23. 6. 1949.

Silberne Medaillen:

DEBES, Ernst, Kartograph (Firma Debes u. Wagner in Leipzig), geb. Neukirchen bei Eisenach 22. 6. 1840, gest. Leipzig 25. 11. 1923.

DORNO, *Carl* Wilhelm Max, Meteorologe in Davos, geb. Königsberg i. Pr. 3. 8. 1865, gest. Davos 22. 4. 1942.

KIRCHNER, Johannes, Professor, Epigraphiker, geb. Reval 25. 9. 1859, gest. Berlin 27. 6. 1940.

LIPPMANN, *Edmund* Oskar v., Direktor der Zuckerraffinerie Halle, Hon.-Professor an der Universität, geb. Wien 9. 1. 1857, gest. Halle 24. 9. 1940.

SCHRÖTTER, Friedrich Freiherr v., Professor und Kustos am Münzkabinett in Berlin, geb. Köln 17. 1. 1862, gest. Schweizermühle (Sächs. Schweiz) 4. 2. 1944.

WOLFF, Otto, Inhaber der Firma O. Wolff (Präzisionswiderstände) in Berlin, geb. Schwerin (Meckl.) 6. 11. 1861, gest. Berlin 28. 6. 1939.

1922 Silberne Medaillen:

PNIOVER, Otto, Direktor des Märkischen Museums in Berlin, Germanist und Goetheforscher, geb. Gleiwitz 23. 5. 1859, gest. Berlin 17. 3. 1932.

STEINBRINCK, *Karl* Wilhelm, Geh. Studienrat, Professor, Physiker in Lippstadt, geb. Siegen i. W. 23. 3. 1852, gest. Lippstadt 1. 9. 1933.

VOLLERT, Ernst, Mitinhaber der Verlagsfirma Weidmannsche Buchhandlung in Berlin, geb. Jakobshagen (Pomm.) 27. 7. 1855, gest. Berlin 14. 4. 1931.

1923 Goldene Medaille (in Eisen):

SIEGISMUND, Karl, I. Vorsteher des Börsenvereins der deutschen Buchhändler, Leiter des Verlagsausschusses der Notgemeinschaft der Deutschen Wissenschaft, in Berlin, geb. Leipzig 23. 1. 1861, gest. Schreiberhau 2. 8. 1932.

Silberne Medaillen:

BLANCKENHORN, Max, Geologe in Marburg, geb. Siegen i. W. 16. 4. 1861, gest. Marburg 13. 1. 1947.

HARTUNG, Albert, Chef der Verlagsbuchhandlung Hermann Böhlau in Weimar, geb. Berlin 17. 7. 1857, gest. Berlin 5. 11. 1934

JECHT, Richard, Ratsarchivar in Görlitz, geb. Bornstedt bei Eisleben 4. 9. 1858, gest. Dresden-Loschwitz 25. 7. 1945.

1924 Goldene Medaille (in Eisen):

MENDELSOHN, Franz v., Bankier, Präsident der Handelskammer in Berlin, geb. Berlin 29. 7. 1865, gest. Berlin 12. 12. 1935.

Silberne Medaillen:

AMBRONN, Hermann, Professor und Direktor des Instituts für Mikroskopie in Jena, geb. Meiningen 11. 8. 1856, gest. Jena 28. 5. 1927.

MEITNER, Lise, ao. Professor für Chemie an der Universität und wissenschaftl. Mitglied des Kaiser-Wilhelm-Instituts für Chemie in Berlin; in Stockholm (s. KM 1949).

WISLICENUS, Georg, Admiralitätsrat, geb. Weimar 15. 11. 1858, gest. Berlin 1. 1. 1927.

1925 Goldene Medaille (in Eisen):

SALOMONSOHN, Arthur, Dr. jur., Inhaber der Direktion der Discouto-Gesellschaft, Schatzmeister der Notgemeinschaft der Deutschen Wissenschaft, geb. Hohensalza 3. 4. 1859, gest. Berlin 15. 6. 1930.

Silberne Medaillen:

KOLHÖRSTER, Werner, Professor und Observator am Meteorol.-Magnet. Observatorium Potsdam, Leiter des Höhenstrahlungslaboratoriums, o. Professor und Direktor des Instituts für Höhenstrahlungsforschung an der Universität Berlin, geb. Schwiebus 28. 12. 1887, gest. München 5. 6. 1946.

RAMSAY, Hans v., Afrikaforscher, Dozent am Oriental. Seminar in Berlin, geb. Tinnwalde (Westpr.) 18. 5. 1862, gest. Tanga (Ostafrika) 14. 1. 1938.

ROEHL, Karl, Pfarrer in Mosau bei Züllichau, Erforscher ostafrikanischer Sprachen, geb. Neidenburg 27. 7. 1870; in Bethel bei Bielefeld.

1926 Goldene Medaille (in Eisen):

WHITNEY, Willis Rodney, Leiter des Forschungslaboratoriums der General Electric Company, dann Vizepräsident derselben in Schenectady (New York), geb. Jamestown (New York) 22. 8. 1868.

Silberne Medaillen:

IBSCHER, Hugo, Dr. phil h. c., Konservator an den Staatl. Museen (Ägypt. Abt.), geb. Berlin 28. 9. 1874, gest. Berlin 26. 5. 1943.

LENEL, Walter, Hon.-Professor für Geschichte in Heidelberg, geb. Mannheim 3. 8. 1868, gest. Heidelberg 28. 4. 1937.

SEEMANN, Hugo, Physiker in Freiburg, geb. Celle 13. 4. 1884; in Konstanz.

1927 Goldene Medaille (in Eisen):

SPIESS, Fritz, Kapitän zur See und Kommandant des Vermessungsschiffs ,,Meteor'', dann Konteradmiral a. D. und Präsident der Deutschen Seewarte in Hamburg, geb. Wiesbaden 28. 10. 1881; in Hamburg-Blankenese.

Silberne Medaillen:

HOFFMEISTER, Cuno, Begründer (1925) und Leiter der Sternwarte in Sonneberg (Thür.) (1930 der Universitäts-Sternwarte in Babelsberg, 1946 der Deutschen Akademie der Wissenschaften unterstellt), geb. Sonneberg 2. 2. 1892; in Sonneberg.

KLEBAHN, Heinrich, Hon.-Professor für Botanik in Hamburg, geb. Bremen 20. 2. 1859, gest. Hamburg 5. 11. 1942.

MOLDENHAUER, Gerhard, Leiter (1924—1929) der Arbeitsstelle Madrid für deutsch-spanische Wissenschaftsbeziehungen, dann Professor für roman. Philologie in Bonn, geb. Unterpeißen (Saalkreis) 19. 1. 1900; in Bischofswiesen bei Berchtesgaden.

1928 Goldene Medaille:

GÜTERBOCK, Bruno, Professor und Sekretär der Deutschen Orient-Gesellschaft, Herausgeber ihrer Veröffentlichungen, geb. Berlin 5. 3. 1858, gest. Berlin 24. 1. 1940.

Silberne Medaillen:

BERLINER, Arnold, Herausgeber der Zeitschrift „Die Naturwissenschaften", Naturforscher, geb. Mittel-Neuland bei Neiße (Schlesien) 26. 12. 1862, gest. Berlin 22. 3. 1942.

LEITZMANN, Albert, o. Professor der german. Philologie in Jena, KM 1938 (s. d.); in Jena.

1929 Goldene Medaille:

BREDOW, Hans, Staatssekretär im Reichspostministerium, Organisator des deutschen Rundfunkwesens, geb. Schlawe (Pomm.) 26. 11. 1879; in Wiesbaden.

Silberne Medaillen:

FINSTERWALDER, Richard, Mitglied der Pamir-Expedition 1928 und der Himalaya-Expedition 1934/35, Professor für Geodäsie in Hannover, dann in München, geb. München 7. 3. 1899; in München.

HOFMANN, Johann Baptist, Redakteur der Thesaurus Linguae Latinae in München, KM 1941 (s. d.); in München.

ROEDER, Günther, Direktor des Pelizaeus-Museums in Hildesheim, Hon.-Professor für Ägyptologie in Göttingen, geb. Schwiebus 2. 8. 1881; in Hildesheim.

WENTZCKE, Paul, Direktor des Stadtarchivs und Histor. Museums in Düsseldorf, dann Hon.-Professor und Leiter des Wissenschaftl. Instituts der Elsaß-Lothringer im Reich in Frankfurt a. Main, geb. Koblenz 4. 9. 1879; in Frankfurt a. Main.

1930 Goldene Medaille:

HOSHI, Hajimé, Präsident der Hoshi Phyrmaceutical Comp. Ltd. in Tokio, geb. Fukushima . . . 1873.

Silberne Medaillen:

BACHMANN, *Ewald* Theodor, Professor am Realgymnasium und Konrektor i. R. in Radebeul, Botaniker, geb. Riesa 31. 3. 1850, gest. Kiel 30. 4. 1937.

HEINROTH, Oskar, Direktor des Aquariums in Berlin und Leiter der Vogelwarte Rossitten, geb. Kastel bei Mainz 1. 3. 1871, gest. Berlin 31. 5. 1945.

VOLLMER, Hans, Professor Dr. theol. h. c., Leiter des Deutschen Bibel-Archivs in Hamburg, geb. Kaiserswerth 9. 2. 1871, gest. Hamburg 10. 8. 1941.

1931 Goldene Medaille:

OBERLAENDER, Gustav, Fabrikant in Reading (Pennsylvania), geb. Düren (Rhld.) 2. 6. 1867, gest. Reading 30. 11. 1936.

Silberne Medaillen:

BLUHM, Agnes, Dr. med., Ärztin, Biologin und Sozialhygienikerin in Berlin, geb. Konstantinopel 9. 1. 1862, gest. Sommerfeld (Osthavelld.) 9. 11. 1943.

LOESCHCKE, Siegfried, Abteilungsdirektor am Landesmuseum in Trier, Archäologe, geb. Dorpat 26. 5. 1883, Sohn des OM Georg L.; in Trier.

SCHEEL, Karl, Professor und Mitglied der Physikal.-Techn. Reichsanstalt in Berlin, geb. Rostock 10. 3. 1866, gest. Berlin 8. 11. 1936.

1932 Goldene Medaille:

ECKENER, Hugo, Präsident des Luftschiffbau Zeppelin und Leiter der Zeppelinwerft Friedrichshafen, geb. Flensburg 10. 8. 1868; in . . . . .

Silberne Medaillen:

FEIT, Wilhelm, Generaldirektor der Vereinigten Chem. Fabriken Leopoldshall, Schöpfer der Kaliforschungsanstalt in Berlin, geb. Lippstadt 24. 1. 1867; in Aschersleben.

HERTZ, Gottfried *Wilhelm*, Reichsfinanzrat i. R., Goetheforscher, geb. Breslau 5. 3. 1874; in Friedberg (Hessen).

LOESCH, Heinrich v., Dr. jur., Historiker, in Oberstephansdorf (Schlesien), geb. Oberstephansdorf (Kr. Neumarkt) 16. 3. 1873, gest. Eisbergen bei Rinteln 8. 1. 1947.

1933 Silberne Medillen:

BOURQUIN, Walter, Missionssuperintendent und Leiter der Kaffern-Mission in Mvenyane, Cedarville (Ost-Griqualand), Sprachforscher, geb. Nain (Labrador) 3. 2. 1879; im Ruhestande in .....

DEGNER, Hermann, Professor und wissenschaftl. Referent am Reichsamt für Landesaufnahme, Kartograph, geb. Bromberg 9. 11. 1862, gest. Schöneiche bei Berlin 20. 4. 1948.

TSCHIRCH, Otto, Studienrat, Professor und Stadtarchivar in Brandenburg a. d. H., geb. Guben 4. 6. 1858, gest. Brandenburg 13. 3. 1941.

VERHOEFF, *Karl* Wilhelm, Zoologe in München-Pasing, geb. Soest 25. 11. 1867, gest. München-Pasing 6. 12. 1945.

1934 Goldene Medaillen:

DOHRN, Reinhard, Direktor der Zoologischen Station in Neapel, geb. Neapel 13. 3. 1880; in Neapel.

KERKHOF, Karl, Leiter der Zentralstelle für wissenschaftl. Berichterstattung, Mitglied der Physikal.-Techn. Reichsanstalt, geb. Osnabrück 16. 5. 1877, gest. Berlin 1. 5. 1945.

Silberne Medaillen:

HOLSTEN, Robert, Professor und Gymnasialdirektor i. R. in Stettin, geb. Langenhanshagen (Pomm.) 20. 5. 1862; in Greifswald.

ROHR, Moritz v., wissenschaftl. Mitarbeiter der Optischen Werkstätte Carl Zeiß und ao. Professor für Optik in der Medizin in Jena, geb. Lazyn (Prov. Posen) 4. 4. 1868, gest. Jena 20. 6. 1940.

WEIDNER, Ernst, o. Professor der Orientkunde in Graz, Assyriologe, geb. Pasewalk 7. 10. 1891; in Graz.

1935 Silberne Medaillen:

FRIEDERICI, Karl *Georg*, Südseeforscher, in Ahrensburg, geb. Stettin 28. 1. 1866, gest. Ahrensburg (Holstein) 15. 4. 1947.

KÜNKEL, Karl, Professor und Schulkommissar i. R. in Heidelberg, geb. Götzingen bei Osterburken (Baden) 17. 5. 1861, gest. Heidelberg 6. 1. 1943.

WOLFRAM, Georg, Generalsekretär des Wissenschaftl. Instituts der Elsaß-Lothringer im Reich und Hon.-Professor in Frankfurt a. Main, geb. Allstedt (Thür.) 3. 12. 1858, gest. Jena 14. 3. 1940.

1936 Goldene Medaille:

LOTZ, Heinrich, Bergrat, Afrikaforscher, geb. Hersfeld 22. 2. 1873, gest. Marburg 5. 1. 1943.

Silberne Medaille:

KOHL-LARSEN, Ludwig, o. Professor der Geographie in Tübingen, Forschungsreisender, geb. Landau (Pfalz) 5. 4. 1884; in Tübingen.

1937 Goldene Medaille:

WEGERER, Alfred v., Dr. phil. h. c., Historiker, geb. Rastatt 22. 2. 1880, gest. Berlin 19. 7. 1945.

Silberne Medaillen:

BÉKÉSY, György (Georg) v., Ingenieur am Ungar. Telegraphentechn. Versuchsamt, Mitglied der Ungar. Akademie der Wissenschaften, geb. Budapest 3. 6. 1899; Psychoacustic Laboratory, Harvard University, Cambridge, Mass.

JANY, Kurt, Generalmajor a. D. in Berlin, Heereshistoriker, geb. Memel 22. 10. 1867, gest. Berlin 19. 2. 1945.

RENSCH, Bernhard, Direktor des Landesmuseums für Naturkunde und Professor der Zoologie in Münster, geb. Thale (Harz) 21. 1. 1900; in Münster i. W.

THORADE, Hermann, Oberregierungsrat an der Deutschen Seewarte in Hamburg, geb. Lintel (Oldenburg) 13. 4. 1881, gest. Hamburg 15. 5. 1945.

WOSSIDLO, Richard, Professor i. R. in Waren, Volkskundler, geb. Friedrichshof bei Tessin (Meckl.) 26. 1. 1859, gest. Waren (Müritz) 4. 5. 1939.

1938 Goldene Medaillen:

MERENSKY, Hans, Dr. Ing. e. h., Geologe in Johannesburg, geb. Botsabelo (Transvaal) 16. 3. 1871; in Johannesburg.

PFEFFER, August, Generaldirektor i. R. der AEG. in Berlin, geb. Zweibrücken 26. 11. 1869; in Teterow (Meckl.).

Silberne Medaillen:

PETERS, Jean, Professor und Observator i. R. am Astronom. Recheninstitut in Berlin-Dahlem, geb. Köln 25. 8. 1869, gest. Berlin 24. 8. 1941.

SIEWERT, Horst, Forstmeister und Leiter der Forschungsstätte „Deutsches Wild" am Werbellinsee (Mark), geb. St. Petersburg 17. 9. 1902, gest. auf Kreta 20. 6. 1943.

1939 Goldene Medaille:

RAMOS, Gustavo *Cordeiro*, Professor für deutsche Philologie in Lissabon, zeitweilig Unterrichtsminister, geb. Evora 8. 3. 1888.

Silberne Medaillen:

ERICHSEN, Wolja, wissenschaftl. Beamter der Dänischen Akademie der Wissenschaften, Professor der Ägyptologie in Kopenhagen und Mainz, geb. Kopenhagen 21. 11. 1890; in Kopenhagen und Mainz.

KÜHNE, Konrad, Dr. med., geb. Pljusa b. St. Petersburg 10. 8. 1891; Leiter der Forschungsstelle für Morphologie und Genetik in Freiburg i. Br.

TROPFKE, Johannes, Oberstudiendirektor, Professor, Mathematikhistoriker, geb. Berlin 14. 10. 1866, gest. Berlin 10. 11. 1939.

1940 Goldene Medaille:

VÖGLER, Albert, ehem. Generaldirektor der Vereinigten Stahlwerke AG., geb. Borbeck (Oldenburg) 8. 2. 1877, gest. (Freitod) 13. 4. 1945.

Silberne Medaillen:

HECK, Lutz, Direktor des Zoologischen Gartens in Berlin, dann in München, geb. Berlin 23. 4. 1892; in München.

SCHWERTFEGER, Bernhard, Generalmajor a. D., Historiker, geb. Aurich 23. 9. 1868; in Neckargemünd bei Heidelberg.

WACHNER, Heinrich, Professor am Honterus-Gymnasium in Kronstadt (Siebenbürgen), Geograph und Geologe, geb. Neumarkt (Siebenbürgen) 3. 10. 1877; in Brasov (Kronstadt), Rumänien.

1941 Goldene Medaille (in Eisen):

HUNKE, Heinrich, Geschäftsführer und ständiger Stellvertreter des Präsidenten des Werberats der Deutschen Wirtschaft in Berlin, geb. Heipke (Lippe) 8. 12. 1902; in Detmold.

Silberne Medaillen:

ARDENNE, Manfred v., Physiker, Inhaber des Laboratoriums M. v. Ardenne in Berlin, geb. Hamburg 20. 1. 1907; in der UdSSR.

BOERSCH, Hans, wissenschaftl. Mitarbeiter an der Physikal.-Techn. Anstalt und Hon.-Professor in Braunschweig, geb. Berlin 1. 6. 1909; in Braunschweig.

BORRIES, Bodo v., Direktor des Rhein.-Westfäl. Instituts für Übermikroskopie in Düsseldorf, geb. Herford 22. 5. 1905; in Düsseldorf.

BRÜCHE, Ernst, Professor und Direktor am AEG-Forschungsinstitut (Leiter des Physikal. Laboratoriums) in Berlin, dann Direktor der Süddeutschen Laboratorien in Mosbach, geb. Hamburg 28. 3. 1900; in Mosbach (Baden).

KNOLL, Max, Dozent an der Techn. Hochschule Berlin, dann Professor in München, geb. Schlangenbad 17. 7. 1897; in München.

MAHL, Hans, Physiker, geb. Münchsmünster (Obb.) 17. 7. 1909; in Wildsteig (Obb.).

RUSKA, Ernst, Physiker der Abt. für Elektronenoptik der Siemens u. Halske AG. in Berlin, geb. Heidelberg 25. 12. 1906; in Berlin-Spandau.

Die letzten sieben Forscher wurden für die Erfindung des Elektronenmikroskops ausgezeichnet.

RACKOW, Ernst, akademischer Zeichenlehrer in Brandenburg a. d. H., Erforscher afrikan. Trachten, geb. Berlin 12. 9. 1888; in Mainz.

1942 Goldene Medaille (in Eisen):

KRAUCH, Carl, Professor Dr. h. c., Chemiker, geb. Darmstadt 7. 4. 1887; in Falkenhof bei Beerfelden (Odenwald).

Silberne Medaillen:

KARSTEDT, Oskar, Ministerialrat im Reichsarbeitsministerium, ehem. Kolonialpionier, geb. Lübeck 10. 3. 1884, gest. 1945.

ODEBRECHT, Rudolf, Professor der Philosophie an der Universität Berlin, geb. Berlin 9. 3. 1883, gest. Berlin 31. 5. 1945.

REISSINGER, Adolf, Studienprofessor i. R. in München, Geologe, geb. Beerbach (Mfr.) 6. 8. 1877; in Bayreuth.

1943 Goldene Medaille (in Eisen):

VOLLERT, Ernst. Ministerialdirektor und Leiter der Abt. VI im Reichsinnenministerium (Volkstumsforschung), geb. Konitz (Westpr.) 25. 8. 1890; in Hersfeld.

Silberne Medaillen:

CASPAR, Max, Professor, Herausgeber der Werke Keplers, in München, geb. Friedrichshafen 7. 5. 1880; in München-Solln.

FEUEREISEN, Arnold, ehem. Stadtarchivar in Riga (1907—1936) und Präsident der Gesellschaft für Geschichte und Altertumskunde der Ostseeprovinzen (1911—1939), geb. Moskau 23. 7./4. 8. 1868, gest. Posen 10. 9. 1943.

SCHMAUCH, Hans, Studienrat in Marienburg, Kopernikusforscher, geb. Danzig 13. 8. 1887; in Kaufbeuren.

ZINNER, Ernst, Professor und Direktor der Remeis-Sternwarte in Bamberg, Astronomiehistoriker, geb. Goldberg (Schlesien) 2. 2. 1886; in Bamberg.

1944 Goldene Medaillen (in Eisen):

KILIAN, Friedrich Ernst, techn. Oberinspektor i. R. bei der Reichsdruckerei in Berlin, geb. Kirchheim (Nd.-Lausitz) 9. 2. 1879, gest. Berlin 1. 8. 1945.

KLOTZ, Leopold, Leiter des J. C. Hinrichs Verlags in Leipzig und Gotha, geb. Stuttgart 5. 12. 1878; in Gotha.

Silberne Medaillen:

DAHMER, Georg, Geologe und Paläontologe, geb. Frankfurt a. Main 25. 3. 1879; in Bad Soden.

FISCHER, Rudolf, Dr. phil., Bahnbrecher der Farbphotographie, geb. Berlin 27. 1. 1881; in Berlin-Steglitz.

ZIEHEN, Ludwig, Oberstudiendirektor i. R., klass. Philologe, in Brandenburg a. d. H., geb. Frankfurt a. Main 7. 1. 1871; in Roitzsch bei Bitterfeld.

DIE INHABER DER BRADLEY-MEDAILLE

(gestiftet von Arthur Auwers am 24. 10. 1912, genehmigt am 18. 7. 1913)

1918 KÜSTNER, Friedrich, o. Professor der Astronomie in Bonn, KM 1910 (s. d.).

1941 SCHORR, Richard, o. Professor der Astronomie in Hamburg und Direktor der Sternwarte in Bergedorf, geb. Kassel 20. 8. 1867.

NAMENREGISTER

www.ingramcontent.com/pod-product-compliance
Lightning Source LLC
LaVergne TN
LVHW080755300926
849162LV00008BA/1819